MLP 機械学習
プロフェッショナル
シリーズ

ベイズ深層学習

Bayesian Deep Learning

須山敦志

JN189531

講談社

■ 編者

杉山　将　博士（工学）

理化学研究所 革新知能統合研究センター　センター長

東京大学大学院新領域創成科学研究科　教授

■ シリーズの刊行にあたって

インターネットや多種多様なセンサーから，大量のデータを容易に入手できる「ビッグデータ」の時代がやって来ました．現在，ビッグデータから新たな価値を創造するための取り組みが世界的に行われており，日本でも産学官が連携した研究開発体制が構築されつつあります．

ビッグデータの解析には，データの背後に潜む規則や知識を見つけ出す「機械学習」とよばれる知的データ処理技術が重要な働きをします．機械学習の技術は，近年のコンピュータの飛躍的な性能向上と相まって，目覚ましい速さで発展しています．そして，最先端の機械学習技術は，音声，画像，自然言語，ロボットなどの工学分野で大きな成功を収めるとともに，生物学，脳科学，医学，天文学などの基礎科学分野でも不可欠になりつつあります．

しかし，機械学習の最先端のアルゴリズムは，統計学，確率論，最適化理論，アルゴリズム論などの高度な数学を駆使して設計されているため，初学者が習得するのは極めて困難です．また，機械学習技術の応用分野は非常に多様なため，これらを俯瞰的な視点から学ぶことも難しいのが現状です．

本シリーズでは，これからデータサイエンス分野で研究を行おうとしている大学生・大学院生，および，機械学習技術を基礎科学や産業に応用しようとしている大学院生・研究者・技術者を主な対象として，ビッグデータ時代を牽引している若手・中堅の現役研究者が，発展著しい機械学習技術の数学的な基礎理論，実用的なアルゴリズム，さらには，それらの活用法を，入門的な内容から最先端の研究成果までわかりやすく解説します．

本シリーズが，読者の皆さんのデータサイエンスに対するより一層の興味を掻き立てるとともに，ビッグデータ時代を渡り歩いていくための技術獲得の一助となることを願います．

2014 年 11 月

「機械学習プロフェッショナルシリーズ」編者
杉山 将

■ まえがき

　データ解析の世界は大きな転換期を迎えています．背景には，コンピュータの計算処理能力の飛躍的向上と，インターネットやセンサーなどによって大量のデータが取得可能になったことがあります．それに伴い，統計解析手法においても，かつてないほど大規模で複雑なモデルやアルゴリズムが開発されてきています．特に注目されている技術は，2006年に発表された論文から一大ブームを巻き起こした深層学習と呼ばれる技術です．この技術では，解析のために大規模なニューラルネットワークモデルを構築し，分散処理などの高効率な計算技術を用いることによって，大量の高次元データを使った高精度な統計的予測を可能にしました．従来人工知能技術で困難とされた画像認識や音声認識においても高い性能を出しており，データ解析と人工知能の両分野はともに大きく発展しました．

　一方で，実務的な解析で着実に成果を上げている手法が確率計算に基づくベイズ統計です．ベイズ統計では，モデリングというプロセスを通してデータに仮定できる知識や構造を積極的に導入していきます．特にデータに欠損や未確定の発生要因がある場合など"必要な情報がすべて揃っていない"ような状況において威力を発揮する手法です．また，データに対して明示的に仮定を導入するため，結果に対する解釈性が高いことも大きな利点です．

　本書のテーマは深層学習とベイズ統計の融合です．従来の深層学習では，主に大量のデータを学習できるスケーラブルなモデルの開発や予測精度の改善が重視され，予測結果の根拠に対する解釈性や信頼度に関する評価は後回しにされてきました．その一方で，ベイズ統計は解釈性の高い解析が行える代わりに，大量・高次元のデータに対してスケールする手法の実応用は遅れていました．したがって，両者が互いの欠点を補いつつ歩み寄っていくのは極めて自然な帰結であるといえます．実際に，深層学習の分野では画像処理や音声処理，自然言語処理などの各分野に特化したネットワーク設計が行われるようになってきており，これはベイズ統計におけるモデリング作業に一致します．ベイズ統計から見ても，深層学習で多大な実績のある確率的勾配法などのアルゴリズムを積極的に取り入れることによって，大量データに対

するスケーラビリティを向上する取り組みが行われています．広い視点で捉えれば，「大規模・複雑なモデルの設計と効率的な確率計算」という大きなテーマの中で両者は結び付こうとしているといえるでしょう（図 1）．

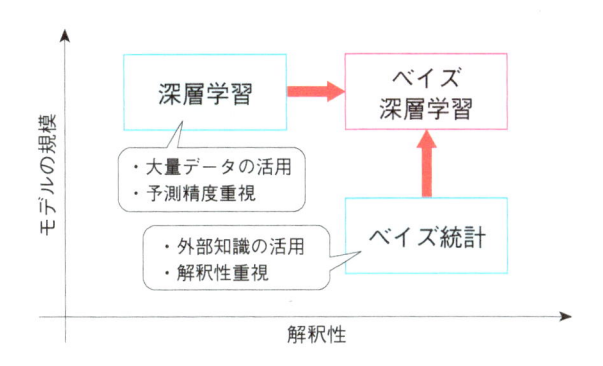

図 1　ベイズ深層学習の目指す方向性

　本書ではさらに，深層学習の分野で提案されている手法に対してベイズ統計による解釈を与えることによって，多くの理論的つながりや応用事例が生み出されていることを解説します．特に，深層学習のモデルをベイズの枠組みで捉えなおすことにより，これまで深層学習の改善のために開発された多くのアイデアが理論的に自然な形で解釈できることを示します．また，従来では実現の難しかった深層学習の予測の信頼度の評価やそれを活用した応用事例も紹介します．

　本書では，深層学習あるいはベイズ統計のいずれかに関して基礎的な知識を持ち合わせている方を想定読者としています．最小限の前提知識は 2 章や 3 章で補足しますが，ベイズ統計と深層学習の双方を網羅的に解説しているのではなく，あくまで融合領域のみに着目していることに注意してください．参考として，下記のような書籍と併せて読めば，理解がスムーズになるでしょう．

- 須山敦志（著），杉山将（監修）．ベイズ推論による機械学習入門．講談社，2017．
- 瀧雅人（著）．これならわかる深層学習入門．講談社，2017．

- C.M. ビショップ（著）．パターン認識と機械学習（上・下）．丸善出版，2012.

また，下記のサポートページで本書の正誤表や一部の実験結果などを掲載する予定です．

- https://github.com/sammy-suyama/BayesianDeepLearningBook

　1章では，深層学習とベイズ統計の歴史を簡単に振り返ります．特に，かつて深層学習とベイズ統計の融合が理論レベルで試みられたことと，両者が再び合流することになった背景や意義を解説します．2章と3章では，基本的なニューラルネットワークのモデルや学習方法と，ベイズ統計における確率推論の基礎を導入します．4章では，本書の残り後半を通じて必要になる近似ベイズ推論の手法をいくつか紹介し，続く5章ではそれらの手法のベイズニューラルネットワークへの適用例を示します．6章では近年注目を集めている深層生成モデルのベイズ的な取り扱い方を解説します．7章では，ノンパラメトリックな回帰モデルであるガウス過程を紹介し，深層学習モデルとの深いつながりを示します．参考として，図2では，機械学習の領域で頻繁に取り扱われるモデル群とその関係性を図示しており，特に太字で書かれているモデルは本書で具体的に解説していきます．

　本書を執筆するにあたって，理化学研究所革新知能統合研究センターセンター長・東京大学教授の杉山将先生には多大なご協力をいただきました．査読にご協力いただいた東京大学の鈴木大慈先生，佐藤一誠先生には，多くの有益なアドバイスをいただきました．岡本弘野氏，河野慎氏，谷口尚平氏，林俊介氏，松嶋達也氏，森賀新氏には，原稿の改善にご協力いただきました．また，講談社サイエンティフィクの横山真吾氏には，執筆作業全般にわたって大変お世話になりました．皆様には心より感謝申し上げます．最後に，執筆期間中に恋人から妻になった百々子には，長い期間大きな苦労をかけることとなってしまいましたが，決して愛想をつかすことなく，温かくサポートしてくれたことに深く感謝しています．

2019年6月22日

須山　敦志

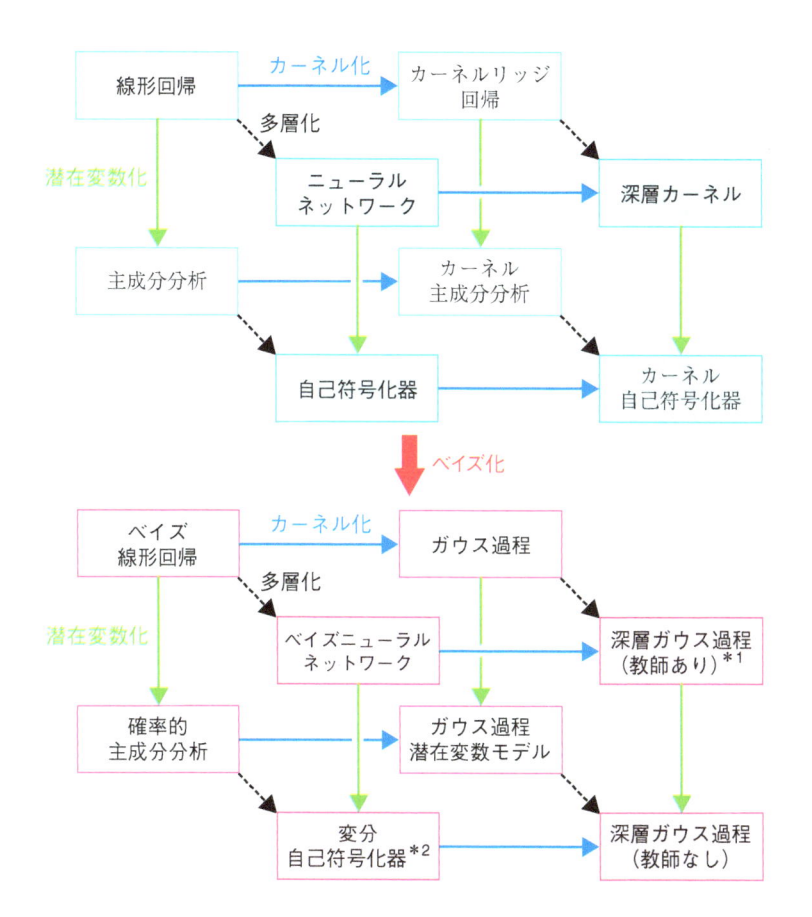

*1　厳密には深層ガウス過程はガウス過程を複数重ねたモデルであり，深層カーネル
　　のベイズ化ではありません．ただし，深層カーネルを使ったガウス過程も本書で
　　解説します．

*2　同じモデルを変分推論法以外のアルゴリズムで学習させることも可能です．

図2　本書で取り扱うモデルの関係性

■ 目 次

Chapter 5
Chapter 6
Chapter 7

Chapter 1

はじめに

本書のテーマは，コンピュータサイエンスにおける 2 つの研究領域の融合です．1 つ目は脳機能からヒントを得た計算モデルであるニューラルネットワークモデル，2 つ目は確率計算に基づいたデータ解析手法であるベイズ統計です．どちらも現代では，コンピュータによるパターン認識や構造発見といった機械学習 (machine learning) の分野で中核をなす技術となっています．歴史的に両者は一定の独立性を保って発展してきたため，用語の使い方やアルゴリズムの設計思想に若干の差異があり，一見すると排他的な関係性にあると思われる傾向にあります．しかし，実は両者の親和性は非常に高く，例えばベイズ統計におけるモデル拡張や推論の技法がそのままニューラルネットワークに適用できたり，あるいは逆にニューラルネットワークにおける効率的な予測アルゴリズムがベイズ統計の推論計算の性能向上にも貢献できることがわかってきています．また，ドロップアウトをはじめとしたニューラルネットワークにおける代表的な学習アルゴリズムが，ベイズ統計における近似推論手法の一種と見なすことができるなど，独立に開発された手法でも背後の理論に目を向ければ深いつながりがあることが数々発見されています．

1.1 ベイズ統計とニューラルネットワークの変遷

本節ではまず，ニューラルネットワークとベイズ統計の歴史的な流れを簡単に俯瞰してみます．どちらも近年の人工知能技術やデータ分析の発展に多

大な貢献のある分野ですが，その歴史は非常に長く，現在の数々の成功の裏で幾多の苦難の道がありました．また，独立に発展してきた両分野が活発に技術交流を行ったのは 1990 年前後ですが，その時期に現代の機械学習技術における主要な概念が次々と整備されたことも注目すべき点です．

1.1.1　ニューラルネットワーク

現代のニューラルネットワークは，典型的な例では**活性化関数 (activation function)** と呼ばれる非線形写像と，それらの挙動を制御する**重みパラメータ (weight parameter)** によって構成される複雑な形状をもつ関数としてモデル化されます．**入力 (input)** x と対応する**ラベル (label)** y のペアを大量に用意し，何らかの基準に従って重みパラメータを調整することによって，新しい入力 x_* に対する未知のラベル y_* を予測できます．

人間の知能と同等の能力を計算機によって実現したいという研究は，計算機自体の歴史と同じくらい古くからあります [38]．特に，人工知能分野で長年主要な研究課題となっていたのが，"いかに機械が知能を獲得するか" を理解し作る技術，すなわち学習技術でした．現在のニューラルネットワーク技術の原型とされているのは，1958 年に心理学者のフランク・ローゼンブラットが発表した**パーセプトロン (perceptron)** といわれています [106]．パーセプトロンは，それより以前に神経生理学者のウォーレン・マカロックと論理学者のウォルター・ピッツらによって考案された初期の脳機能モデルに基づいており，モデルがもっているパラメータを，データから自動的に学習できるように拡張したものです．初期のパーセプトロンはハードウェアとして実装されており，与えられた単純な図形を分類するだけの簡単なものでしたが，機械が人間のようにデータから法則性を発見し複雑な判別問題が解けるようになったとしてニューラルネットワークの大ブームが巻き起こりました．しかし，1969 年に "人工知能の父" と呼ばれる計算機科学者マービン・ミンスキーらによるパーセプトロンのいくつかの理論的な限界点に関する指摘 [84] により，ニューラルネットワークの最初のブームは終焉を迎えます．

1980 年代に入り，2 回目のニューラルネットワークブームが起きました．この時代では複雑系 **(complex system)** の研究とともに，ネットワークがもつ複数のユニットの間の相互作用がもたらす全体的な挙動の解明が大きな関心事でした．すなわち，ニューラルネットワークにおける学習においても，

大量のシンプルなユニットが複雑に相互作用をすることによって，より高次で知的なふるまいが**創発 (emerge)** されることが期待されました．この考え方は現在では**コネクショニズム (connectionism)** と呼ばれ，現在の深層学習研究にもつながるさまざまな基本的概念が提唱されました．その中でも**分散表現 (distributed representation)** は，複数の**特徴量 (feature)** を組み合わせることによって，多様性のある多くの観測データを効率的に表現することを目的とした考え方です [78]．また，現在でも主要なネットワークの学習手法になっている**誤差逆伝播法 (error back propagation method)** なども，1986 年に認知心理学者のデビッド・ラメルハートらによって提案されています [108]．その後も計算機科学者のジェフリー・ヒントンやヤン・ルカン，ヨシュア・ベンジオらによってニューラルネットワークは特に画像処理の分野で進歩を続けます *1．しかし，世間一般から見た人工知能技術に対するあまりにも高まりすぎた期待感からの失望と，ベイズ推論やカーネル法といった概念が新しく機械学習に導入されたことにより，ニューラルネットワークは再び厳しい冬の時代を迎えることとなります．

1.1.2 ベイズ統計

ベイズ統計は，確率の基本計算ルールに則ったシンプルなデータの予測解析技術です．与えられたデータや解析の課題に応じて統計モデルを構成し，**推論 (inference)** と呼ばれる確率計算を実行することによってデータに潜む構造を抽出したり，**不確実性 (uncertainty)** も考慮に入れた予測を行ったりします．

ベイズ統計の歴史は人工知能やニューラルネットワークの歴史より古く，最も初期のコンセプトは，その名が冠す通り，18 世紀中ごろにイギリスの数学者トーマス・ベイズによって考案されました [79]．その後 19 世紀初頭にフランスの数学者ピエール＝シモン・ラプラスによって，現在知られている**ベイズの定理 (Bayes' theorem)** が理論的に体系化されました．この時代には望遠鏡をはじめとした天体の観測機器が高度に発展したこともあり，ノイズを含む大量に蓄積されたデータをどのように解析するかが課題になっていました．ラプラスはベイズの定理を用いて惑星の質量の確率的な評価や，気

---

*1　なお，この 3 名は深層学習の研究における数々の貢献によって 2019 年にチューリング賞を受賞しています．

圧変動の解析，社会科学における人口解析など，広い分野において実用的な
データ解析を行いました．その後もベイズの定理に基づく統計解析は 19 世
紀から 20 世紀にかけて多くの研究者や実務家によって応用され，理論的な
枠組みもブルーノ・デ・フィネッティ，ハロルド・ジェフリーズ，レオナル
ド・ジミー・サヴェジ といった統計学者らによって整備されていきました．

　しかし，ベイズの定理による解析は，モデルが複雑になってくると厳密的
な計算が事実上不可能になってしまうため，解析はごくシンプルなモデルを
使ったものに限られていました．この状況にブレイクスルーをもたらしたの
が，計算機の劇的な処理能力の向上と**マルコフ連鎖モンテカルロ法 (Markov
chain Monte Carlo method, MCMC)** と呼ばれるアルゴリズムです．
特に，1970 年に統計学者のウィルフレッド・キース・ヘイスティングスによっ
て提案された**メトロポリス・ヘイスティングス法 (Metropolis-Hastings
method)** は，計算機を用いることによって幅広いクラスの確率モデルに対
する近似的な推論を可能にしました．マルコフ連鎖モンテカルロ法は 1990
年代に理論的な理解も進み，さらに本書でも紹介するような**ハミルトニアン
モンテカルロ法 (Hamiltonian Monte Carlo method, HMC)** などの
高効率な計算アルゴリズムも提案され，現在のベイズ統計の標準的なツール
になっています．さらに，ベイズ理論の爆発的な応用の拡大に貢献したのが，
ジューディア・パールによって 1980 年代に開発された**ベイジアンネットワー
ク (Bayesian network)** です．ベイジアンネットワークは**信念ネットワー
ク (belief network)** とも呼ばれ，機械学習の分野においては**有向非循環
グラフ (directed acyclic graph)** による**グラフィカルモデル (graphical
model)** の 1 つとして知られており，現在では数多くの実践的な確率モデル
の構築および推論計算を行うための要素技術になっています [*2]．

1.1.3　ベイズニューラルネットワークの誕生
　人工知能分野の一要素技術であるニューラルネットワークも，統計学にお
けるベイズの理論も，データに統計的なモデルを仮定することによって未観
測の事象を予測推定するという意味では目的が共通しています．また，どち

[*2]　なお，パールはベイジアンネットワークの開発で 2011 年にチューリング賞を受賞しています．2019
　　年の深層学習の受賞も加味すれば，人工知能の研究や応用の歴史においてこれらの 2 つの領域の発
　　展が大きなターニングポイントとなっていることがわかります．

らも近年の計算機の処理能力の飛躍的な向上が引き金となって利用が拡大されたことも重要な共通点です．したがって，歴史のうえで両者が理論的な面で融合をみるのは極めて自然といえます．

1980 年代後半では先に触れた誤差逆伝播法をはじめとしたニューラルネットワークの多くの理論的研究がなされていた時代でした．その中で，当時のAT&T テクノロジー傘下のベル研究所で研究員を務めていたジョン・デンカーらが，1987 年に初めて "ベイズ的な" アイデアをニューラルネットワークに導入しました [21]．すなわち，ニューラルネットワークの重みパラメータに対して**事前分布 (prior distribution)** を設定し，学習データを与えることによって予測に有用な情報を抽出させるというものでした *3．その後，同じくベル研究所のナフタリ・ティシュビーらによって，ニューラルネットワークの統計モデルとしての枠組みが整備され，本書のテーマの 1 つである**ベイズニューラルネットワーク (Bayesian neural network)** の原型が誕生しました [125]．さらにベル研究所では，1991 年にデンカーと，**畳み込みニューラルネットワーク (convolutional neural network, CNN)** を発明したことでも知られるヤン・ルカンによって，本書でも解説する**ラプラス近似 (Laplace approximation)** を用いたニューラルネットワークの学習および予測のアルゴリズムが開発されました [22]．興味深いことに，当時の彼らは一連の研究とベイズ統計自体との関連性に関しては認知しておらず，これらは統計物理学から着想を得たものだったようです．

現在の確率推論に基づく統計モデルの枠組みでニューラルネットワークモデルを定式化したのは，当時カリフォルニア工科大学の博士課程に在籍していたデイビッド・マッカイでした．マッカイはベイズ統計における**モデル選択 (model selection)** の枠組みをニューラルネットワークに導入し，さらにモデルの定量的評価指標の 1 つである**エビデンス (evidence)** と，テストデータに対する予測性能を評価する**汎化誤差 (generalization error)** の関係性を示すなど，現代のベイズ推論を用いた機械学習の基礎となる概念を構築しました [73]．マッカイの成果に続き，ジェフリー・ヒントンとヴァン・キャンプは 1993 年に初めて**変分推論法 (variational inference method)** あ

---

*3　1987 年のこの論文のタイトルは "Large automatic learning, rule extraction, and generalization." となっていますが，"Large" は出版社側に送った Tex ファイルに記述されていたコマンドで，何らかの理由で "Large" の前につけるべきスラッシュが抜けていたためタイトルに混入してしまったようです．

るいは**変分ベイズ法 (variational Bayes method)** によるニューラルネットワークの学習アルゴリズムを開発しました [50]*4. 変分推論法はニューラルネットワークの学習だけでなく，さまざまな確率モデルを高速に学習する手法として，現在広く適用されています [57]. また，現在ベイズ統計でさまざまなモデルの推論に対して標準的に使われているハミルトニアンモンテカルロ法も，初期の統計モデルへの適用例はラドフォード・ニールによるベイズニューラルネットワークであったことも興味深い点です [9].

　しかし 1990 年代当時のベイズニューラルネットワークはまだ計算コストが高く，現在と比べるとかなり少ない学習データ量でないと性能が出ないのが実状でした. 一方で，当時はグラフィカルモデルにおけるベイズ推論の有用性が見い出され，特に時系列データを取り扱う**状態空間モデル (state space model)** や，文書の意味を抽出する**トピックモデル (topic model)** などの数々の成功事例が生み出されました [5, 120]. また，**カーネル法 (kernel method)** や**ガウス過程 (Gaussian process)** など，関数空間を直接取り扱って回帰を行うような手法が台頭したことにより，ニューラルネットワークは徐々に時代遅れの技術として忌避されていきました. ニューラルネットワークの特徴は複数の層を構成することによって複雑な関数を構成できる点にありますが，当時はこのようなネットワークの "深さ" は単に学習を困難にするだけであり，予測性能に対する有用性に関しては多くの研究者が懐疑的でした.

1.1.4　深層学習の隆盛

　2000 年代の機械学習研究では，グラフィカルモデルやカーネル法が全盛でしたが，その裏で畳み込みニューラルネットワークをはじめとした現在の深層学習の基礎となるいくつかのモデルの研究は着実に行われ，独立した成功を収めていました. 一方でベイズ推論を使った機械学習の研究の関心は，大規模データに対してスケールする解析手法の構築を目的とした**ノンパラメトリックベイズ (nonparametric Bayes)** あるいは**ベイジアンノンパラメトリクス (Bayesian nonparametrics)** の分野に発展していきました [51].

---

*4　当時は**情報理論 (information theory)** の枠組みにおける**最小記述長 (minimum description length, MDL)** として定式化されたものですが，導出されたアルゴリズムは変分推論法と等価であることが後に示されました.

しかし，ノンパラメトリックベイズのモデルは推論のために膨大な計算コストを要するうえに，理論を十分に理解して使いこなすための敷居が高く，応用の範囲はごく限られたものとなっていました．そのような背景の中で，ニューラルネットワークの研究領域で 1 つのブレイクスルーとなったのが，2006 年にジェフリー・ヒントンが発表した**深層信念ネットワーク (deep belief network)** の層別事前学習の技術です [48]．これにより，従来は**勾配消失問題 (vanishing gradient problem)** などの理由で学習が難しかった複数層をもつ深いネットワークに対しても効率的に学習が行えることが示され，研究者たちはより自由なネットワーク構造や，深いネットワークに対する理論解析や予測性能の向上を探求するようになっていきました．さらに 2012 年，大規模なデータを使った画像認識の競技会である ImageNet LSVRC において，ヒントンらの研究グループは大量の学習用画像データと深層学習技術を使って従来の認識エラー率を大幅に改善する結果を出し，画像認識の研究に大きな衝撃を与えました [62]．彼らが使用したモデルはパラメータ数が 60,000,000 を超える巨大な畳み込みニューラルネットワークでした．さらに，**過剰適合 (overfitting)** を防ぐための**ドロップアウト (dropout)** と呼ばれる技術の適用，大規模データを効率的に学習するための**確率的勾配降下法 (stochastic gradient descent method)** の利用，GPU による高速な畳み込み演算など，その後の深層学習においてもスタンダードとなるような学習法を利用していました．以降，深層学習は音声認識や自然言語処理の分野にも応用され，既存のモデルの性能を上回るような結果を次々と出していきました．いずれの分野においても，深層学習による性能向上は大規模なデータセットに対応した計算技術や，オープンソースの使いやすいソフトウェアが数多く開発されたことが大きな要因の 1 つになっています．

1.2　ベイズ深層学習

このように，互いに一度交錯した時期があったものの，2000 年代以降はベイズ推論に基づく機械学習とニューラルネットワークは独立しながら発展していきました．2010 年代ごろを機に，双方の技術的な限界点や社会実装における要請から，両研究領域は**ベイズ深層学習 (Bayesian deep learning)** として再び合流することになりました．

1.2.1　深層学習の限界点

広い分野への応用が進んでいる深層学習ですが，その一方で数多くの問題点や限界点が見つかってきています．

まず，精度の高い予測を行うために大量の学習データが必要である点が挙げられます．深層学習は多くの層を重ねることによって膨大なパラメータ数をもつモデルを構成しますが，このようなモデルを学習用データや検証用データに過剰適合せずに学習させるには，それに応じた大量のデータが必要になってきます．実際に，画像認識の分野では百万を超えるような数のデータを学習させることもあります．巨大なモデルを学習させる難しさの1つの例として，MRIでスキャンされた画像から癌の診断を自動で行うようなシステムを考えてみましょう．これを実現するには，1枚1枚のスキャン画像に対して専門家の判断結果であるラベルデータが必要になってきますが，判断の自動化を深層学習を使って行いたい場合，学習用のラベルデータの収集はコストが非常にかかります．

また，一般的なニューラルネットワークの学習方法では**不確実性 (uncertainty)** がうまく取り扱えないことがわかっています．深層学習では入力に対する正解のラベルを "当てること" に対してのみ着眼されて設計や学習が行われています．特に，学習時に現れなかった入力や，与えられたデータのみでは判断するための情報が本質的に足りないような状況において，深層学習は "一定の自信で" 何かしらの出力を出してしまいます．これは一般的に慎重な判断を要する医用画像診断や自動運転システムなどの応用時には深刻な問題を引き起こします．予測アルゴリズム自身が "何を知らないのかを知る" ことは極めて重要です [26]．理想的には，予測に迷いがある場合は，予測の不確実性に応じてリスクが抑えられるような決定を行うか，あるいは人間の専門家やより計算コストのかかる高度な手法などに判断を委ねるといった処置ができたほうが良いでしょう．

予測の自信度にも関連しますが，深層学習のモデルは解釈性に乏しいことが知られています．すなわち，深層学習による予測は一般的にブラックボックスとして扱われ，どうしてそのような予測を行ったのか根拠を示すことが難しくなっています．与えられた学習セットから本質的な情報を抽出できているのか，あるいは単純に大量のデータをモデルが暗記しているだけなのか，学習結果に対する評価が非常に困難になっています．実際に，画像認識の分

野でよく使われる評価データセットである CIFAR10 などでは，これまでに最先端の論文で開発されてきた手法がデータセットに対して過剰適合していることが指摘されるなど，これまでに深層学習で行われてきた精度評価手法や技術発展の信憑性に関しては一部疑問視する声が上がっています [101]．

　さらに，深層学習は調整しなければならない**ハイパーパラメータ (hyper parameter)** の数が膨大で，性能改善のために多くの闇雲な試行錯誤を要することでも知られています．このようなハイパーパラメータに対しては自動的に調整する方法もあり，短期的な性能向上には一定の効果があります [117]．しかし，闇雲な調整は必ず過剰適合に向かっていきます．また，新しい課題やデータに挑戦するときに，ネットワークの構築方針が立てづらいという困難さもあります．

1.2.2　ベイズ統計との融合

　ベイズ推論を用いれば，先ほど挙げたような現状の深層学習の問題点に対して解決への道筋を示すことができます．また逆に，深層学習技術で培われた効率的な計算技術を，ベイズ推論に基づく機械学習の技術に応用することもできます．ベイズ推論と深層学習の融合領域は次の 3 つの方向性に分類できます．

1.　深層学習モデルのベイズ化

　深層学習のモデルを確率モデルとして定義し直すことは，主に 1.2.1 節で挙げたような深層学習の問題点を解決するようなアプローチになります．ベイズ推論では学習や予測はすべて確率的な推論計算として行われます．つまり，従来の深層学習のようにデータに対してモデルを"フィット"することはしないため，学習データセットに存在しないデータや数の少ないデータに対して過剰に高い自信度を示してしまうような予測は行いません．言い換えれば，過剰適合を自然に抑制するような仕組みになっています．また，ハイパーパラメータの調整やモデル選択も，ベイズの枠組みでは周辺尤度を評価することによって定量的に実施できます．これはアルゴリズムの調整にも有用ですが，特に**深層生成モデル (deep generative model)** ではモデルのデータ生成能力を定量的に評価する指針になります．また，ひとたび深層学習モデルを確率モデルとして解釈してしまえば，ベイズ推論の分野で長年研

究されてきた数多くの近似推論アルゴリズムが適用できるようになります．さらに，他の確率モデルとの組み合わせや，欠損値の補間なども確率計算を通じて自然に行えるようになります．このようなベイズ統計の柔軟性は，複数のタスクを同時に解く**マルチタスク学習** (multi-task learning) や，あるタスクで学習したモデルを別のタスクに適用させる**転移学習** (transfer learning) といったコンセプトにも適用できます．

2.　既存手法のベイズ解釈

　深層学習とベイズ推論は一定の独立性を保って発展してきた経緯がありますが，いくつかの深層学習における計算技術はベイズ推論におけるものと等価であることが近年わかってきています．例えば，過剰適合を防ぐための**正則化** (regularization) やドロップアウトといったテクニックは，ベイズ推論における変分推論法のある種の利用形態として捉えることができます．これにより，既存の深層学習における種々の改善テクニックに対して理論的な裏付けを与えられるだけでなく，既存のモデルに対して，不確実性を伴った予測など，ベイズ的なエッセンスを簡単に追加できるようになります．さらに本書の後半では深層学習と，ノンパラメトリックベイズの手法であるガウス過程との深い関係性を示すことにより，深層学習における教師あり学習をパラメータの探索ではなく，関数の空間における確率推論としてデザインできることがわかります．

3.　深層学習技術のベイズ推論への応用

　最後は，深層学習の研究でこれまでに開発された計算技術をベイズ推論の効率化に応用するような取り組みです．はじめの２つの方向性が既存の深層学習をベイズ化するような "深層学習のためのベイズ推論" であったのに対して，こちらは "ベイズ推論のための深層学習" であるといえます[*5]．特に，6 章で紹介するような**教師なし学習** (unsupervised learning) で利用される複雑なモデルでは，**潜在変数** (latent variable) と呼ばれる膨大な数の確率変数に対する**事後分布** (posterior distribution) を計算する必要があります．ニューラルネットワークを用いてこのような大量の変数の傾向を "予

[*5]　したがって，**深層ベイズ学習** (deep Bayesian learning) と呼ばれ区別されることもあります．

測しながら"推論する方法は**償却推論 (amortized inference)** と呼ばれて
おり，複雑なモデルに対するベイズ推論を効率化する手法として注目されて
います．

1.2.3 用語・表記に関する注意点

　本書を読むにあたって，いくつか用語の注意点を挙げます．

　深層学習・ベイズ統計どちらの領域でも，データをモデルに与えることに
よってパラメータのとるべき値を推察する過程を**学習 (learning)** あるいは
訓練 (train) と呼んでいます．一方で**図 1.1** のように，**推論 (inference)** は
両分野で異なる意味をもっています．深層学習では，(a) のように新規の入
力 x_* から未知の値 y_* を予測することを推論と呼んでいます．一方でベイズ
統計では，(b) のようにパラメータの学習も y_* の予測も推論と呼ばれてお
り，理論的な観点から見れば 2 つを区別しません．本書ではベイズ統計にお
ける呼称に則ることにします．

　またハイパーパラメータも分野によって指す対象が変わるため注意が必要
です．深層学習では，パラメータはネットワークの重みなどを指し，データ
から学習する対象になります．一方で，ハイパーパラメータは学習の効率化
やモデル構成を決定する 1 段手前の調整パラメータを指します．ベイズ統
計では，ハイパーパラメータはパラメータのためのパラメータを指します．
すなわち，あるパラメータの確率分布を事前に決定するためのパラメータの
ことをハイパーパラメータと呼びます．本書では，特に注意がなければハイ
パーパラメータは後者の意味を指すこととします．

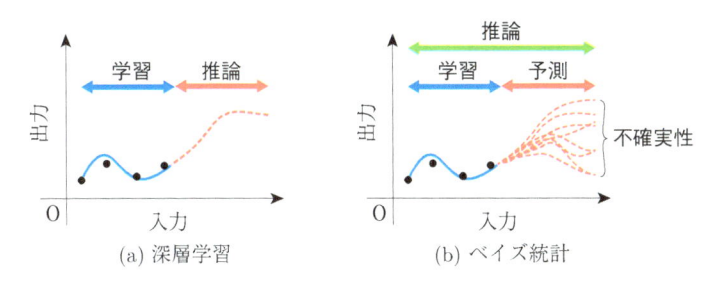

図 1.1　推論の呼称の違い

　本書では次のような記号表記を使っています．ただし，文脈によっては例外や新しい表記を設ける場合もあるので，その都度，章や節のはじめの文字定義をご確認ください．

- 1 次元の値はイタリックの字体 x を用います．ベクトルや行列など，複数の値を内部にもっていることを強調したい場合は $\mathbf{x}$ や $\mathbf{X}$ などの太字を用います．また，ベクトルは縦ベクトルとして扱い，要素を例えば $\mathbf{x} = (x_1, x_2, x_3)^\top$ といったように表します．ゼロベクトルも太字を使って $\mathbf{0}$ と表記します．
- 中括弧は集合を表します．例えば，N 個の変数 $x_1, x_2, \ldots, x_N$ の集合を $\mathbf{X} = \{x_1, x_2, \ldots, x_N\}$ と表します．
- $\mathbb{R}$ は実数の集合を表します．
- 開区間は括弧を使って表すことにします．例えば，実数 x が $0 < x < 1$ を満たすことを $x \in (0, 1)$ と表します．
- 有限個の離散シンボルは中括弧を使って表すことにします．例えば，x が 0 または 1 の 2 値しかとらない場合は $x \in \{0, 1\}$ と表します．
- サイズが D の実ベクトルを $\mathbf{x} \in \mathbb{R}^D$ と表します．また，サイズが $M \times N$ の実行列を $\mathbf{A} \in \mathbb{R}^{M \times N}$ と表します．
- 行列 $\mathbf{A}$ の転置は $\mathbf{A}^\top$ と表現します．
- 単位行列は $\mathbf{I}$ と表記します．
- 行列 $\mathbf{A}$ のトレースを $\mathrm{Tr}(\mathbf{A})$ と表記します．
- 行列 $\mathbf{A}$ の行列式を $|\mathbf{A}|$ と簡易的に表記します．ただし，スカラー値に対する絶対値 $|x|$ と混同する可能性がある箇所では，行列式を $\det(\mathbf{A})$ と表記します．
- e を自然対数の底としたとき，指数関数は $e^x = \exp(x)$ のように表記します．特に，指数部分が複雑な場合は $\exp(x)$ の表記を使います．
- 各種確率分布は，ガウス分布 $\mathcal{N}$，ベルヌーイ分布 Bern，カテゴリ分布 Cat，ポアソン分布 Poi，ベータ分布 Beta，ガンマ分布 Gam，スチューデントの t 分布 St などと表記します．
- 平均 μ および分散 σ^2 をもつガウス分布を $\mathcal{N}(\mu, \sigma^2)$ と表記します．確率密度関数として計算する場合には $\mathcal{N}(x|\mu, \sigma^2)$ のように表記します．他の分布に関しても同様です．

- 記号 $\approx$ は近似を意味します. 例えば, $\mathbf{X} \approx \mathbf{Y}$ は, "$\mathbf{X}$ を $\mathbf{Y}$ で近似する" という意味になります.
- 式中の c は計算に不必要な項をすべてまとめた省略記号です. 例えば $x \propto y$ の対数を $\ln x = \ln y + c$ と表記したりします.
- x の関数を $f(x)$ と書きます. 係数などのパラメータ θ を強調する場合は $f(x;\theta)$ と表記します. また, 出力がベクトルになる場合は $\mathbf{f}(x)$ などとします.
- ベクトル $\mathbf{x}$ の各要素に対して, 同じ関数 f を適用して得られるベクトルを $\mathbf{f}.(\mathbf{x})$ と表現します.

Chapter 2

ニューラルネットワークの基礎

ここでは本書を通じたテーマとなるニューラルネットワークモデルの基本的な構造と学習方法に関して解説します．まず，単純な予測モデルである線形回帰 (linear regression) による簡単な学習と予測を解説し，過剰適合や正則化といった機械学習における基本的な概念を導入します．次に，線形回帰モデルをニューラルネットワークモデルに拡張し，誤差逆伝播法 (error back propagation method) などの学習方法を解説します．また，画像データや時系列データに対して用いられる典型的なニューラルネットワークのモデル例を解説します．これらのニューラルネットワークに関する基礎知識のある方は，本章を読み飛ばしていただいても構いません．

2.1　線形回帰モデル

　線形回帰 (linear regression) は統計学や機械学習において最も広く用いられている連続値の予測モデルです．まずはじめに線形回帰の**誤差関数** (error function) に基づく学習を解説します．ここで紹介する考え方や**過剰適合** (overfitting) をはじめとする諸問題は後で解説するニューラルネットワークにも共通しています．

2.1.1　最小二乗法による学習

ここでは，実数値入力 $x \in \mathbb{R}$ から実数値出力（ラベル）$y \in \mathbb{R}$ を結びつける関数

$$y = \mathbf{w}^\top \phi(x) + \epsilon$$
$$= \sum_{m=1}^{M} w_m \phi_m(x) + \epsilon \tag{2.1}$$

を考えます．ここでは**特徴量関数 (feature function)**$\phi(\cdot)$ は

$$\phi(x) = (\phi_1(x), \phi_2(x), \ldots, \phi_M(x))^\top \tag{2.2}$$

のように M 個の関数を並べたもので，各関数 $\phi_i : \mathbb{R} \to \mathbb{R}$ を**基底関数 (basis function)** と呼びます．$\mathbf{w} \in \mathbb{R}^M$ は M 次元の未知のパラメータです．ϵ はモデルによる予測 $\mathbf{w}^\top \phi(x)$ とラベル y の間の誤差を表します．特徴量関数の例としては，次のように $M-1$ 次の多項式関数などがあります．

$$\phi(x) = (x^{M-1}, x^M, \ldots, x, 1)^\top. \tag{2.3}$$

ここで，N 個の入力集合 $\mathbf{X} = \{x_1, \ldots, x_N\}$ および，それに対応するラベル集合 $\mathbf{Y} = \{y_1, \ldots, y_N\}$ が与えられた学習用データセット $\mathcal{D} = \{\mathbf{X}, \mathbf{Y}\}$ を考えます．このデータセット $\mathcal{D}$ に対して "最も良い当てはまり" をする 1 次関数を見つけるにはどうしたら良いでしょうか．1 次関数を使う場合には，$M = 2$ とし，特徴量関数を $\phi(x) = (x, 1)^\top$，パラメータを $\mathbf{w} = (w_1, w_0)^\top$ とすればよいでしょう．ここでの "当てはまりの良さ" を，仮に "関数による予測と各ラベルとの二乗誤差の合計が小さいこと" であるとすれば，この問題は次のような**誤差関数 (error function)**

$$E(\mathbf{w}) = \frac{1}{2} \sum_{n=1}^{N} \left\{ y_n - \mathbf{w}^\top \phi(x_n) \right\}^2 \tag{2.4}$$

をパラメータ $\mathbf{w}$ に関して最小化する問題になります．右辺の $1/2$ は後の計算結果を見やすくするために付けたものです．最適解を $\mathbf{w}_{\mathrm{LS}}$ とおけば，

$$\mathbf{w}_{\mathrm{LS}} = \underset{\mathbf{w}}{\operatorname{argmin}} \, E(\mathbf{w}) \tag{2.5}$$

と書けます．このようなパラメータの学習を**最小二乗法 (least squares**

method) と呼びます. 誤差関数 $E(\mathbf{w})$ のような二乗誤差の最小化は, 線形回帰では単純に 2 次関数の最小値を求める問題に帰着されるため, 解析的に解が得られます. 誤差関数 $E(\mathbf{w})$ のパラメータ $\mathbf{w}$ に関する勾配は,

$$\nabla_{\mathbf{w}} E(\mathbf{w}) = -\sum_{n=1}^{N} y_n \boldsymbol{\phi}(x_n) + \sum_{n=1}^{N} \boldsymbol{\phi}(x_n) \boldsymbol{\phi}(x_n)^{\top} \mathbf{w} \tag{2.6}$$

となります. したがって, $\nabla_{\mathbf{w}} E(\mathbf{w}) = \mathbf{0}$ となる $\mathbf{w}_{\mathrm{LS}}$ は,

$$\mathbf{w}_{\mathrm{LS}} = \left\{ \sum_{n=1}^{N} \boldsymbol{\phi}(x_n) \boldsymbol{\phi}(x_n)^{\top} \right\}^{-1} \sum_{n=1}^{N} y_n \boldsymbol{\phi}(x_n) \tag{2.7}$$

となります [*1]. 学習データに対するパラメータの最適解 $\mathbf{w}_{\mathrm{LS}}$ を計算した後は, 学習データに含まれない新規の入力値 x_* が与えられた際に

$$y_* = \mathbf{w}_{\mathrm{LS}}^{\top} \boldsymbol{\phi}(x_*) \tag{2.8}$$

とすることで予測値 y_* を出力します. 図 2.1 の青の実線は, $N = 10$ 個の学習データを使い最小二乗法によって 1 次関数を当てはめた結果です.

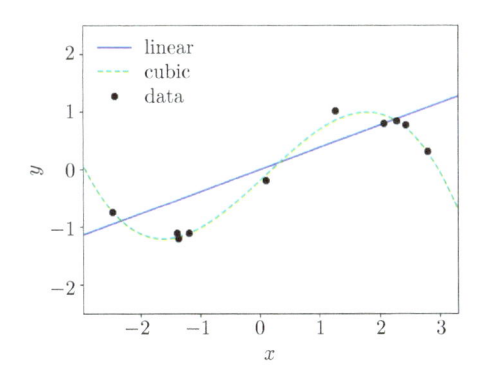

図 2.1 1 次関数 (linear) と 3 次関数 (cubic) による回帰

[*1] ただし, 最小二乗法においては $\sum_{n=1}^{N} \phi(x_n)\phi(x_n)^{\top}$ が正則行列である必要があります.

2.1.2　基底関数の選択

　データに対して直線を当てはめるだけの予測は，モデルとして表現力が非常に制限されたものになっています．事実，図 2.1 の学習結果を見ればわかるように，1 次関数による回帰は学習データの細かな入出力関係をうまく捉えることができていません．そのための解決手段として，上下に変動する学習データの特徴をうまく表すような特徴量関数 $\phi(x)$ の設計を行うことが考えられます．例えば特徴量関数を

$$\phi(x) = (x^3, x^2, x, 1)^\top \tag{2.9}$$

のように 3 次関数として設計したとします．このモデルによる関数の当てはめを行ったのが図 2.1 の緑の破線です．直線による当てはめを行った場合と比べて，データの特徴的な上昇下降の傾向を捉えることができています．なお，この場合，利用している多項式関数の次数に問わず，手法は "線形" 回帰であることに注意してください．"線形" と呼ばれているのは予測に用いる関数が直線であるという意味ではなく，基底関数のパラメータによる線形結合によって予測を行っているためです．各基底関数は入力データに対して一定の前処理を行っているだけなので，今回の例のような多項式だけではなくさまざまな非線形の変換処理を適用できます．

　また，ラベルが $D(> 1)$ 次元の実数ベクトル $\mathbf{y} \in \mathbb{R}^D$ の場合でも，式 (2.1) の予測と同様に線形回帰モデルを構築できます．この場合は，パラメータを $\mathbf{W} \in \mathbb{R}^{D \times M}$ とし，

$$\mathbf{y} = \mathbf{W}\phi(x) + \epsilon \tag{2.10}$$

のようにモデル化できます．ここではノイズの項も出力の次元に合わせてベクトル $\epsilon \in \mathbb{R}^D$ になります．

2.1.3　過剰適合と正則化

　先ほどの例では，図 2.1 のような入出力のデータに対して 1 次関数および 3 次関数による当てはめを行いました．しかし，画像解析や音声解析など，実践的な問題では多次元・大量のデータを取り扱うケースが多く，どのような関数が適切に入出力関係を捉えられるかは事前には見当がつかないことがほとんどです．したがって，直観的には可能な限り次数の高い複雑な関数

を使って回帰を実行するほうが良いように思えます．先ほどと同じデータに対して，より複雑な 10 次関数を基底関数として使って当てはめた結果が**図2.2**(a) です．下段には学習後に得られたベクトル $\mathbf{w}$ の各値を示しています．(a) の回帰の結果から明らかにわかるように，当てはめられた関数は極端なアップダウンが多く，学習データの特徴的な傾向をうまく捉えられていないように見えます．このような現象は**過剰適合 (overfitting)** と呼ばれ，特にパラメータ数の多い複雑なモデルを数が十分でない学習データに当てはめた際に発生しやすい現象です．

2.1.3.1 正則化項

過剰適合の問題を防ぐために最もよく行われているのが，**L2 正則化 (L2 regularization)** と呼ばれる手法です．式 (2.4) に次のようなペナルティを与える項

$$\Omega_{\mathrm{L2}}(\mathbf{w}) = \frac{1}{2}\mathbf{w}^{\top}\mathbf{w} \tag{2.11}$$

を追加し，新たな**コスト関数 (cost function)**

$$J(\mathbf{w}) = E(\mathbf{w}) + \lambda\Omega_{\mathrm{L2}}(\mathbf{w}) \tag{2.12}$$

を定義したうえで，パラメータに関する最小化を行います．$\lambda > 0$ は誤差関数 $E(\mathbf{w})$ の項に対するペナルティ項 $\Omega_{\mathrm{L2}}(\mathbf{w})$ の強さを調整するためのパラメータです．このような $\mathbf{w}$ の 2 次のペナルティ項を使った回帰の手法は**リッジ回帰 (ridge regression)** と呼ばれています．リッジ回帰の考え方は，$\Omega_{\mathrm{L2}}(\mathbf{w})$ を追加することによって $\mathbf{w}$ の取りうる値に制限をかけ，過剰適合を抑制しようというものです．

式 (2.12) のパラメータ $\mathbf{w}$ による最小化も解析的に行えます．コスト関数 $J(\mathbf{w})$ の勾配を計算すると

$$\nabla_{\mathbf{w}}J(\mathbf{w}) = \nabla_{\mathbf{w}}E(\mathbf{w}) + \lambda\nabla_{\mathbf{w}}\Omega_{\mathrm{L2}}(\mathbf{w}) \tag{2.13}$$

であり，

$$\nabla_{\mathbf{w}}\Omega_{\mathrm{L2}}(\mathbf{w}) = \mathbf{w} \tag{2.14}$$

であることから，$\nabla_{\mathbf{w}}J(\mathbf{w}) = \mathbf{0}$ となる停留点 $\mathbf{w}_{\mathrm{L2}}$ は，

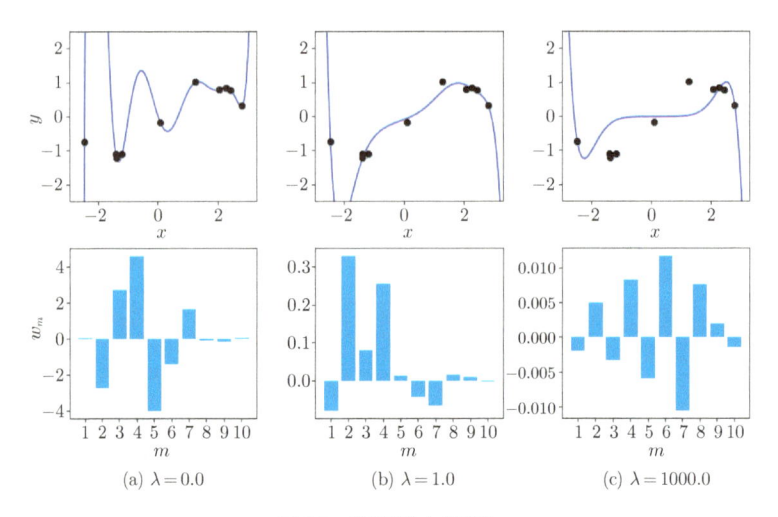

図 2.2　過剰適合と正則化

$$\mathbf{w}_{\mathrm{L2}} = \left\{ \sum_{n=1}^{N} \boldsymbol{\phi}(x_n) \boldsymbol{\phi}(x_n)^{\top} + \lambda \mathbf{I} \right\}^{-1} \sum_{n=1}^{N} y_n \boldsymbol{\phi}(x_n) \qquad (2.15)$$

となります．実際に λ の値を変えたうえで先ほどと同じ 10 次関数を学習させた結果が図 2.2(b) および (c) です．過度な大きさの $\mathbf{w}$ がペナルティ項によって抑制されたことにより，アップダウンが少なく，よりなだらかな関数で入出力の関係性を表現できていることがわかります．このように，関数の表現能力を抑制させることによって，学習データに対する極端な当てはめ（過剰適合）を防ぐ手段を**正則化**（**regularization**）と呼びます．また，$\Omega_{\mathrm{L2}}(\mathbf{w})$ のようにペナルティとして与える項を**正則化項**（**regularization term**）と呼びます．

　なお，正則化項の選択は式 (2.11) のような L2 正則化だけではなく，次のような絶対値による **L1 正則化**（**L1 regularization**）あるいは **LASSO**（**least absolute shrinkage and selection operator**）と呼ばれる手法もよく利用されています．

$$\Omega_{\mathrm{L1}}(\mathbf{w}) = \sum_{m=0}^{M-1} |w_m|. \qquad (2.16)$$

L2 正則化ではパラメータのとる値の大きさに関して二乗のスケールでペナルティが働くため，ある特定のパラメータ w_m が極端に大きな値が出てしまうことは抑制されます．つまり，$\mathbf{w}$ の各パラメータが"まんべんなく"値をもつ傾向にあります．それに対して，L1 正則化はそのようなパラメータのスケールに依存したペナルティがありません．したがって，L1 正則化のほうが L2 正則化と比べてパラメータの学習結果が**疎 (sparse)** になりやすいことが知られています [7]*2．

2.1.3.2 正則化による学習の問題点

さて，正則化項を加えた線形回帰に関してもまだいくつか未解決の問題点や限界点があります．第一に，今回の回帰の例では特徴量関数 ϕ をあらかじめ固定する必要がありました．最後の例で使用した 10 次関数は学習データの量に対してはかなり複雑な関数のクラスではありますが，現実的な画像や音声などの高次元データを入力とした予測問題などに取り組むには，単純に 0 次から 10 次までの関数を足し合わせただけの多項式ではデータに内在する興味深い構造を捉えることは難しいでしょう．これを解決する手段の 1 つとして，次節で紹介するニューラルネットワークでは，基底関数 ϕ_m の内部に新たにパラメータを導入し，各基底関数自体もデータから同時に学習します．もう 1 つの解決手段は，7 章で紹介する**ガウス過程 (Gaussian process)** を用いる方法で，そこでは基底関数を無限個用意したうえでベイズ推論を行うことによって，表現力の高い関数を過剰適合を防ぎつつ学習させることができます．

正則化を用いた線形回帰の第二の問題点は，実践においてどの特徴量関数 ϕ の選択がデータの傾向をよくデータを表しているかの判断が難しいことです．今回の例では，1 次元の入力 x から 1 次元の出力 y の予測という簡単な問題を考えたため，紙面に学習後の関数の様子を図示し，視覚的に結果を確認することができました．現実的なほとんどの問題では，このような低次元での可視化が不可能であるため，選んだ特徴量関数 ϕ が適切であったかどうかを何らかの基準に従って判断できることが望ましいでしょう．単純な解決方法としては，学習データの一部分を取り除き，学習後に取り除いたデー

---

*2　疎であるとは，パラメータの多くが厳密に 0 または 0 に近い値をもっている状態を指します．

タに対してどれだけうまく予測できているかを二乗誤差などの誤差指標を想定したうえで定量的に調べる方法があり，これは**交差確認** (cross validation) と呼ばれています．しかしこの方法にも大きな問題点があります．まず，交差確認のために本来学習に使用できるデータを予測の評価用に無駄に消費してしまうことです．また，二乗誤差に基づく予測精度の評価では，定量的な評価が行えるモデルやタスクが非常に限定的になります．例えば，後ほど紹介する**教師なし学習** (unsupervised learning) あるいは**生成モデル** (generative model) といった手法に対する評価としては，二乗誤差などの誤差指標はそのままでは利用できません．このような問題を解決する手段として，3.3.3 節では**周辺尤度** (marginal likelihood) あるいは**エビデンス** (evidence) と呼ばれる指標を用いた，より汎用性の高いモデルの定量評価に関して解説します．

正則化の第三の問題点は，正則化項 Ω の設定指針が不明瞭な点です．今回の例では学習後のパラメータ $\mathbf{w}$ が "極端な値をとり過ぎないように"，L2 正則化のペナルティを加えることによって，学習で得られる関数を調節しました．このような設計を行った理由はなんでしょうか？　実は結果的に L2 正則化による抑制が今回の練習用データではたまたまうまく "効いていた" というだけであって，データ解析者が自らのもつ知識や根拠に基づいて決定したわけではありません．このようなアプローチの仕方では，現実のデータ解析において合理的なモデル設計の指針が立てにくくなるでしょう．ベイズ統計の枠組みでは，関数の分布を考えることによって，より直観的な設計を可能にします．この考え方をさらに推し進めたのが，7 章で紹介するベイズ理論とカーネル法を組み合わせた手法の 1 つであるガウス過程です．この手法では，ニューラルネットワークのように解釈のしにくいパラメータの空間において関数を制限するのではなく，関数に滑らかさや周期性といった性質を直接与えることによって直観的なモデリングを行うことを可能にします．

第四の問題点は，誤差最小化や正則化による学習では予測の不確実性を表現できないことです．予測値に伴う分散などの不確実性を表す量がないと，アルゴリズムが確信をもって予測しているのか，それとも当てずっぽうでとりあえず予測値を出力しているのかが判断できません．3.3.2 節では，確率的な計算によって予測値に対する分布を求めることにより，予測に関する不確実性が定量的に表現できることを示します．

2.2 ニューラルネットワーク

線形回帰モデルでは基底関数があらかじめ固定されているため，データに合わせた柔軟な特徴量抽出が行えませんでした．ニューラルネットワークモデルでは，基底関数の中にパラメータをおくことにより，データから基底関数自体も学習します．これにより，固定された基底関数と単純に比較した場合，より広い関数の空間を考慮した回帰が行えるようになります．

2.2.1 順伝播型ニューラルネットワーク

2.2.1.1 2層の順伝播型ニューラルネットワーク

ここでは最も基本的なニューラルネットワークモデルである**順伝播型ニューラルネットワーク** (**feedforward neural network**) を解説します．まず，多次元の入力 $\mathbf{x}_n \in \mathbb{R}^{H_0}$ から多次元のラベル $\mathbf{y}_n \in \mathbb{R}^D$ を予測するニューラルネットワークを構築します．次のように線形回帰で使った特徴量関数 ϕ の内部に，さらに線形回帰を構成するようなモデルを考えます [*3]．

$$y_{n,d} = \sum_{h_1=1}^{H_1} w_{d,h_1}^{(2)} \phi \left(\sum_{h_0=1}^{H_0} w_{h_1,h_0}^{(1)} x_{n,h_0} \right) + \epsilon_{n,d}. \tag{2.17}$$

$w_{h_1,h_0}^{(1)} \in \mathbb{R}$ および $w_{d,h_1}^{(2)} \in \mathbb{R}$ はネットワークの**重みパラメータ** (**weight parameter**) と呼ばれています．式 (2.17) のモデルに対して，次のような行列を使った簡潔な表記を用いる場合もあります．

$$\mathbf{y}_n = \mathbf{W}^{(2)} \phi.(\mathbf{W}^{(1)} \mathbf{x}_n) + \boldsymbol{\epsilon}_n. \tag{2.18}$$

ここで，$\mathbf{W}^{(1)} \in \mathbb{R}^{H_1 \times H_0}$, $\mathbf{W}^{(2)} \in \mathbb{R}^{D \times H_1}$, $\boldsymbol{\epsilon}_n \in \mathbb{R}^D$ であり，$\boldsymbol{\phi}.$ は要素ごとに非線形関数 ϕ を適用する演算を意味します．また，式 (2.17) のモデルは次のように詳細に分解して書く場合もあります．

$$y_{n,d} = a_{n,d}^{(2)} + \epsilon_{n,d}, \tag{2.19}$$

[*3] 定数のバイアスパラメータを明示的に書く場合もありますが，本書では特別に必要でない限りバイアスパラメータは省略します．

$$a_{n,d}^{(2)} = \sum_{h_1=1}^{H_1} w_{d,h_1}^{(2)} z_{n,h_1}, \tag{2.20}$$

$$z_{n,h_1} = \phi(a_{n,h_1}^{(1)}), \tag{2.21}$$

$$a_{n,h_1}^{(1)} = \sum_{h_0=1}^{H_0} w_{h_1,h_0}^{(1)} x_{n,h_0}. \tag{2.22}$$

ここで $z_{n,h_1} \in \mathbb{R}$ は隠れユニット (**hidden unit**) と呼ばれる実数値です．また，$a_{n,d}^{(2)} \in \mathbb{R}$ や $a_{n,h_1}^{(1)} \in \mathbb{R}$ のように，隠れユニットや入力値に対して重み付き和をとったものを**活性 (activation)** と呼びます．このモデルの模式図を図 2.3 に示します．このモデルは層数が $L = 2$ の順伝播型ニューラルネットワークと呼ばれています [*4].

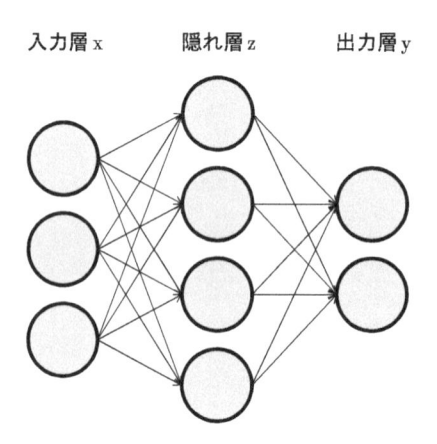

入力層 x　　　　　隠れ層 z　　　　　出力層 y

図 2.3　ニューラルネットワークの模式図

2.2.1.2　さまざまな活性化関数

　ニューラルネットワークで用いられる基底関数 ϕ は特に**活性化関数 (activation function)** と呼ばれています．活性化関数には主に非線形関数が用

[*4]　入力層，隠れ層，出力層と合わせて 3 層のニューラルネットワークと呼ばれることもありますが，本書ではモデル全体で必要なパラメータの個数に対応させて 2 層と呼ぶことにします．

いられます．よく利用される活性化関数としては，**図 2.4** のような**シグモイド関数** (**sigmoid function**)

$$\mathrm{Sig}(x) = \frac{1}{1 + e^{-x}} \tag{2.23}$$

や**双曲線正接関数** (**hyperbolic tangent function**)

$$\mathrm{Tanh}(x) = \frac{e^x - e^{-x}}{e^x + e^{-x}} \tag{2.24}$$

があります．シグモイド関数と双曲線正接関数には

$$\mathrm{Tanh}(x) = 2\mathrm{Sig}(2x) - 1 \tag{2.25}$$

の関係が成り立ちます．さらに 4 章や 7 章では，シグモイド関数と似た形状をもつ活性化関数として，標準正規分布の**累積分布関数** (**cumulative distribution function**)

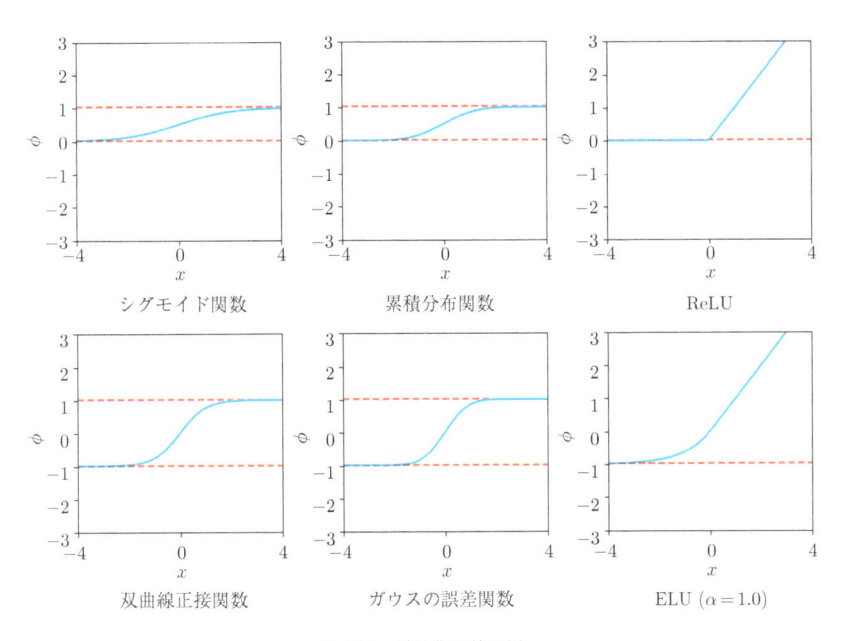

図 2.4　活性化関数の例

$$\Phi(x) = \int_{-\infty}^{x} \mathcal{N}(t|0,1)\mathrm{d}t \tag{2.26}$$

やガウスの誤差関数 (**Gauss error function**)

$$\mathrm{Erf}(x) = \frac{2}{\pi} \int_{0}^{x} \exp(-t^2)\mathrm{d}t \tag{2.27}$$

を利用します．標準正規分布の累積分布関数とガウスの誤差関数には

$$\Phi(x) = \frac{1}{2} \left\{ 1 + \mathrm{Erf}\left(\frac{x}{\sqrt{2}}\right) \right\} \tag{2.28}$$

の関係が成り立ちます．また，**正規化線形関数 (rectified linear unit, ReLU)** あるいはランプ関数 (**ramp function**)

$$\mathrm{ReLU}(x) = \max(x, 0) \tag{2.29}$$

といった非線形関数も頻繁に使われます．さらに，正規化線形関数を改良した**指数線形関数 (exponential linear unit, ELU)**

$$\mathrm{ELU} = \begin{cases} x, & \text{if } x > 0 \\ \alpha\{e^x - 1\}, & \text{if } x \leq 0 \end{cases} \tag{2.30}$$

も提案されています [15]．

2.2.1.3　ニューラルネットワークで表現される関数の例

図 2.5 には，適当な重みパラメータ $\mathbf{W}^{(1)}$ および $\mathbf{W}^{(2)}$ を与え，隠れユニットの数を $H_1 = 1, 2, 4$ とした場合のニューラルネットワークの例を示しています．活性化関数には式 (2.24) の双曲線正接関数を利用しています．$H_1 = 1$ の場合はパラメータの総数が 2 個であり，双曲線正接関数の入力と出力の軸を単純にスケールしただけのものしか表現ができません．H_1 を大きくしていくとパラメータ数が増加し複数の基底関数を組み合わせるようになり，より複雑な関数を表現できるようになっていることがわかります．なお，層数が $L = 2$ の順伝播型ニューラルネットワークにおいて，H_1 の数を増やすことによって任意の連続関数を近似できることが知られており，これはニューラルネットワークの**普遍性定理 (universal approximation theorem)** と呼ばれています [17]．

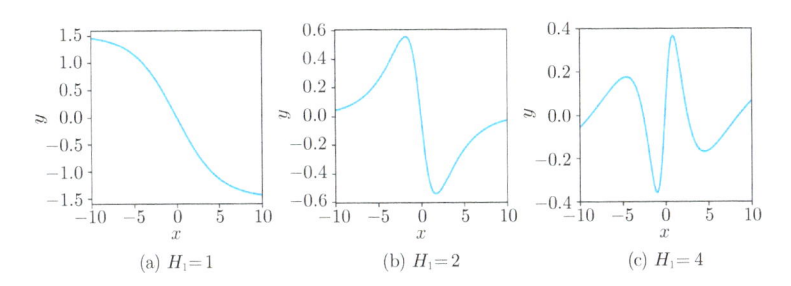

(a) $H_1 = 1$ (b) $H_1 = 2$ (c) $H_1 = 4$

図 2.5 2 層のニューラルネットワークで表現できる関数の例

2.2.1.4 複数層をもつ順伝播型ニューラルネットワーク

式 (2.17) で定義された順伝播型ニューラルネットワークはさらに多層な構造にすることもできます.

$$y_{n,d} = \sum_{h_{L-1}=1}^{H_{L-1}} w_{d,h_{L-1}}^{(L)} \phi \left(\sum_{h_{L-2}=1}^{H_{L-2}} w_{h_{L-1},h_{L-2}}^{(L-1)} \cdots \phi \left(\sum_{h_0=1}^{H_0} w_{h_1,h_0}^{(1)} x_{n,h_0} \right) \cdots \right)$$
$$+ \epsilon_{n,d}. \tag{2.31}$$

ただし,ここでは入力次元が H_0,出力次元が $D = H_L$ のように対応しています.多層のモデルに関しても,活性と隠れユニットを使って次のように分解して書けます.

$$y_{n,d} = a_{n,d}^{(L)} + \epsilon_{n,d}, \tag{2.32}$$

$$a_{n,d}^{(L)} = \sum_{h_{L-1}=1}^{H_{L-1}} w_{d,h_{L-1}}^{(L)} z_{n,h_{L-1}}^{(L-1)}, \tag{2.33}$$

$$z_{n,h_{L-1}}^{(L-1)} = \phi(a_{n,h_{L-1}}^{(L-1)}), \tag{2.34}$$

$$\vdots$$

$$a_{n,h_l}^{(l)} = \sum_{h_{l-1}=1}^{H_{l-1}} w_{h_l,h_{l-1}}^{(l)} z_{n,h_{l-1}}^{(l-1)}, \tag{2.35}$$

$$z_{n,h_{l-1}}^{(l-1)} = \phi(a_{n,h_{l-1}}^{(l-1)}), \tag{2.36}$$

$$\vdots$$

$$a_{n,h_1}^{(1)} = \sum_{h_0=1}^{H_0} w_{h_1,h_0}^{(1)} z_{n,h_0}^{(0)}, \tag{2.37}$$

$$z_{n,h_0}^{(0)} = x_{n,h_0}. \tag{2.38}$$

　一般的な用語として**深層学習 (deep learning)** と呼ばれるネットワークモデルは，層数が $L > 2$ となるような深いネットワーク構造をもつようなモデルを指しますが，本書では $L = 2$ の伝統的なニューラルネットワークモデルも深層学習モデルの1つとして考えることにします．また，式 (2.17) の層数が $L = 2$ の場合において，パラメータを $w_{d,h_1}^{(2)} = 1$ と固定値に設定すれば，モデルは統計学における**一般化線形モデル (generalized linear model)** と一致します．この場合，**リンク関数 (link function)** は活性化関数の逆関数に該当します．したがって，深層学習で頻繁に使われるような多層構造をもつニューラルネットワークモデルは，単純に一般化線形モデルにおける非線形な変換を繰り返し適用したモデルとして解釈することもできます．

2.2.2　勾配降下法とニュートン・ラフソン法

　順伝播型ニューラルネットワークも線形回帰モデルと同様に，誤差関数をパラメータに関して最小化することにより学習させることができます．

2.2.2.1　勾配降下法

　線形回帰との大きな違いは，順伝播型ニューラルネットワークの場合は非線形な活性化関数の中身に学習対象となるパラメータが導入されてしまったため，誤差が最小となる解が解析的に計算できなくなっていることです．したがって，計算機を使って数値的に最小値を求める必要があります．最もよく使われているのは**勾配降下法 (gradient descent method)** と呼ばれる最適化手法です．M 次元のパラメータ $\mathbf{w}$ をもつモデルに対する誤差関数を $E(\mathbf{w})$ とし，勾配を

$$\nabla_{\mathbf{w}} E = \left(\frac{\partial E(\mathbf{w})}{\partial w_1}, \frac{\partial E(\mathbf{w})}{\partial w_2}, \dots, \frac{\partial E(\mathbf{w})}{\partial w_M} \right)^{\top} \tag{2.39}$$

とします. 式 (2.39) は誤差関数がユークリッド距離の近傍で最も急に増加する方向性を表しています. 勾配降下法では, まず最適化したいパラメータ $\mathbf{w}$ に対して適当な初期値を与え, 次のように式 (2.39) の勾配と逆向きの方向にパラメータを少しだけ動かすことを繰り返すことによって最適化を行います.

$$\mathbf{w}_{\text{new}} = \mathbf{w}_{\text{old}} - \alpha \nabla_{\mathbf{w}} E(\mathbf{w})|_{\mathbf{w}=\mathbf{w}_{\text{old}}}. \tag{2.40}$$

ここで $\alpha > 0$ は**学習率 (learning rate)** と呼ばれており, 1 回の更新でパラメータを動かす量を指定する値です. 一般的には大きい α ほど学習が早い反面, 収束が安定しません. 逆に小さい α を設定すると, 収束は安定しますが, 学習に著しく時間がかかってしまいます. 学習率の決定には明確な指針はなく, 通常は実験による試行錯誤の過程で適切なものを探して使用します.

2.2.2.2　ニュートン・ラフソン法

パラメータ数 M が多くない場合は, 誤差関数の 2 階微分を利用して最適化を効率化する方法もよく行われます. **ニュートン・ラフソン法 (Newton-Raphson method)** と呼ばれる最適化手法では, まず最小化したい誤差関数をある $\bar{\mathbf{w}}$ まわりのテイラー展開により 2 次近似します.

$$\begin{aligned}
E(\mathbf{w}) \approx{} & \tilde{E}(\mathbf{w}) \\
={} & E(\bar{\mathbf{w}}) + \nabla_{\mathbf{w}} E(\mathbf{w})|_{\mathbf{w}=\bar{\mathbf{w}}}^{\top}(\mathbf{w} - \bar{\mathbf{w}}) \\
& + \frac{1}{2}(\mathbf{w} - \bar{\mathbf{w}})^{\top} \nabla_{\mathbf{w}}^2 E(\mathbf{w})|_{\mathbf{w}=\bar{\mathbf{w}}}(\mathbf{w} - \bar{\mathbf{w}}). \tag{2.41}
\end{aligned}$$

ここで $\nabla^2 E$ は誤差関数 E に対する**ヘッセ行列 (Hessian matrix)** と呼ばれ,

$$\mathbf{H} = \nabla_{\mathbf{w}}^2 E(\mathbf{w}) = \begin{bmatrix} \dfrac{\partial^2 E(\mathbf{w})}{\partial w_1^2} & \cdots & \dfrac{\partial^2 E(\mathbf{w})}{\partial w_1 \partial w_M} \\ \vdots & \ddots & \vdots \\ \dfrac{\partial^2 E(\mathbf{w})}{\partial w_M \partial w_1} & \cdots & \dfrac{\partial^2 E(\mathbf{w})}{\partial w_M^2} \end{bmatrix} \tag{2.42}$$

となります．誤差関数を 2 次で近似すれば，近似した関数 $\tilde{E}(\mathbf{w})$ の最小値は解析的に求められます．$\tilde{E}(\mathbf{w})$ の勾配は

$$\nabla_{\mathbf{w}}\tilde{E}(\mathbf{w}) = \nabla_{\mathbf{w}}E(\mathbf{w})|_{\mathbf{w}=\bar{\mathbf{w}}} + \nabla_{\mathbf{w}}^2 E(\mathbf{w})|_{\mathbf{w}=\bar{\mathbf{w}}}(\mathbf{w} - \bar{\mathbf{w}}) \tag{2.43}$$

となるので，これを $\nabla_{\mathbf{w}}\tilde{E}(\mathbf{w}) = \mathbf{0}$ とおいて $\mathbf{w}$ に関して解けば

$$\mathbf{w} = \bar{\mathbf{w}} - \left\{ \nabla_{\mathbf{w}}^2 E(\mathbf{w})|_{\mathbf{w}=\mathbf{w}_{\mathrm{old}}} \right\}^{-1} \nabla_{\mathbf{w}}E(\mathbf{w})|_{\mathbf{w}=\bar{\mathbf{w}}} \tag{2.44}$$

となります．したがって，式 (2.44) に対して，$\mathbf{w}_{\mathrm{old}} = \bar{\mathbf{w}}$ とし，次のように繰り返し更新することによって $E(\mathbf{w})$ を最小化できます．

$$\mathbf{w}_{\mathrm{new}} = \mathbf{w}_{\mathrm{old}} - \left\{ \nabla_{\mathbf{w}}^2 E(\mathbf{w})|_{\mathbf{w}=\mathbf{w}_{\mathrm{old}}} \right\}^{-1} \nabla_{\mathbf{w}}E(\mathbf{w})|_{\mathbf{w}=\mathbf{w}_{\mathrm{old}}}. \tag{2.45}$$

式 (2.40) と比べると，勾配降下法における学習率 α が式 (2.45) においてはヘッセ行列の逆行列 $\left\{ \nabla_{\mathbf{w}}^2 E(\mathbf{w})|_{\mathbf{w}=\mathbf{w}_{\mathrm{old}}} \right\}^{-1}$ に対応していることがわかります．ニュートン・ラフソン法は **2 次収束 (quadratic convergence)**[*5] するため，式 (2.40) のような単純な勾配降下法よりも効率的に解に収束することが知られています[87]．しかし，パラメータの個数 M が多い場合には，式 (2.42) のヘッセ行列やその逆行列の計算に膨大な時間がかかってしまうという欠点をもっています．これを解決する手段としては，**準ニュートン法 (quasi-Newton method)** と呼ばれる，ヘッセ行列 $\mathbf{H}$ を近似的に計算する方法などがあります．

2.2.3　誤差逆伝播法

　ここでは，勾配降下法を利用した順伝播型ニューラルネットワークの学習法として**誤差逆伝播法 (error back propagation method)** を解説します．

　順伝播型ニューラルネットワークでは，最小二乗法に基づく線形回帰のように誤差最小となるパラメータが解析的には求められないので，勾配を使った計算機による最適化を行います．式 (2.31) の L 層のモデルに対して，重みパラメータ全体の集合を $\mathbf{W}$ とおき，学習データ数が N 個の場合の誤差関数を

　[*5]　2 次収束とは，式 (2.45) の更新を行うたびに推定値の正しい桁数がおおよそ倍になることをいいます．

$$E(\mathbf{W}) = \sum_{n=1}^{N} E_n(\mathbf{W}), \tag{2.46}$$

$$E_n(\mathbf{W}) = \frac{1}{2} \sum_{d=1}^{D} (y_{n,d} - a_{n,d}^{(L)})^2 \tag{2.47}$$

のように設計したとします. データ全体の誤差関数 $E(\mathbf{W})$ は, 単純に各データ点に対する誤差 $E_n(\mathbf{W})$ の和になっているので, 以降では特定の $E_n(\mathbf{W})$ の微分に関してのみ注目して計算します. $E_n(\mathbf{W})$ の最上位の層の重み $w_{d,h}^{(L)} \in \mathbf{W}^{(L)}$ に関する偏微分は

$$\begin{aligned} \frac{\partial E_n}{\partial w_{d,h}^{(L)}} &= \frac{\partial E_n}{\partial a_{n,d}^{(L)}} \frac{\partial a_{n,d}^{(L)}}{\partial w_{d,h}^{(L)}} \\ &= \delta_{n,d}^{(L)} z_{n,h}^{(L-1)} \end{aligned} \tag{2.48}$$

となります. ただし,

$$\begin{aligned} \delta_{n,d}^{(L)} &= \frac{\partial E_n}{\partial a_{n,d}^{(L)}} \\ &= a_{n,d}^{(L)} - y_{n,d} \end{aligned} \tag{2.49}$$

とおきました. 式 (2.49) は目標とするラベルデータ y_n とニューラルネットワークの出力 $a_{n,d}^{(L)}$ との間の差分を表していることになります. 続いて, 1つ前の $L-1$ 番目の層における重み $w_{i,j}^{(L-1)} \in \mathbf{W}^{(L-1)}$ の偏微分も求めます.

$$\frac{\partial E_n}{\partial w_{i,j}^{(L-1)}} = \sum_{d=1}^{D} \frac{\partial E_n}{\partial a_{n,d}^{(L)}} \frac{\partial a_{n,d}^{(L)}}{\partial a_{n,i}^{(L-1)}} \frac{\partial a_{n,i}^{(L-1)}}{\partial w_{i,j}^{(L-1)}}. \tag{2.50}$$

ここで, ϕ' を ϕ の導関数とすれば,

$$\begin{aligned} \frac{\partial a_{n,d}^{(L)}}{\partial a_{n,i}^{(L-1)}} &= \frac{\partial}{\partial a_{n,i}^{(L-1)}} \sum_{h=1}^{H_{L-1}} w_{d,h}^{(L)} z_{n,h}^{(L-1)} \\ &= w_{d,i}^{(L)} \phi'(a_{n,i}^{(L-1)}) \end{aligned} \tag{2.51}$$

および

$$\frac{\partial a_{n,i}^{(L-1)}}{\partial w_{i,j}^{(L-1)}} = \frac{\partial}{\partial w_{i,j}^{(L-1)}} \sum_{h=1}^{H_{L-2}} w_{i,h}^{(L-1)} z_{n,h}^{(L-2)}$$
$$= z_{n,j}^{(L-2)} \tag{2.52}$$

となります．したがって，

$$\frac{\partial E_n}{\partial w_{i,j}^{(L-1)}} = \delta_{n,i}^{(L-1)} z_{n,j}^{(L-2)} \tag{2.53}$$

となります．ただし，

$$\delta_{n,i}^{(L-1)} = \phi'(a_{n,i}^{(L-1)}) \sum_{d=1}^{D} \delta_{n,d}^{(L)} w_{d,i}^{(L)} \tag{2.54}$$

としました．

以上の各重みパラメータに関する偏微分計算は，続く $\partial E_n / \partial w_{i,j}^{(L-2)}$，$\partial E_n / \partial w_{i,j}^{(L-3)}, \dots$ でも同様に繰り返すことができるため，実質的には次の $\delta_{n,j}^{(l)}$ を各 l 層に対して計算すればよいことになります．

$$\delta_{n,i}^{(l)} = \begin{cases} a_{n,i}^{(L)} - y_{n,i}, & \text{if } l = L \\ \phi'(a_{n,i}^{(l)}) \sum_{h=1}^{H_{l+1}} \delta_{n,h}^{(l+1)} w_{h,i}^{(l+1)}, & \text{if } l \neq L \end{cases}. \tag{2.55}$$

各 l 層のパラメータの勾配は，式 (2.55) を使って

$$\frac{\partial E_n}{\partial w_{i,j}^{(l)}} = \delta_{n,i}^{(l)} z_{n,j}^{(l-1)} \tag{2.56}$$

として計算できます．

まとめると，誤差逆伝播法によるパラメータの更新ステップは**アルゴリズム** 2.1 のようになります．

アルゴリズム 2.1 誤差逆伝播法

1. 順伝播：式 (2.33) から式 (2.38) を用いて，すべての隠れユニット と活性を計算する．
2. 逆伝播：式 (2.55) を用いて，順伝播の結果を使ってすべての δ を 計算する．
3. 勾配計算：式 (2.56) を用いて，逆伝播の結果を使ってパラメータ の勾配を計算する．
4. パラメータの更新：手順 3 で求めた勾配を使って式 (2.40) により パラメータ $\mathbf{W}$ を更新する．

　ニューラルネットワークの勾配計算は複雑なように見えますが，実際は微分の**連鎖律 (chain rule)** を適用しているだけです．実装上では，多くのプログラミング言語で**自動微分 (automatic differentiation)** による勾配計算が利用できます[4]．自動微分はプログラムで実装された関数の偏導関数を自動的に導出する技術です．したがって，多くの場合では実際に手計算を行うことや，勾配計算の式を直接プログラムする必要はありません．

　通常の順伝播型ニューラルネットワークはパラメータ数が多いため，式 (2.46) の誤差関数を最小化すると過剰適合を起こす可能性があります．実用上は，リッジ回帰と同様，

$$J(\mathbf{W}) = E(\mathbf{W}) + \lambda\Omega_{\mathrm{L2}}(\mathbf{W}) \tag{2.57}$$

のように正則化項 $\Omega_{\mathrm{L2}}(\mathbf{W})$ を付け加えるなどしてコスト関数 $J(\mathbf{W})$ を最小化します．式 (2.57) のコスト関数に関して勾配を計算して得られる重みの更新式は，ニューラルネットワークの分野で**重み減衰 (weight decay)** と呼ばれる手法と一致しています．

2.2.4 ヘッセ行列を利用した学習

　ニューラルネットワークの学習では 1 次微分を使った勾配降下法が主流

ですが，ニュートン・ラフソン法をはじめとした 2 次微分を使う最適化手法も適用できます．ニュートン・ラフソン法を用いる場合は，式 (2.42) のヘッセ行列を計算する必要があります．誤差逆伝播法と同じやり方を用いれば，ヘッセ行列の各成分の 2 次微分を計算できます．ヘッセ行列の計算は，ニューラルネットワークのパラメータ数を M とすると $O(M^2)$ の計算時間がかかります．これを簡略化するために，各入力 $\mathbf{x}_n$ に対する出力 $\mathbf{a}_n^{(L)}$ の勾配を使って

$$\mathbf{H} \approx \sum_{n=1}^{N} \left(\nabla_{\mathbf{W}} \mathbf{a}_n^{(L)} \right) \left(\nabla_{\mathbf{W}} \mathbf{a}_n^{(L)} \right)^{\top} \tag{2.58}$$

のように近似することもよく行われます [7]．

2.2.5 分類モデルの学習

式 (2.31) によって定義された順伝播型ニューラルネットワークは，主に実数連続値を予測する回帰問題に適用されます．出力が有限の D 個のうちの 1 つの値をとる場合は識別 (**discrimination**) あるいは分類 (**classification**) と呼ばれる課題になります．2 値分類の場合，すなわち $D = 2$ の場合は，まず次のようなシグモイド関数の活性化関数を用いて入力 $\mathbf{x}_n$ に対する出力 $a_n^{(L)} \in \mathbb{R}$ を $\mu_n \in (0, 1)$ の範囲に変換します．

$$\mu_n = \mathrm{Sig}(a_n^{(L)}). \tag{2.59}$$

そのうえで，ラベルデータ $y_n \in \{0, 1\}$ に対する誤差を，次のような**交差エントロピー誤差関数** (**cross-entropy error function**) を使って評価します．

$$E(\mathbf{W}) = - \sum_{n=1}^{N} \{y_n \ln \mu_n + (1 - y_n) \ln(1 - \mu_n)\}. \tag{2.60}$$

直観的には，各ラベル y_n とネットワークの出力 μ_n のとる値が一致しているほど，すなわちネットワークの出力が正しくラベルを分類できているほど，誤差関数 $E(\mathbf{W})$ の値が小さくなるように設計されています．この誤差関数の成り立ちに関しては 3.4.3 節でベルヌーイ分布 (**Bernoulli distribution**) による**尤度関数** (**likelihood function**) を使って再び解説します．

$D(> 2)$ の多値分類に関しても同様です．まず，ラベルを $\mathbf{y}_n \in \{0, 1\}^D$ か

つ $\sum_{d=1}^{D} y_{n,d} = 1$ を満たすようなベクトルで表現します．ニューラルネットワークによる D 次元の連続値の出力を $\mathbf{a}_n^{(L)} \in \mathbb{R}^D$ とし，**ソフトマックス関数 (softmax function)**

$$\pi_d(\mathbf{a}_n^{(L)}) = \frac{\exp(a_{n,d}^{(L)})}{\sum_{d'=1}^{D} \exp(a_{n,d'}^{(L)})} \tag{2.61}$$

によって $\sum_{d=1}^{D} \pi_d(\mathbf{a}_n^{(L)}) = 1$ となる D 次元ベクトル $\boldsymbol{\pi}(\mathbf{a}_n^{(L)}) = (\pi_1(\mathbf{a}_n^{(L)}), \ldots, \pi_D(\mathbf{a}_n^{(L)}))^{\top}$ を得ます．これを用いて，次のような多値版の交差エントロピー誤差関数を使えば

$$E(\mathbf{W}) = -\sum_{n=1}^{N} \sum_{d=1}^{D} y_{n,d} \ln \pi_d(\mathbf{a}_n^{(L)}) \tag{2.62}$$

のように誤差を定義できます．こちらに関しても 2 値分類と同様に，3.4.3 節で**カテゴリ分布 (categorical distribution)** あるいは試行数 1 の**多項分布 (multinomial distribution)** の尤度関数による解釈を与えます．

　回帰の場合の学習と同じく，分類においても式 (2.60) や式 (2.62) などの誤差関数を誤差逆伝播法などを用いて最小化すればネットワークを学習できます．例えば，多値分類の場合の出力層の偏微分は，式 (2.61) のソフトマックス関数の $a_{n,d'}^{(L)} \in \mathbf{a}_n^{(L)}$ に関する偏微分が

$$\frac{\partial \pi_d(\mathbf{a}_n^{(L)})}{\partial a_{n,d'}^{(L)}} = \begin{cases} \pi_d(\mathbf{a}_n^{(L)})(1 - \pi_d(\mathbf{a}_n^{(L)})), & \text{if } d = d' \\ -\pi_d(\mathbf{a}_n^{(L)})\pi_{d'}(\mathbf{a}_n^{(L)}), & \text{if } d \neq d' \end{cases} \tag{2.63}$$

であることを利用すれば，

$$\frac{\partial E(\mathbf{W})}{\partial a_{n,d}^{(L)}} = \pi_d(\mathbf{a}_n^{(L)}) - y_{n,d} \tag{2.64}$$

となります．式 (2.64) の結果も，回帰の場合と同じく，ネットワークが出力する分類結果 $\pi_d(\mathbf{a}_n^{(L)})$ に対する正解のラベル $y_{n,d}$ との差分を表していると理解できます．

2.3　効率的な学習法

　勾配降下法に基づく順伝播型ニューラルネットワークの学習は，非常にシンプルで汎用性の高いアルゴリズムですが，実際には大規模データに対する処理速度に問題がある場合や，パラメータが多いモデルに対して過剰適合を起こしてしまう場合があることが確認されています．ここでは，そのような大規模なニューラルネットワークの学習における問題を解決するための実践的なテクニックをいくつか解説します．

2.3.1　確率的勾配降下法

　式 (2.40) による単純な勾配降下法に基づくニューラルネットワークの学習は，与えられた N 個の学習データ $\mathcal{D} = \{\mathbf{x}_n, \mathbf{y}_n\}_{n=1}^{N}$ のすべてを一度に投入して勾配を計算する方法であり，**バッチ学習 (batch learning)** と呼ばれています．この方法は，1 回のパラメータの更新のたびに学習データすべてを使って勾配の計算を行わなければならないため，大量のデータを処理する際に計算効率がよくありません．したがって，実用上では各更新で N 個すべての入出力データの組 $\mathcal{D}$ を一度に処理せずに，$M(< N)$ 個となる小規模な部分集合 $\mathcal{D}_{\mathcal{S}} = \{\mathbf{x}_n, \mathbf{y}_n\}_{n \in \mathcal{S}}$ を取り出して使います．$\mathcal{S}$ はランダムに選択された M 個のインデックスの集合です．さらに，次のような誤差関数

$$E_{\mathcal{S}}(\mathbf{W}) = \frac{N}{M} \sum_{n \in \mathcal{S}} E_n(\mathbf{W}) \tag{2.65}$$

を設定し，誤差逆伝播法によってパラメータを更新するような手続きをとります．このような方法は**確率的勾配降下法 (stochastic gradient descent method)** と呼ばれ，$\mathcal{S}$ によって選択された部分集合 $\mathcal{D}_{\mathcal{S}}$ はミニバッチ (**mini-batch**) と呼ばれています．"確率的 (stochastic)"という言葉は，乱数を用いて学習データからランダムにミニバッチを取ってくることに由来しています．式 (2.65) のミニバッチによる誤差関数は，期待値としては全学習データ $\mathcal{D}$ に対する誤差関数 $E(\mathbf{W})$ と等価になります．すなわち，$q_{\mathcal{D}}(\mathcal{S})$ を $\mathcal{S}$ に関する一様分布であるとすれば，

$$\mathbb{E}_{q_{\mathcal{D}}(\mathcal{S})}\left[E_{\mathcal{S}}(\mathbf{W})\right] = E(\mathbf{W}) \tag{2.66}$$

となります.

なお，学習率を α_i とおき，次のような条件のもとで $\alpha_1, \alpha_2, \dots$ のとる値をスケジューリングすれば，ミニバッチによる更新が確率 1 で $E(\mathbf{W})$ の停留点に収束することが知られています [104].

$$\sum_{i=1}^{\infty} \alpha_i = \infty, \quad \sum_{i=1}^{\infty} \alpha_i^2 < \infty. \tag{2.67}$$

式 (2.67) の条件を満たす最もシンプルなスケジューリング方法としては次式のようなものがあります.

$$\alpha_i = \frac{\alpha}{i}, \quad (\alpha > 0). \tag{2.68}$$

このように，式 (2.67) の収束条件を用いて，期待値の中身 $\nabla_{\mathbf{W}} E_{\mathcal{S}}(\mathbf{W})$ を使って確率的に $\nabla_{\mathbf{W}} E(\mathbf{W}) = \mathbf{0}$ の解を探索する方法は**ロビンス・モンローアルゴリズム (Robbins-Monro algorithm)** と呼ばれています [7].

また，確率的勾配降下法による最適化を効率化するために，**モメンタム法 (momentum method)** と呼ばれる手法もよく使われます [92]. この手法では，次のような更新したいパラメータ $\mathbf{w}$ と同じ次元の速度ベクトル $\mathbf{p}$ を介した最適化を行います.

$$\mathbf{p}_{\text{new}} = \beta \mathbf{p}_{\text{old}} - \alpha \nabla_{\mathbf{w}} E(\mathbf{w})|_{\mathbf{w}=\mathbf{w}_{\text{old}}}, \tag{2.69}$$

$$\mathbf{w}_{\text{new}} = \mathbf{w}_{\text{old}} + \mathbf{p}_{\text{new}}. \tag{2.70}$$

ここで $\beta \in [0, 1)$ は，過去の勾配の影響をどれだけ受けるかを調整する設定値です. 適切な β を与えることにより，モメンタム法による最適化は単純な勾配降下法よりも性能が良くなることが経験的に知られています [38].

2.3.2　ドロップアウト

大規模な順伝播型ニューラルネットワークをはじめとする多くの深層学習モデルの予測精度を大幅に向上させた技術が**確率的正則化 (stochastic regularization)** と呼ばれる技術群です. 確率的正則化は，モデルの学習時に少量のノイズをデータや隠れユニットなどに加えることによって，過剰適

合を抑制しテストデータに対する予測性能の向上を目指すものです．特に，2012年にヒントンらが提案した**ドロップアウト (dropout)** と呼ばれる技術は，アイデアや実装が非常にシンプルであり，性能向上も顕著であることから，深層学習の分野で最もよく用いられている確率的正則化手法の1つになっています[119]．

最初に，ドロップアウトを用いた順伝播型ネットワークの学習法に関して解説します．通常，ドロップアウトは確率的勾配降下法の枠組みで使用されます．ドロップアウトを用いた学習では，ミニバッチ $\mathcal{D}_{\mathcal{S}} = \{\mathbf{x}_n, \mathbf{y}_n\}_{n \in \mathcal{S}}$ が与えられた後，各データ点 $\{\mathbf{x}_n, \mathbf{y}_n\}$ に対する勾配計算時に各ユニットをある独立な確率 $r \in (0, 1)$ で無効にします．確率 r は学習前にあらかじめ決めておく値で，通常は $r = 0.5$ のように設定されます．図2.6に示すように，データ点 $\{\mathbf{x}_n, \mathbf{y}_n\}$ が与えられるごとに，ドロップアウトによって**サブネット (subnet)** と呼ばれる部分グラフが構成されることになります．ミニバッチ内の各点に対する勾配を計算した後は，単純にそれらを平均化することによって最終的にパラメータを更新するための勾配を得ます．

ドロップアウトでは，学習後のモデルを使ったテスト入力 $\mathbf{x}_*$ に対する $\mathbf{y}_*$ の予測には，ユニットを欠落させていない元々のネットワークを用います．実験的には，各ユニットの出力を $1 - r$ 倍にスケーリングしたものを代わりに用いると，予測性能が良くなることが知られています[119]．

ドロップアウトが過剰適合を防ぐ説明はいくつかあります．1つは，サブネットを組み合わせることによる**アンサンブル (ensemble)** 効果です．例

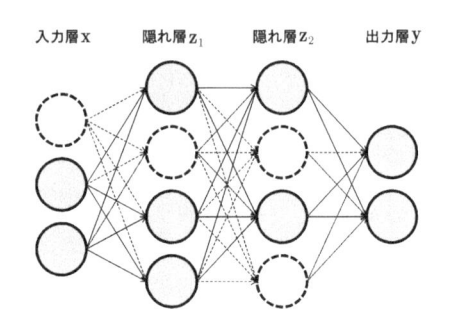

入力層x　　隠れ層z_1　　隠れ層z_2　　出力層y

図2.6　ドロップアウトにより生成されるサブネット

えば，機械学習でよく用いられる**バギング (bagging)** と呼ばれる方法では，通常 K 個の異なるニューラルネットワークを K 個の分割されたデータセットを用いてそれぞれ独立に学習させ，最終的に K 個の予測結果を統合します．一方でドロップアウトでは，単一のネットワークを用いてバギングと似た効果を実現させています [38]．ドロップアウトではユニット数を U とすれば，2^U 個の異なるニューラルネットワーク（サブネット）を近似的に組み合わせて学習させていることになります．これにより，単純なバギングによるアンサンブルよりも，ドロップアウトは単一のネットワークの学習の枠組みで実質的にははるかに多くのネットワークを効率よくアンサンブルしていることになります．また別の解釈としては，ドロップアウトは遺伝的な交配のプロセスを模倣することにより，予測を行う関数をロバストに進化させているという説もあります [119]．

　ドロップアウトに類似した確率的正則化手法もいくつか提案されています [26]．単純な代替法としては，ユニットを無効化する代わりに，ユニットの出力に対して平均 1，分散 1 のガウス分布 $m \sim \mathcal{N}(1,1)$ によるノイズ m を掛け合わせるものです．この方法ではノイズの期待値が $\mathbb{E}[m] = 1$ となるので，ドロップアウトと異なり予測時のスケーリングが不要になります．また，**ドロップコネクト (DropConnect)** はドロップアウトの特別な場合で，各スカラーの重み w と隠れユニット z の間の接続をランダムに欠落させます．

　5.3.1 節では，ドロップアウトがパラメータの事後分布を近似推論する変分推論法の一種としてみなせることを解説し，上述したアンサンブルや遺伝的な交配とは異なる理論的な解釈を与えます．

2.3.3　バッチ正規化

　ドロップアウトと並んで頻繁に使われるもう 1 つの確率的正則化法がバッチ正規化 (**batch normalization**) です [53]．バッチ正規化では，学習時に加法的なノイズと乗法的なノイズを隠れユニットに与えます．これにより，学習時における最適化の効率化と，ノイズの付加による正則化の効果を同時に実現します．

　多層構造をもつニューラルネットワークの学習の難しさは，1 つ前の層のパラメータの変化によって，次の層に対する入力の分布が大幅に変化してし

まうことが要因の1つとして考えられます．これを防ぐためには，学習率 α を小さく設定するなどして一度の更新量を小さくすることなどが解決手段として考えられますが，一般的に小さい α は学習の計算効率が著しく低下してしまうという別の問題を引き起こしてしまいます．

バッチ正規化のアイデアは，ミニバッチ $\{\mathbf{x}_n, \mathbf{y}_n\}_{n \in \mathcal{S}}$ が与えられるごとに，下記のようにある隠れユニット $\{z_n\}_{n \in \mathcal{S}}$ の各値を平均 0，分散 1 になるように修正するというものです．

$$\tilde{z}_n = \frac{z_n - \mu_{\mathcal{S}}}{\sqrt{\sigma_{\mathcal{S}}^2 + c}}. \tag{2.71}$$

ただし，

$$\mu_{\mathcal{S}} = \frac{1}{M} \sum_{n \in \mathcal{S}} z_n, \tag{2.72}$$

$$\sigma_{\mathcal{S}}^2 = \frac{1}{M} \sum_{n \in \mathcal{S}} (z_n - \mu_{\mathcal{S}})^2 \tag{2.73}$$

であり，c は数値計算を安定化させるために追加する正の定数です．

式 (2.71) によって単純に入力を正規化してしまうと，各層における表現能力が単純なものに制限されてしまいます．例えば，活性化関数として式 (2.23) のシグモイド関数を利用した場合，入力を正規化し 0 付近の領域に写像することによって，関数が実質的に線形変換に近いものになってしまいます．これを解決するために，通常は非線形変換を行う前に，正規化された出力 $\tilde{z}_n$ に対してさらに次のようなパラメータ $\gamma \in \mathbb{R}$，$\beta \in \mathbb{R}$ をもつ線形変換を行うユニットを追加します．

$$\tilde{z}_n' = \gamma \tilde{z}_n + \beta. \tag{2.74}$$

このようにして，バッチ正規化による変換を行う前のネットワークの表現能力を維持することができます．

また，バッチ正規化を用いたネットワークを使って予測を行う場合，ミニバッチの代わりに学習データ全体を使って正規化の計算を行います．

バッチ正規化を導入することによって，各隠れユニットの入力の傾向が安定化され，それによって深層学習モデルのパラメータ調整や初期化などの事前準備が簡単になり，学習率を上げて学習速度を上げることができるように

なると考えられています．しかし，他の数多くの深層学習の改善テクニックと同様，実用上でバッチ正規化が学習を効率化させる場合が多いことは実験的に確認されていますが，理論的な洞察や根拠はありません．1つの解釈としては，5.3.2 節で紹介するように，バッチ正規化に関してもドロップアウトと同様，ある種の変分推論法を暗黙的に実行しているとみなすことができます．

2.4　ニューラルネットワークの拡張モデル

　ニューラルネットワークモデルの実用上重要な特徴として，対象とするデータや目的に合わせてネットワーク構造を簡単にカスタマイズできる点が挙げられます．実際，式 (2.31) のような単純な順伝播型ニューラルネットワークではほとんどの場合予測モデルとして有用ではありません．ここでは，画像解析や時系列解析，教師なし学習などに用いられる代表的な拡張モデルを紹介します．

2.4.1　畳み込みニューラルネットワーク

　数多くあるニューラルネットワークの拡張モデルの中で最も成功した例が，1989 年にルカンらによって開発された**畳み込みニューラルネットワーク (convolutional neural network, CNN)** です [66]．畳み込みニューラルネットワークは，通常の重みパラメータによる行列積の代わりに**畳み込み (convolution)**[*6] と呼ばれる変換を取り入れたモデルです．主に時系列データや画像認識のタスクで高い性能を発揮することが知られています．

　画像などの 2 次元データに対する畳み込み計算の例を図 2.7 に示します．図の左側が行列で表される 1 枚の 2 次元の画像 $\mathbf{X}$ で，右側が 2 次元の**フィルター (filter)** と呼ばれる重みパラメータ $\mathbf{W}$ です．一般に，畳み込み後の画像 $\mathbf{S}$ の i, j 番目の要素は

$$S_{i,j} = (\mathbf{W} * \mathbf{X})_{i,j} = \sum_{m,n} W_{m,n} X_{i+m-1, j+n-1} \tag{2.75}$$

[*6]　ニューラルネットワークで用いられる“畳み込み”は，通常の工学で用いられる用語とは異なっていますが，本書では慣例に応じてそのまま用いることにします．

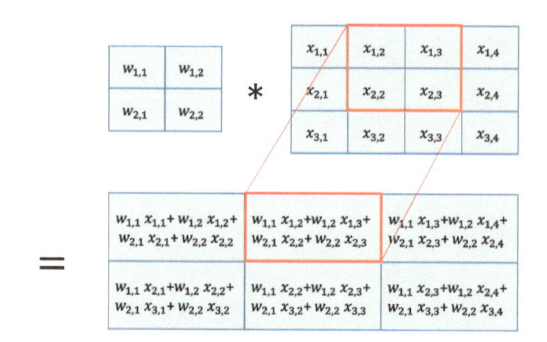

図 2.7　畳み込み計算の例

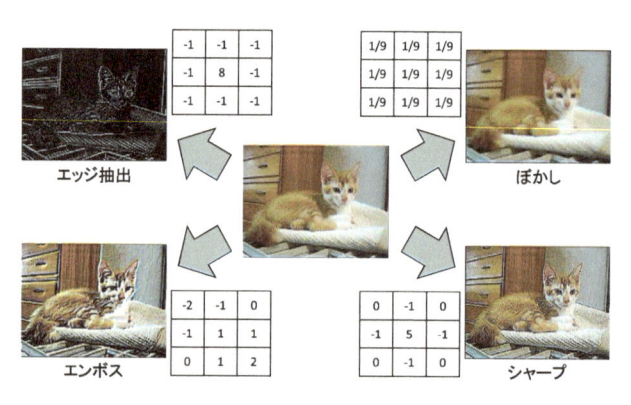

図 2.8　フィルターによる特徴抽出

として計算されます．このようにして計算された **S** は**特徴マップ** (feature map) と呼ばれています．

図 2.8 に，実際の画像データに対してサイズが 3×3 の各種フィルターを適用した例を示します．このように，フィルターのパラメータを変えるだけで，画像のぼかしやエッジ抽出などといった，元画像からのさまざまな特徴が得られます．

式 (2.31) の一般的な順伝播型ニューラルネットワークが**全結合** (fully connected) であるのに対して，畳み込みニューラルネットワークは**疎結合** (sparse connected) であるといわれます．図 2.9 に示すように，畳み込

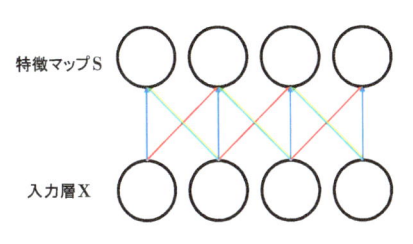

図 2.9　疎結合のネットワーク

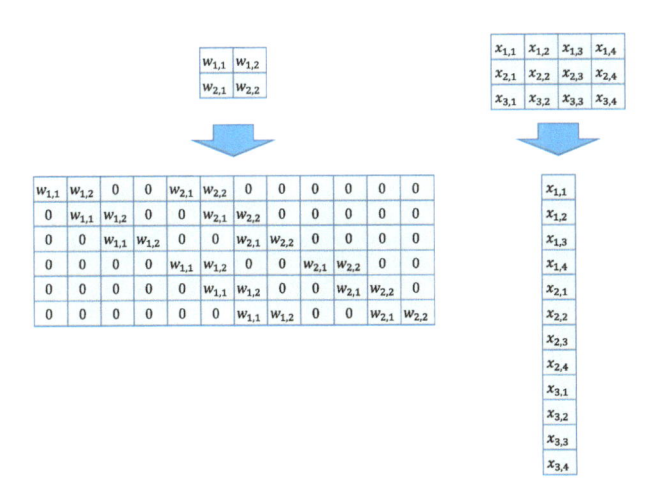

図 2.10　行列の積による 2 次元の畳み込みの表現

みニューラルネットワークでは，ある出力 $S_{i,j}$ が入力 $\mathbf{X}$ の局所的な領域にのみ依存するように制限されているため，全結合の場合と比べて変換に必要なパラメータが劇的に少なくなります．また，入力中の離れた領域に対して共通のフィルターによる変換が使われているため，画像中の特徴的な箇所の移動に対して不変な特徴抽出が行えます．図 2.9 では，共通のパラメータを色分けで示しています．このように，要求されるパラメータ数の大幅な削減と，位置の不変性による統計的な効率性によって，畳み込みニューラルネットワークは画像データに対して非常に高効率な学習を実現しています．

　図 2.10 の簡単な例で示されるように，フィルターと入力画像を適切に変換することによって，式 (2.75) は通常の行列積として書き直すこともできます [31]．すなわち，アルゴリズム 2.1 による誤差逆伝播法による重みの学習を用いれば，フィルター **W** をデータから学習させることができます *7．また，5 章で解説するニューラルネットワークのベイズモデルへの拡張なども，畳み込みニューラルネットワークに問題なく適用できます．

　計算された特徴マップは，通常の順伝播型ニューラルネットワークと同様に正規化線形関数などの活性化関数によって変換されます．典型的な畳み込みニューラルネットワークでは，その後**プーリング関数 (pooling function)** と呼ばれる非線形変換がよく適用されます．代表的なものは**最大プーリング (max pooling)** と呼ばれるもので，小さな長方形領域から最大となる値をとってくるというものです．プーリングされる値は入力のわずかな変化に対しても変化しにくいという特性があります．多くの場合，プーリング関数自体はデータに合わせて学習を行わず，固定したままで使います．最終的にデータの分類などを行う際には，階層的に処理をした特徴を入力とした全結合のニューラルネットワークを最上位の層に追加します．

2.4.2　再帰型ニューラルネットワーク

　順伝播型ニューラルネットワークや畳み込みニューラルネットワークは表現力豊かな回帰モデルですが，各データ点（画像認識であれば 1 枚の画像データ）が統計的に独立であるという強い仮定をおいています．しかし，音声データや動画像データ，文字列データなど，各データ点が時系列的な相関をもっていると考えられる場合には，このような独立性の仮定は適切ではありません．さらに，これらのモデルでは入力データやラベルの次元数が通常固定されており，長さの変わる単語の系列や音声データなどは扱いにくくなっています．

　再帰型ニューラルネットワーク (recurrent neural network, RNN) はこのような系列データを表現するために考案されたニューラルネットワークの拡張モデルの 1 つです．図 2.11 には典型的な再帰型ニューラルネットワークの例を示しています．ここでは具体例として，連続値をもつ入力デー

---

　*7　ただし，計算の効率上，実際にサイズの大きい行列に展開して積をとることは通常行いません．

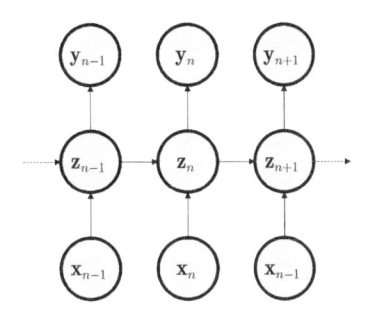

図 2.11　典型的な再帰型ニューラルネットワークの例

タ $\mathbf{x}_1, \mathbf{x}_2, \ldots, \mathbf{x}_N$ に対するカテゴリのラベルデータ $\mathbf{y}_1, \mathbf{y}_2, \ldots, \mathbf{y}_N$ が与えられているような状況を考えます．時刻 n の各隠れユニット $\mathbf{z}_n$ が時系列的な依存関係をもっており，前の時刻の隠れユニット $\mathbf{z}_{n-1}$ と時刻 n における入力データ $\mathbf{x}_n$ に基づいて次のように決定的に計算されます．

$$\mathbf{z}_n = \phi.(\mathbf{W}_{zx}\mathbf{x}_n + \mathbf{W}_{zz}\mathbf{z}_{n-1} + \mathbf{b}_z). \tag{2.76}$$

ここで $\mathbf{W}_{zx}$，$\mathbf{W}_{zz}$ および $\mathbf{b}_z$ は全時刻にわたって共有されるネットワークのモデルパラメータで，$\phi.$ は要素ごとに適用する非線形変換です．各時刻の隠れユニット $\mathbf{z}_n$ からは，次のようにソフトマックス関数 $\boldsymbol{\pi}$ によって出力が決定されます．

$$\boldsymbol{\pi}_n = \boldsymbol{\pi}(\mathbf{W}_{yz}\mathbf{z}_n + \mathbf{b}_y). \tag{2.77}$$

ここで $\mathbf{W}_{yz}$ および $\mathbf{b}_y$ は出力を決定するためのパラメータで，こちらも全時刻にわたって共有されるモデルパラメータです．

　誤差関数は，各時刻におけるネットワークの出力とラベルの間の誤差によって定義されます．出力が D 個のカテゴリの場合，パラメータの集合を $\boldsymbol{\Theta} = \{\mathbf{W}_{zx}, \mathbf{W}_{zz}, \mathbf{b}_z, \mathbf{W}_{yz}, \mathbf{b}_y\}$ とすると，時刻 n における誤差は

$$E_n(\boldsymbol{\Theta}) = -\sum_{d=1}^{D} y_{n,d} \ln \pi_{n,d} \tag{2.78}$$

となるので，時系列全体の誤差は

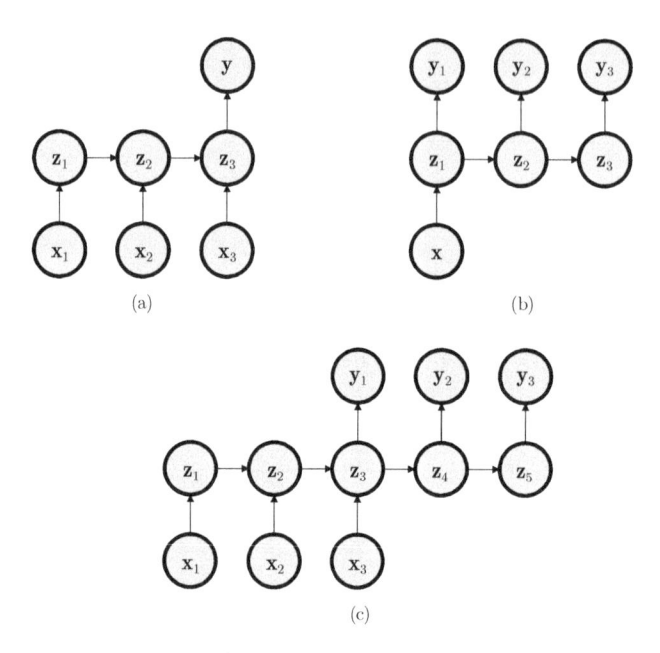

図 2.12　再帰型ニューラルネットワークの構造例

$$E(\Theta) = \sum_{n=1}^{N} E_n(\Theta) \qquad (2.79)$$

となります．式 (2.79) の誤差関数のパラメータ Θ に関する最小化は，通常の順伝播型ニューラルネットワークと同様，誤差逆伝播法によって得られる勾配を利用することによって実行できます．

　図 2.12 はさまざまな応用課題における再帰型ニューラルネットワークの構造を示しています [69]．図中の (a) のモデルは，入力データ系列から単一の出力を回帰するモデルで，自然言語や動画データの分類に使われています．(b) のモデルは，入力データから系列データの出力を生成するモデルで，単一の画像からキャプションを付与する課題に使われています．典型的な使用例としては，畳み込みニューラルネットワークによって中間層から画像の特徴を抽出し，それを再帰型ニューラルネットワークの入力として文字生成を行うなどします．(c) のモデルは，入力も出力も系列データになっており，自

動翻訳などに使われています.

2.4.3 自己符号化器

ニューラルネットワークは,入力データに対するラベルが利用できるような**教師あり学習** (**supervised learning**) の枠組みで使用されることが多いですが,ラベルの与えられていない**教師なし学習** (**unsupervised learning**) の枠組みでも適用できます.これにはいくつか方法がありますが,深層学習の分野で最もよく使われている方法の1つが**自己符号化器** (**auto encoder**) です[49].自己符号化器は入力データ $\mathbf{X} = \{\mathbf{x}_1, \ldots, \mathbf{x}_N\}$ のみを学習データとして使い,$\mathbf{X}$ を低次元の空間 $\mathbf{Z} = \{\mathbf{z}_1, \ldots, \mathbf{z}_N\}$ に圧縮することや,$\mathbf{X}$ のもつ特徴的な構造を抽出することなどに使われています.

自己符号化器の目標は,2つのニューラルネットワーク $\mathbf{f}$ および $\mathbf{g}$ を用いて,観測データ $\mathbf{X} = \{\mathbf{x}_1, \ldots, \mathbf{x}_N\}$ を別の変数列 $\mathbf{Z} = \{\mathbf{z}_1, \ldots, \mathbf{z}_N\}$ に写像することです.各 $\mathbf{z}_n$ は符号 (**code**),あるいはより一般的に**潜在変数** (**latent variable**) と呼ばれており,多くの応用では $\mathbf{x}_n$ よりも低い次元数をあらかじめ設定しておきます.関数 $\mathbf{f}$ は**符号化器** (**encoder**) と呼ばれるニューラルネットワークで,次のように各データ点 $\mathbf{x}_n$ を潜在変数 $\mathbf{z}_n$ に写像します.

$$\mathbf{z}_n = \mathbf{f}(\mathbf{x}_n). \tag{2.80}$$

一方で関数 $\mathbf{g}$ は**復号化器** (**decoder**) と呼ばれるニューラルネットワークで,符号化器とは対照的に潜在変数 $\mathbf{z}_n$ を元のデータ $\mathbf{x}_n$ に復元しようとします.

$$\mathbf{x}_n \approx \mathbf{g}(\mathbf{z}_n). \tag{2.81}$$

自己符号化器では,これらの関数を次のような1つの損失関数 L の最小化問題を解くことによって学習します.

$$L(\mathbf{x}_n, \mathbf{g}(\mathbf{f}(\mathbf{x}_n))). \tag{2.82}$$

直観的には,符号化器 $\mathbf{f}$ によって $\mathbf{x}_n$ の情報を低次元の $\mathbf{z}_n$ に圧縮し,さらに復号化器 $\mathbf{g}$ が $\mathbf{z}_n$ を元の入力 $\mathbf{x}_n$ に近づけるように学習することによって,高次元の $\mathbf{x}_n$ がもつノイズ以外の"本質的な"情報のみを $\mathbf{z}_n$ として抽出するのが目的です.このようにして抽出された潜在変数 $\mathbf{z}_n$ は,そのままデータ圧縮に使われるほか,後段でさらに別の教師ありアルゴリズムの特徴量入力

として使われることもあります.

　通常 $\mathbf{f}$ や $\mathbf{g}$ には順伝播型ニューラルネットワークなどが用いられます. これらのニューラルネットワークの表現力が高すぎる場合や, 潜在変数の次元が観測データよりも大きい場合などは, 自己符号化器は各データ $\mathbf{x}_n$ を完全に復元してしまうような恒等写像 $\mathbf{x}_n = \mathbf{g}(\mathbf{f}(\mathbf{x}_n))$ を獲得してしまいます. この場合では, 各潜在変数 $\mathbf{z}_n$ が元のデータ $\mathbf{x}_n$ を復元するための情報をノイズも含めてすべて保持してしまっていることになるため, 有用な特徴を抽出できません. これは線形回帰や順伝播型ニューラルネットワークでも起こるような過剰適合の例の1つです. したがって, 何らかの方法を使って潜在変数 $\mathbf{z}_n$ が獲得する表現を抑える必要があります. よく行われる方法は, 次のように $\mathbf{z}_n$ に対して正則化項 $\Omega(\mathbf{z}_n)$ を加えて目的関数を構成することです.

$$J_n = L(\mathbf{x}_n, \mathbf{g}(\mathbf{f}(\mathbf{x}_n))) + \lambda\Omega(\mathbf{z}_n). \tag{2.83}$$

このようにして各 $\mathbf{z}_n$ を制限することにより, 自己符号化器の学習が恒等写像に収束してしまうことを避けることができます.

　自己符号化器は2つのニューラルネットワークを単純に組み合わせるだけで簡単に教師なし学習が行える手法ですが, 有用な特徴量を獲得するための符号化器 $\mathbf{f}$ や復号化器 $\mathbf{g}$, さらに誤差関数 L や正則化項 Ω の設計が明確ではないという欠点をもっています. また, これらの値を過剰適合を起こさないように注意深く調整するのも非常に困難です. 6.1.1 節で紹介する**変分自己符号化器** (variational auto encoder, **VAE**) では, 自己符号化器を確率的な**生成モデル** (generative model) の枠組みとして解釈しなおすことを試みます[60,103]. そこでは, 復号化器 $\mathbf{g}$ は潜在変数からデータを出力するような生成モデルとして解釈され, 符号化器 $\mathbf{f}$ は潜在変数の確率推論を効率化するための近似分布として解釈されます. また, **変分推論法** (variational inference method) を用いた学習により, 過剰適合を避けられるような学習を行えます.

 **自動微分**

　ニューラルネットワークをはじめとした多くの機械学習モデルの学習には，モデルや誤差関数の微分情報を利用した最適化アルゴリズムが用いられます．これは深層学習のモデルをベイズ解釈した場合にも当てはまり，4 章で紹介するハミルトニアンモンテカルロ法やラプラス近似，変分推論法といったアルゴリズムも基本的には微分計算を必要とします．

　計算機で微分を行う方法は大きく 4 種類に分けることができます [4]．最も基本となる第一の方法は，最適化したい目的関数に関する導関数を手計算で求めた後にプログラムとして実装する方法です．しかし，この手法は深層学習などの大量のパラメータを含む複雑なモデルに対しては時間と労力のかかる作業であり，計算ミスなどのリスクを考えれば効率的な方法ではありません．第二の方法としては**数値微分 (numerical differentiation)** があります．数値微分では，微分の定義に従い，実際に小さい入力の変化 h を与えたうえで関数の変化 $f(x + h) - f(x)$ を計算することによって微分の近似を得ます．非常にシンプルで汎用的ですが，丸め誤差や桁落ちなどの問題から近似精度は良くありません．第三の方法は**数式微分 (symbolic differentiation)** と呼ばれるもので，これは与えられた数式を記号処理を用いて解析することにより微分の表現を得る手法です．数値微分と比べて厳密な微分が求められますが，結果として得られる表現は複雑で膨大になる傾向があります．また，機械学習では導関数を数式で表すことよりも，微分の評価値そのものを効率的に得たい場合がほとんどなので，学習アルゴリズムのサブルーチンとしてはほとんど使われません．これらの方法の欠点を埋める第四の方法が**自動微分 (automatic differentiation)** と呼ばれる方法です．

　自動微分は，プログラムで記述された関数に対して微分の連鎖律を適用することによって，関数の微分値を自動的に計算する手法です．数値微分のように大きな誤差を伴うことなく，かつ数式微分のように導関数の数式自体を得る必要がないため計算効率が高くなっています．自動微分の手法としては，入力変数から計算を行う方法と，関数値から計算を行う方法があります．特に後者は誤差伝播法の一般化となっており，入力変数が出力

の数よりも多いようなケースでは計算効率がよくなっています．

　機械学習の応用では，タスクに特化したモデル設計が重要視されており，モデルの複雑さは年々増してきています．導出に時間がかかりミスも多く起こる複雑な微分計算は，自動微分のツールに任せておき，アルゴリズム開発者はモデルと最適化方針の設計に集中することが望ましいでしょう．

ベイズ推論の基礎

ベイズ推論を用いた機械学習では，モデルのパラメータの学習や未観測データの予測，欠損値の予測補間などはすべて確率的な推論計算を用いて実現されます．ここでは最も基本的な概念である確率密度関数，確率質量関数，条件付き分布，周辺分布などを紹介し，さらにグラフを使ったモデルの表現や，指数型分布族などの便利なツールを導入します．さらに，シンプルなベイズ線形回帰モデルを題材にして，データの学習や予測，モデル選択といった課題の確率推論によるアプローチの仕方を紹介します．章の後半では，他手法（最尤推定など）との関係性に関しても簡単に解説します．ベイズ推論による機械学習に関して基礎知識のある方は，本章を読み飛ばしていただいても構いません．

3.1 確率推論

　ベイズ推論 (**Bayesian inference**) では学習や予測，モデル選択などをすべて確率分布上の計算問題として取り扱います．ここでは基本的な確率計算や，グラフィカルモデルを使ったモデルの表現方法に関して解説します．

3.1.1 確率密度関数と確率質量関数

　M 次元ベクトル $\mathbf{x} = (x_1, \ldots, x_M)^\top \in \mathbb{R}^M$ の実数関数 $p(\mathbf{x})$ が次の 2 つの条件を満たすとき，$p(\mathbf{x})$ を確率密度関数 (**probability density function**) と呼びます．

$$p(\mathbf{x}) \geq 0, \tag{3.1}$$

$$\int p(\mathbf{x})\mathrm{d}\mathbf{x} = \int \cdots \int p(x_1, \ldots, x_M)\mathrm{d}x_1 \cdots \mathrm{d}x_M = 1. \tag{3.2}$$

また，各要素が離散値であるような M 次元ベクトル $\mathbf{x} = (x_1, \ldots, x_M)^\top$ に対する関数 $p(\mathbf{x})$ が次の 2 つの条件を満たすとき，$p(\mathbf{x})$ を**確率質量関数** (**probability mass function**) と呼びます．

$$p(\mathbf{x}) \geq 0, \tag{3.3}$$

$$\sum_{\mathbf{x}} p(\mathbf{x}) = \sum_{x_1} \cdots \sum_{x_M} p(x_1, \ldots, x_M) = 1. \tag{3.4}$$

本書では確率密度関数や確率質量関数で決められる $\mathbf{x}$ の分布を**確率分布** (**probabilistic distribution**) あるいは**確率モデル** (**probabilistic model**) と呼ぶことにします．2 章で解説した線形回帰や一般的な順伝播型ニューラルネットワークから，教師なしの自己符号化器といった高度なモデルまで確率モデルとして取り扱うことができます．

3.1.2　条件付き分布と周辺分布

ある 2 つの変数 x と y に対する確率分布 $p(x, y)$ を**同時分布** (**joint distribution**) と呼びます．さらに

$$p(y) = \int p(x, y)\mathrm{d}x \tag{3.5}$$

のように一方の変数 x を積分により除去する操作を**周辺化** (**marginalization**) と呼び，結果として得られる確率分布 $p(y)$ を y の**周辺分布** (**marginal distribution**) と呼びます [*1]．また，同時分布 $p(x, y)$ において，y に対して特定の値が決められたときの x の確率分布を**条件付き分布** (**conditional distribution**) と呼び，次のように定義します．

$$p(x|y) = \frac{p(x, y)}{p(y)}. \tag{3.6}$$

[*1]　離散変数を取り扱う場合は積分 $\int$ ではなく和 $\sum$ を用いますが，本書では以降，一般的な説明をする場合は $\int$ を用いることにします．

条件付き分布 $p(x|y)$ は x の確率分布であり，y はこの分布の特性を決めるパラメータのようなものであると解釈できます．式 (3.5) と式 (3.6) から

$$\int p(x|y)\mathrm{d}x = \frac{\int p(x,y)\mathrm{d}x}{p(y)} = \frac{p(y)}{p(y)} = 1 \tag{3.7}$$

であり，$p(x,y)$ と $p(y)$ がともに非負であることも考慮すれば，条件付き分布 $p(x|y)$ は確率分布の要件である式 (3.1) および式 (3.2) を満たしていることになります．

さらに，同時分布を考える際に重要となるのが独立 (**independence**) という概念です．同時分布が

$$p(x,y) = p(x)p(y) \tag{3.8}$$

を満たすとき，x と y は独立であるといいます．

ある同時分布が与えられたときに，そこから興味の対象となる条件付き分布や周辺分布を算出することを，本書では**ベイズ推論** (**Bayesian inference**)，あるいは単に（確率）**推論** (**inference**) と呼ぶことにします．本章では，ベイズ版の線形回帰モデルの学習や予測などを通して具体的な推論計算の方法を解説します．また，4 章以降では，解析的な推論計算が行えないような事例を取り扱い，近似推論計算を行う手段を説明します．

3.1.3 期待値

期待値 (**expectation**) は，確率分布の特徴を定量的に表すことに使われます．$\mathbf{x}$ をベクトルとしたときに，確率分布 $p(\mathbf{x})$ に対して，ある関数 $f(\mathbf{x})$ の期待値 $\mathbb{E}_{p(\mathbf{x})}[f(\mathbf{x})]$ は次のように計算されます．

$$\mathbb{E}_{p(\mathbf{x})}[f(\mathbf{x})] = \int f(\mathbf{x})p(\mathbf{x})\mathrm{d}\mathbf{x}. \tag{3.9}$$

文脈から明らかな場合は，$\mathbb{E}_{p(\mathbf{x})}[f(\mathbf{x})]$ は $\mathbb{E}_p[f(\mathbf{x})]$ や $\mathbb{E}[f(\mathbf{x})]$ のように今後省略する場合があります．

2 つの確率分布 $p(\mathbf{x})$ および $q(\mathbf{x})$ に対して，次のような期待値を **KL ダイバージェンス** (**Kullback-Leibler divergence**) と呼びます．

$$D_{\mathrm{KL}}\left[q(\mathbf{x})\|p(\mathbf{x})\right] = -\int q(\mathbf{x}) \ln \frac{p(\mathbf{x})}{q(\mathbf{x})} \mathrm{d}\mathbf{x}$$

$$= \mathbb{E}_{q(\mathbf{x})}\left[\ln q(\mathbf{x})\right] - \mathbb{E}_{q(\mathbf{x})}\left[\ln p(\mathbf{x})\right]. \tag{3.10}$$

KL ダイバージェンスは任意の確率分布の組に対して $D_{\mathrm{KL}}\left[q(\mathbf{x})\|p(\mathbf{x})\right] \geq 0$ であり，等号が成り立つのは2つの分布が完全に一致する場合 $q(\mathbf{x}) = p(\mathbf{x})$ に限られます．また，KL ダイバージェンスは2つの確率分布の "距離" を表していると解釈されますが，一般的には $D_{\mathrm{KL}}\left[q(\mathbf{x})\|p(\mathbf{x})\right] \neq D_{\mathrm{KL}}\left[p(\mathbf{x})\|q(\mathbf{x})\right]$ であるため，数学的な距離の公理は満たしていないことに注意してください．本書では，変分推論法や期待値伝播法といった KL ダイバージェンスを基準とした学習アルゴリズムをいくつか導入していきます．

3.1.4　変数変換

　ここでは既知の確率密度関数に対して変数変換を行うことによって新たな確率密度関数を導出する方法を考えます．このテクニックは，特に5章や6章で紹介する**再パラメータ化勾配 (reparametrization gradient)** や**正規化流 (normalizing flow)** といった近似推論のための計算技術を理解する際に必要になります．

　全単射の関数 $f : \mathbb{R}^M \to \mathbb{R}^M$ によって変数を $\mathbf{y} = f(\mathbf{x})$ のように一対一に変換する操作を考えます．既知の確率密度関数を $p_x(\mathbf{x})$ とすれば，変換によって得られる $\mathbf{y}$ の確率密度関数は

$$p_y(\mathbf{y}) = p_x(g(\mathbf{y})) \left|\det\left(J_g\right)\right| \tag{3.11}$$

と書けます．ここで J は，f の逆関数 g の**ヤコビ行列 (Jacobian matrix)**

$$J_g = \begin{bmatrix} \dfrac{\partial x_1}{\partial y_1} & \cdots & \dfrac{\partial x_1}{\partial y_M} \\ \vdots & \ddots & \vdots \\ \dfrac{\partial x_M}{\partial y_1} & \cdots & \dfrac{\partial x_M}{\partial y_M} \end{bmatrix} \tag{3.12}$$

であり，$\det\left(J_g\right)$ は J_g の行列式です．

　例として，**ガウス分布 (Gaussian distribution)** に従う確率変数を式 (2.24) の双曲線正接関数によって変換し，新しい確率密度関数を作ることを

考えてみましょう．1次元のガウス分布は次のように定義されます．

$$p_x(x) = \mathcal{N}(x|\mu, \sigma^2) = \frac{1}{\sqrt{2\pi\sigma^2}}\exp\left(-\frac{(x-\mu)^2}{2\sigma^2}\right).\tag{3.13}$$

ガウス分布に従う変数 x に対して，双曲線正接関数によって変換された新しい変数 $y = \mathrm{Tanh}(x)$ を考えます．双曲線正接関数の微分は

$$\frac{\mathrm{d}y}{\mathrm{d}x} = 1 - \mathrm{Tanh}(x)^2\tag{3.14}$$

となるので，y の確率密度関数は

$$p_y(y) = \mathcal{N}(\mathrm{Tanh}^{-1}(y)|\mu, \sigma^2)\frac{1}{1-y^2}\tag{3.15}$$

となります．

図 3.1 にはガウス分布 $\mathcal{N}(x|0.1, 1.0)$ に対して変換 $y = \mathrm{Tanh}(x)$ によって得られる (a) 密度関数と，(b) 分布から得られる1万点のサンプルによるヒストグラムを示しています．

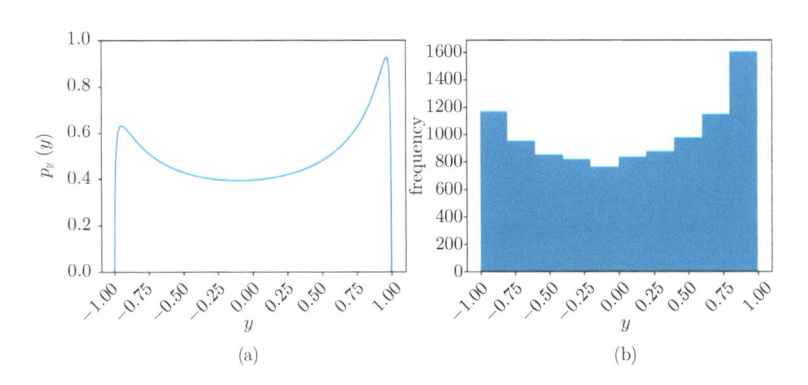

図 3.1 ガウス分布の双曲線正接関数による変換

3.1.5 グラフィカルモデル

グラフィカルモデル (**graphical model**) は，確率モデルに存在する複数の変数の関係性をノードと矢印を使って表現する記法です．この記法を使うと，回帰をはじめとした基本的なモデルから複雑な生成モデルまで，さまざ

まな確率モデルを視覚的に表現できるメリットがあります．ここでは **DAG** (**directed acyclic graph**) と呼ばれるループ構造をもたない有向グラフによる表現を説明します．

例として，次のようなシンプルな 3 つの変数 x, y, z から成り立つ確率モデル

$$p(x, y, z) = p(x|y, z)p(y)p(z) \qquad (3.16)$$

を考えます．式 (3.16) に対応するグラフィカルモデルは**図 3.2**(a) ようになります．基本的にはすべての変数に対してノードが 1 つずつ用意されます．$p(x|y, z)$ のような条件付き確率の場合は，条件となる変数 y, z から x に向かって矢印を記入することによって，変数間の依存関係を表現します．

別の例として，次のようにあるパラメータ θ に依存して N 個の変数 $\mathbf{X} = \{x_1, \dots, x_N\}$ が発生するような確率モデルを考えます．

$$p(\mathbf{X}, \theta) = p(\theta)p(\mathbf{X}|\theta) = p(\theta) \prod_{n=1}^{N} p(x_n|\theta). \qquad (3.17)$$

なお，式 (3.17) における $p(\mathbf{X}|\theta)$ を**尤度関数** (**likelihood function**)，$p(\theta)$

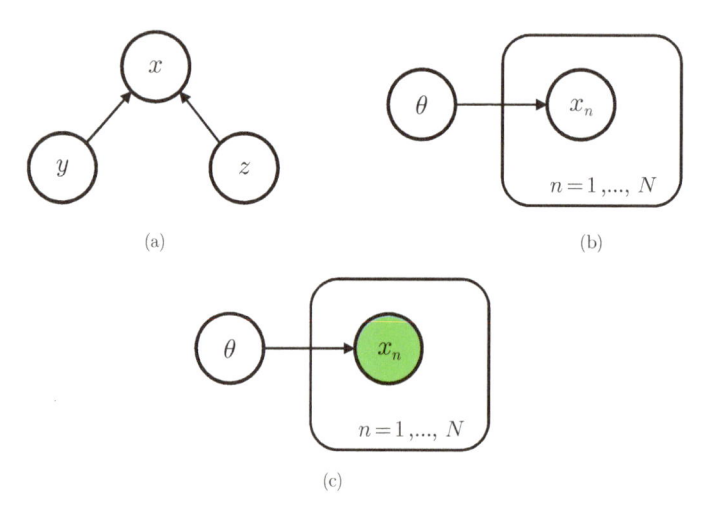

図 3.2　グラフィカルモデルの例

をパラメータ θ の事前分布 (**prior distribution**) と呼びます. このような
場合では, 図3.2(b) のようなプレート表現を使って変数が複数個含まれてい
ることを明示します.

また, 変数 $\mathbf{X} = \{x_1, \dots, x_N\}$ が観測データとして与えられている場合,
図3.2(c) のように観測ノードを濃く塗りつぶすことで観測されていることを
明示する場合もあります.

3.2 指数型分布族

ガウス分布やディリクレ分布など, ベイズ推論で用いられる多くの実用的
な確率分布は, 指数型分布族 (**exponential family**) と呼ばれるある形式を
もつクラスに属します. 3.2.4 節の具体的な推論計算の例で示されるように,
指数型分布族は確率推論を行う際に計算上いくつかの都合の良い性質をもっ
ています.

3.2.1 確率分布の例

指数型分布族自体の説明に入る前に, 具体例として本書で頻繁に登場する
確率分布をいくつか紹介します. 各確率分布の詳細な解説に関しては文献
[7,32] などを参考にしてください.

1 次元のガウス分布 (**Gaussian distribution**) または正規分布 (**normal
distribution**) は次のような $x \in \mathbb{R}$ の確率密度関数をもつ分布です.

$$\mathcal{N}(x|\mu, \sigma^2) = \frac{1}{\sqrt{2\pi\sigma^2}} \exp\left(-\frac{(x-\mu)^2}{2\sigma^2}\right). \tag{3.18}$$

$\mu \in \mathbb{R}$ は平均パラメータで, $\sigma^2 > 0$ は分散パラメータです.

ガウス分布は次のように M 次元の多変量に拡張されます.

$$\mathcal{N}(\mathbf{x}|\boldsymbol{\mu}, \boldsymbol{\Sigma}) = \frac{1}{\sqrt{(2\pi)^M|\boldsymbol{\Sigma}|}} \exp\left(-\frac{1}{2}(\mathbf{x}-\boldsymbol{\mu})^\top \boldsymbol{\Sigma}^{-1}(\mathbf{x}-\boldsymbol{\mu})\right). \tag{3.19}$$

ここで $\boldsymbol{\mu} \in \mathbb{R}^M$ は M 次元の平均パラメータであり, $\boldsymbol{\Sigma}$ はサイズが $M \times M$
の共分散行列 (**covariance matrix**) です. 1 次元ガウス分布の分散が正で
あったように, 共分散行列 $\boldsymbol{\Sigma}$ は正定値行列 (**positive definite matrix**) で
ある必要があります.

　ベルヌーイ分布 (**Bernoulli distribution**) はいわゆるコイン投げの分布です．2 値をとる変数 $x \in \{0,1\}$ を生成するための確率分布で，単一のパラメータ $\mu \in (0,1)$ によって分布の性質が決まります．確率質量関数は，

$$\mathrm{Bern}(x|\mu) = \mu^x (1-\mu)^{1-x} \tag{3.20}$$

と定義されます．

　カテゴリ分布 (**categorical distribution**) は，ベルヌーイ分布を任意の D 値をとるように拡張したものです．$\mathbf{s} \in \{0,1\}^D$ かつ，各要素 s_d が $\sum_{d=1}^{D} s_d = 1$ となるような確率変数 $\mathbf{s}$ を生成する分布です．

$$\mathrm{Cat}(\mathbf{s}|\boldsymbol{\pi}) = \prod_{d=1}^{D} \pi_d{}^{s_d}. \tag{3.21}$$

ここで $\boldsymbol{\pi} = (\pi_1, \ldots, \pi_D)^\top$ は分布を決める D 次元のパラメータで，$\pi_d \in (0,1)$ かつ $\sum_{d=1}^{D} \pi_d = 1$ を満たすように設定する必要があります．

　ガンマ分布 (**gamma distribution**) は正の実数 $\lambda > 0$ を生成してくれるような確率分布で，次のように定義されます．

$$\mathrm{Gam}(\lambda|a,b) = C_G(a,b)\lambda^{a-1}e^{-b\lambda}, \tag{3.22}$$

$$C_G(a,b) = \frac{b^a}{\Gamma(a)}. \tag{3.23}$$

パラメータ a および b はともに正の実数値として与える必要があります．$\Gamma(\cdot)$ は**ガンマ関数** (**gamma function**) で，次のように定義されます．

$$\Gamma(x) = \int t^{x-1}e^{-t}\mathrm{d}t. \tag{3.24}$$

また，ガンマ関数に関する次の性質もよく利用します．

$$\Gamma(x+1) = x\Gamma(x). \tag{3.25}$$

3.2.2　ガウス分布の計算例

　本書で最も使用頻度の高いガウス分布に関して，式 (3.5) の条件付き分布や式 (3.6) の周辺分布の計算例を示します．詳細な導出方法に関しては付録 A.1 を参考にしてください．ここでは式 (3.19) のような多次元のガウス分布を考えます．

$$p(\mathbf{x}) = p(\mathbf{x}_1, \mathbf{x}_2) = \mathcal{N}(\mathbf{x}|\boldsymbol{\mu}, \boldsymbol{\Sigma}). \tag{3.26}$$

ただし，ここでは変数 $\mathbf{x} \in \mathbb{R}^D$ を，$D = D_1 + D_2$ とした 2 つの縦ベクトル $\mathbf{x}_1 \in \mathbb{R}^{D_1}$, $\mathbf{x}_2 \in \mathbb{R}^{D_2}$ に分割して考えます．平均パラメータ $\boldsymbol{\mu} \in \mathbb{R}^D$ も同様に $\boldsymbol{\mu}_1 \in \mathbb{R}^{D_1}$, $\boldsymbol{\mu}_2 \in \mathbb{R}^{D_2}$ と分割し，共分散行列は次のように分割します．

$$\boldsymbol{\Sigma} = \left[\begin{array}{cc} \boldsymbol{\Sigma}_{1,1} & \boldsymbol{\Sigma}_{1,2} \\ \boldsymbol{\Sigma}_{2,1} & \boldsymbol{\Sigma}_{2,2} \end{array} \right]. \tag{3.27}$$

ただし，$\boldsymbol{\Sigma}$ は対称行列なので，$\boldsymbol{\Sigma}_{1,2} = \boldsymbol{\Sigma}_{2,1}^\top$ となります．また**精度行列 (precision matrix)** を $\boldsymbol{\Lambda} = \boldsymbol{\Sigma}^{-1}$ とおき，同様に

$$\boldsymbol{\Lambda} = \left[\begin{array}{cc} \boldsymbol{\Lambda}_{1,1} & \boldsymbol{\Lambda}_{1,2} \\ \boldsymbol{\Lambda}_{2,1} & \boldsymbol{\Lambda}_{2,2} \end{array} \right] \tag{3.28}$$

とすると，

$$\boldsymbol{\Lambda}_{1,1} = (\boldsymbol{\Sigma}_{1,1} - \boldsymbol{\Sigma}_{1,2}\boldsymbol{\Sigma}_{2,2}^{-1}\boldsymbol{\Sigma}_{2,1})^{-1}, \tag{3.29}$$

$$\boldsymbol{\Lambda}_{1,2} = -\boldsymbol{\Lambda}_{1,1}\boldsymbol{\Sigma}_{1,2}\boldsymbol{\Sigma}_{2,2}^{-1} \tag{3.30}$$

の関係が成り立ちます．このとき，周辺分布 $p(\mathbf{x}_1)$ は

$$p(\mathbf{x}_1) = \mathcal{N}(\mathbf{x}_1|\boldsymbol{\mu}_1, \boldsymbol{\Sigma}_{1,1}) \tag{3.31}$$

となります．また，条件付き分布 $p(\mathbf{x}_1|\mathbf{x}_2)$ は，

$$p(\mathbf{x}_1|\mathbf{x}_2) = \mathcal{N}(\mathbf{x}_1|\boldsymbol{\mu}_{1|2}, \boldsymbol{\Sigma}_{1|2}). \tag{3.32}$$

ただし，

$$\boldsymbol{\mu}_{1|2} = \boldsymbol{\mu}_1 - \boldsymbol{\Lambda}_{1,1}^{-1}\boldsymbol{\Lambda}_{1,2}(\mathbf{x}_2 - \boldsymbol{\mu}_2), \tag{3.33}$$

$$\boldsymbol{\Sigma}_{1|2} = \boldsymbol{\Lambda}_{1,1}^{-1} \tag{3.34}$$

となります．

3.2.3 指数型分布族

具体的に指数型分布族の例や性質を見ていきます．

3.2.3.1　定義

指数型分布族 (**exponential family**) は次のような形式で書ける確率分布の族です [7].

$$p(\mathbf{x}|\boldsymbol{\eta}) = h(\mathbf{x})\exp(\boldsymbol{\eta}^\top \mathbf{t}(\mathbf{x}) - a(\boldsymbol{\eta})). \tag{3.35}$$

それぞれ $\boldsymbol{\eta}$ を自然パラメータ (**natural parameter**), $\mathbf{t}(\mathbf{x})$ を十分統計量 (**sufficient statistics**), $h(\mathbf{x})$ を基底測度 (**base measure**), $a(\boldsymbol{\eta})$ を対数分配関数 (**log partition function**) と呼びます. 対数分配関数は, 次のように式 (3.35) の確率分布が積分して 1 になることを保証するためのものです.

$$a(\boldsymbol{\eta}) = \ln \int h(\mathbf{x})\exp(\boldsymbol{\eta}^\top \mathbf{t}(\mathbf{x}))\mathrm{d}\mathbf{x}. \tag{3.36}$$

3.2.3.2　分布の例

ガウス分布, ポアソン分布, 多項分布, ベルヌーイ分布など多くの分布が指数型分布族として表せることが知られています.

いくつか例を挙げてみましょう. ベルヌーイ分布の確率質量関数はパラメータを $\mu \in (0,1)$ としたとき,

$$\mathrm{Bern}(x|\mu) = \mu^x (1-\mu)^{1-x} \tag{3.37}$$

となりますが, これを変形すると

$$\begin{aligned} \mathrm{Bern}(x|\mu) &= \exp(x \ln \mu + (1-x)\ln(1-\mu)) \\ &= \exp\left(x \ln \frac{\mu}{1-\mu} + \ln(1-\mu) \right) \end{aligned} \tag{3.38}$$

となるため, 式 (3.35) と対応をとることによって

$$h(x) = 1, \quad \eta = \ln \frac{\mu}{1-\mu}, \quad t(x) = x, \quad a(\eta) = \ln(1 + e^\eta) \tag{3.39}$$

と書き直せることがわかります.

ポアソン分布 (**Poisson distribution**) の場合, 一般的によく用いられる確率質量関数は

$$\mathrm{Poi}(x|\lambda) = \frac{\lambda^x}{x!} e^{-\lambda} \tag{3.40}$$

のように書きますが，変形を行えば

$$\text{Poi}(x|\lambda) = \frac{1}{x!}\exp(x\ln\lambda - \lambda) \tag{3.41}$$

となるため，

$$h(x) = \frac{1}{x!}, \quad \eta = \ln\lambda, \quad t(x) = x, \quad a(\eta) = \lambda = e^\eta \tag{3.42}$$

のようにすればポアソン分布の指数型分布族の表現が得られます．

3.2.3.3 対数分配関数と十分統計量の関係

さらに指数型分布族の重要な性質として，次のように対数分配関数 $a(\boldsymbol{\eta})$ の $\boldsymbol{\eta}$ に関する勾配は十分統計量 $\mathbf{t}(\mathbf{x})$ の期待値になります．

$$\begin{aligned}
\nabla_{\boldsymbol{\eta}} a(\boldsymbol{\eta}) &= \nabla_{\boldsymbol{\eta}} \ln \int h(\mathbf{x})\exp(\boldsymbol{\eta}^\top \mathbf{t}(\mathbf{x}))\mathrm{d}\mathbf{x} \\
&= \frac{\nabla_{\boldsymbol{\eta}} \int h(\mathbf{x})\exp(\boldsymbol{\eta}^\top \mathbf{t}(\mathbf{x}))\mathrm{d}\mathbf{x}}{\int h(\mathbf{x})\exp(\boldsymbol{\eta}^\top \mathbf{t}(\mathbf{x}))\mathrm{d}\mathbf{x}} \\
&= \int \mathbf{t}(\mathbf{x})h(\mathbf{x})\exp(\boldsymbol{\eta}^\top \mathbf{t}(\mathbf{x}) - a(\boldsymbol{\eta}))\mathrm{d}\mathbf{x} \\
&= \mathbb{E}\left[\mathbf{t}(\mathbf{x})\right].
\end{aligned} \tag{3.43}$$

2 階の偏微分は十分統計量の共分散になります．

$$\begin{aligned}
\frac{\partial^2 a(\boldsymbol{\eta})}{\partial \eta_i \partial \eta_j} &= \mathbb{E}[t_i(\mathbf{x})t_j(\mathbf{x})] - \mathbb{E}[t_i(\mathbf{x})]\mathbb{E}[t_j(\mathbf{x})] \\
&= \text{Cov}[t_i(\mathbf{x}), t_j(\mathbf{x})].
\end{aligned} \tag{3.44}$$

3.2.4 分布の共役性

指数型分布族に対する解析的な推論計算の例を見ていきましょう．式 (3.35) の指数型分布族に対して次のような**共役事前分布 (conjugate prior)** と呼ばれる分布族が存在します．

$$p_\lambda(\boldsymbol{\eta}) = h_c(\boldsymbol{\eta})\exp(\boldsymbol{\eta}^\top \boldsymbol{\lambda}_1 - a(\boldsymbol{\eta})\lambda_2 - a_c(\boldsymbol{\lambda})). \tag{3.45}$$

3.2.4.1　事後分布の解析的計算

共役事前分布の重要な性質は，次のように指数型分布族による尤度関数に対して，事後分布も事前分布と同じ形式になることです [*2]．いま，N 個のデータ $\mathbf{X} = \{\mathbf{x}_1, \dots, \mathbf{x}_N\}$ を観測したとすると，事後分布は

$$
\begin{aligned}
p(\boldsymbol{\eta}|\mathbf{X}) &\propto p_\lambda(\boldsymbol{\eta}) \prod_{n=1}^{N} p(\mathbf{x}_n|\boldsymbol{\eta}) \\
&= h_c(\boldsymbol{\eta}) \exp(\boldsymbol{\eta}^\top \boldsymbol{\lambda}_1 - a(\boldsymbol{\eta})\lambda_2 - a_c(\boldsymbol{\lambda})) \\
&\quad \left\{ \prod_{n=1}^{N} h(\mathbf{x}_n) \right\} \exp\left(\boldsymbol{\eta}^\top \sum_{n=1}^{N} \mathbf{t}(\mathbf{x}_n) - Na(\boldsymbol{\eta}) \right) \\
&\propto h_c(\boldsymbol{\eta}) \exp\left(\boldsymbol{\eta}^\top \left(\boldsymbol{\lambda}_1 + \sum_{n=1}^{N} \mathbf{t}(\mathbf{x}_n) \right) - a(\boldsymbol{\eta})(\lambda_2 + N) \right).
\end{aligned}
\tag{3.46}
$$

となります．式 (3.46) の結果は $\boldsymbol{\eta}$ に注目すれば式 (3.45) と同じ形式になっており，事後分布のパラメータを $\hat{\boldsymbol{\lambda}}_1$, $\hat{\lambda}_2$ とすれば，

$$
\hat{\boldsymbol{\lambda}}_1 = \boldsymbol{\lambda}_1 + \sum_{n=1}^{N} \mathbf{t}(\mathbf{x}_n), \quad \hat{\lambda}_2 = \lambda_2 + N
\tag{3.47}
$$

のような関係性になっていることがわかります．このように，式 (3.35) の指数型分布族による尤度関数に対して，式 (3.45) の形式の共役事前分布を用いれば，事後分布が解析的に求めることがわかります．

3.2.4.2　予測分布の解析的計算

共役性を利用すれば，式 (3.46) および (3.47) による事後分布を使って未観測のデータ $\mathbf{x}_*$ の予測分布を次のように解析的に求めることもできます．

$$
\begin{aligned}
p(\mathbf{x}_*|\mathbf{X}) &= \int p(\mathbf{x}_*|\boldsymbol{\eta}) p(\boldsymbol{\eta}|\mathbf{X}) \mathrm{d}\boldsymbol{\eta} \\
&= \int h(\mathbf{x}_*) \exp(\boldsymbol{\eta}^\top \mathbf{t}(\mathbf{x}_*) - a(\boldsymbol{\eta})) h_c(\boldsymbol{\eta}) \exp(\boldsymbol{\eta}^\top \hat{\boldsymbol{\lambda}}_1 - a(\boldsymbol{\eta})\hat{\lambda}_2 - a_c(\hat{\boldsymbol{\lambda}})) \mathrm{d}\boldsymbol{\eta}
\end{aligned}
$$

[*2]　**共役性 (conjugacy)** は事前分布の性質ではなく，尤度関数と事前分布のペアに対して成り立つ関係性であることに注意してください．

$$= h(\mathbf{x}_*) \frac{\exp(a_c(\hat{\boldsymbol{\lambda}}_1 + \mathbf{t}(\mathbf{x}_*), \hat{\lambda}_2 + 1))}{\exp(a_c(\hat{\boldsymbol{\lambda}}_1, \hat{\lambda}_2))}. \tag{3.48}$$

結果の確率分布は一般的には指数型分布族にはなりません.

3.2.4.3　例：ベルヌーイ分布のパラメータの推論

　ここでは例として, 式 (3.39) のベルヌーイ分布の自然パラメータによる表現を使って, パラメータの学習と予測分布の導出を行います [*3]. ベルヌーイ分布の共役事前分布は次のような**ベータ分布 (beta distribution)** です.

$$\mathrm{Beta}(\mu|\alpha, \beta) = \frac{\Gamma(\alpha + \beta)}{\Gamma(\alpha)\Gamma(\beta)} \mu^{\alpha-1}(1 - \mu)^{\beta-1}. \tag{3.49}$$

これを式 (3.45) の表現に直せば

$$\begin{aligned}
\mathrm{Beta}_\eta(\eta|\lambda_1, \lambda_2) =& \mathrm{Beta}(\mu|\alpha, \beta)\frac{\mathrm{d}\mu}{\mathrm{d}\eta} \\
=& \exp\Big((\alpha - 1)\ln\mu + (\beta - 1)\ln(1 - \mu) \\
& + \ln\frac{\Gamma(\alpha + \beta)}{\Gamma(\alpha)\Gamma(\beta)}\Big)\frac{e^\eta}{(1 + e^\eta)^2} \\
=& \exp\left(\eta\alpha - a(\eta)(\alpha + \beta) + \ln\frac{\Gamma(\alpha + \beta)}{\Gamma(\alpha)\Gamma(\beta)}\right)
\end{aligned} \tag{3.50}$$

から,

$$h_c(\eta) = 1, \quad \lambda_1 = \alpha, \quad \lambda_2 = \alpha + \beta, \quad a_c(\boldsymbol{\lambda}) = -\ln\frac{\Gamma(\lambda_1)\Gamma(\lambda_2 - \lambda_1)}{\Gamma(\lambda_2)} \tag{3.51}$$

と対応付けられます. したがって, ベルヌーイ分布に従う確率変数 $x_n \in \{0, 1\}$ が N 個観測された場合を考えると, 式 (3.47) の事後分布および式 (3.48) の予測分布の結果を用いれば, 元のパラメータ表現でそれぞれの分布は

$$p(\mu|\mathbf{X}) = \mathrm{Beta}(\mu|\hat{\alpha}, \hat{\beta}) \tag{3.52}$$

[*3]　自然パラメータによる表現を経由しなくても, 直接事後分布や予測分布を計算することもできます [138].

および

$$p(x_*|\mathbf{X}) = \frac{\Gamma(\hat{\lambda}_1 + x_*)\Gamma(\hat{\lambda}_2 - \hat{\lambda}_1 + 1 - x_*)}{\Gamma(\hat{\lambda}_2 + 1)} \frac{\Gamma(\hat{\lambda}_2)}{\Gamma(\hat{\lambda}_1)\Gamma(\hat{\lambda}_2 - \hat{\lambda}_1)}$$
$$= \mathrm{Bern}\left(x_* \left| \frac{\hat{\alpha}}{\hat{\alpha} + \hat{\beta}} \right.\right) \tag{3.53}$$

となります. ただし,

$$\hat{\alpha} = \alpha + \sum_{n=1}^{N} x_n, \tag{3.54}$$

$$\hat{\beta} = \beta + N - \sum_{n=1}^{N} x_n \tag{3.55}$$

としました.

3.2.4.4　例：ガウス分布の精度パラメータの推論

式 (3.18) の 1 次元のガウス分布の平均値パラメータ μ を固定した場合, 精度 (**precision**) パラメータ $\gamma = \sigma^{-2}$ の共役事前分布はガンマ分布で与えられることが知られています. ここでも, 式 (3.47) や式 (3.48) の自然パラメータによる計算結果を流用することによって事後分布や予測分布を求めます. まず, 平均値パラメータ μ を固定し, 精度パラメータ γ のみに着目した場合, 1 次元のガウス分布は

$$\mathcal{N}(x|\mu,\gamma) = \frac{1}{\sqrt{2\pi}}\exp\left(\gamma\left\{-\frac{1}{2}(x-\mu)^2\right\} - \left(-\frac{1}{2}\ln\gamma\right)\right) \tag{3.56}$$

と書けます. 式 (3.35) の指数型分布族の定義と対応付けることにより, 次のような自然パラメータによる表現が得られます.

$$h(x) = \frac{1}{\sqrt{2\pi}}, \quad \eta = \gamma, \quad t(x) = -\frac{1}{2}(x-\mu)^2, \quad a(\eta) = -\frac{1}{2}\ln\gamma. \tag{3.57}$$

一方で, ガンマ分布は,

$$\mathrm{Gam}(\gamma|a,b) = \exp\left(\eta(-b) - \left(-\frac{1}{2}\ln\gamma\right)\{2(a-1)\} - \{-\ln C_{\mathrm{G}}(a,b)\}\right) \tag{3.58}$$

となることから，式 (3.45) による共役事前分布と対応付けることにより

$$h_c(\eta) = 1, \quad \lambda_1 = -b, \quad \lambda_2 = 2(a-1),$$
$$a_c(\boldsymbol{\lambda}) = -\ln C_G(1 + \lambda_2/2 + 1, -\lambda_1) \tag{3.59}$$

と表現できます．したがって，式 (3.47) の事後分布の解析計算の結果を用いれば，事後分布はガンマ分布 $\mathrm{Gam}(\gamma|\hat{a}, \hat{b})$ として

$$\hat{b} = b + \frac{1}{2}\sum_{n=1}^{N}(x_n - \mu)^2, \quad \hat{a} = a + \frac{N}{2} \tag{3.60}$$

のように求められます．また，式 (3.48) の予測分布の結果を用いれば，

$$
\begin{aligned}
p(x_*|\mathbf{X}) &= \frac{1}{\sqrt{2\pi}} \frac{C_G\left(\frac{1}{2}\hat{\lambda}_2 + 1, -\hat{\lambda}_1\right)}{C_G\left(\frac{1}{2}(\hat{\lambda}_2 + 1) + 1, -(\hat{\lambda}_1 + t(x_*))\right)} \\
&= \frac{1}{\sqrt{2\pi\hat{b}}} \frac{\Gamma\left(\hat{a} + \frac{1}{2}\right)}{\Gamma\left(\hat{a}\right)}\left\{1 + \frac{1}{2\hat{b}}(x_* - \mu)^2\right\}^{-\hat{a} - \frac{1}{2}}
\end{aligned}
\tag{3.61}
$$

のように精度パラメータ γ を周辺化除去した結果が得られます．これは次のようなスチューデントの t 分布 (**Student's t-distribution**) と呼ばれる分布になります．

$$
\begin{aligned}
p(x_*|\mathbf{X}) &= \sqrt{\frac{\lambda_s}{\pi\nu_s}} \frac{\Gamma\left(\frac{\nu_s+1}{2}\right)}{\Gamma\left(\frac{\nu_s}{2}\right)}\left\{1 + \frac{\lambda_s}{\nu_s}(x_* - \mu)^2\right\}^{-\frac{\nu_s+1}{2}} \\
&= \mathrm{St}(x_*|\mu_s, \lambda_s, \nu_s).
\end{aligned}
\tag{3.62}
$$

ただし，

$$\mu_s = \mu, \quad \lambda_s = \frac{\hat{a}}{\hat{b}}, \quad \nu_s = 2\hat{a} \tag{3.63}$$

です．なお，スチューデントの t 分布の平均および分散は，

$$\mathbb{E}_{p(x_*|\mathbf{X})}[x_*] = \mu_s, \tag{3.64}$$

$$\mathbb{V}_{p(x_*|\mathbf{X})}[x_*] = \frac{\nu_s}{\lambda_s(\nu_s - 2)} \tag{3.65}$$

となります [55]．

3.3 ベイズ線形回帰

ここでは線形回帰モデルを使ってベイズ推論によるモデルの学習およびテストデータの予測を行います．ベイズ推論を用いた場合でも，線形回帰は解析的計算が容易なモデルになっていますが，ここで紹介するパラメータの事後分布の計算や新規データに対する予測分布の計算，周辺尤度や逐次学習といった概念は確率推論に基づく機械学習において非常に重要であり，同様の考え方はベイズニューラルネットワークモデルを扱う際にも利用します．

3.3.1 モデル

入力 $\mathbf{X} = \{\mathbf{x}_1, \dots, \mathbf{x}_N\}$ から連続値のラベル $\mathbf{Y} = \{y_1, \dots, y_N\}$ を予測するためのベイズ線形回帰モデルの同時分布を次のように定義します．

$$p(\mathbf{Y}, \mathbf{w}|\mathbf{X}) = p(\mathbf{w})p(\mathbf{Y}|\mathbf{X}, \mathbf{w}) = p(\mathbf{w}) \prod_{n=1}^{N} p(y_n|\mathbf{x}_n, \mathbf{w}). \tag{3.66}$$

ラベル y_n は次のように固定の分散 σ_y^2 をもつガウス分布に従って出力されるとします [*4]．

$$p(y_n|\mathbf{x}_n, \mathbf{w}) = \mathcal{N}(y_n|\mathbf{w}^\top \boldsymbol{\phi}(\mathbf{x}_n), \sigma_y^2). \tag{3.67}$$

ただし，ガウス分布の平均値は特徴量関数 $\boldsymbol{\phi} : \mathbb{R}^{H_0} \to \mathbb{R}^{H_1}$ によって決定されているとします．ここでは各特徴量に対する重みパラメータ $\mathbf{w} \in \mathbb{R}^{H_1}$ のみを学習することとし，次のような平均 $\mathbf{0}$，共分散 $\sigma_w^2 \mathbf{I}$ のガウス事前分布を与えます．

$$p(\mathbf{w}) = \mathcal{N}(\mathbf{w}|\mathbf{0}, \sigma_w^2 \mathbf{I}). \tag{3.68}$$

図 3.3 にこのモデルのグラフィカルモデルを示しています．

また，図 3.4 は特徴量関数を 3 次関数 $\boldsymbol{\phi}(\mathbf{x}) = (x^3, x^2, x, 1)^\top$，パラメータのノイズを $\sigma_w^2 = 1$ とした場合のモデルからの関数 $f(\mathbf{x}; \mathbf{w}) = \mathbf{w}^\top \boldsymbol{\phi}(\mathbf{x})$ の

[*4] 本節以降では，ラベル y やパラメータ w に対する分散などに，それぞれ σ_y^2 や σ_w^2 といった添え字を使った表記をよく用います．添え字は変数を識別するためのものであり，y や w の値に依存するという意味ではないことに注意してください．

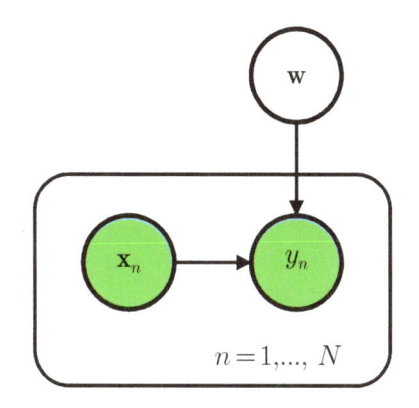

図 3.3 線形回帰のグラフィカルモデル

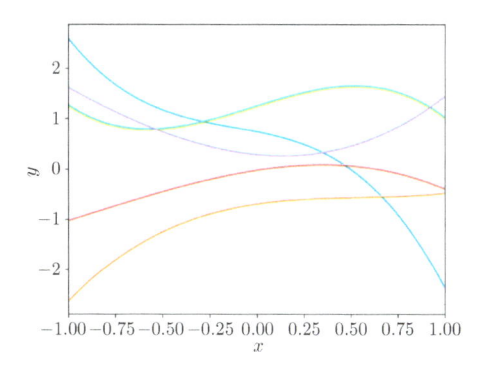

図 3.4 3 次関数の事前分布からのサンプル

サンプルをいくつか示しています．このように，ベイズ統計における回帰モデルでは，データを観測する以前に候補となる関数を事前分布からサンプリングすることによって，モデルで想定されている関数の具体例を示すことができます．

3.3.2　学習と予測

ベイズ線形回帰モデルの学習と予測を解析的に行ってみましょう.

3.3.2.1　事後分布の解析的計算

式 (3.68) のようなガウス事前分布をもつ式 (3.66) のベイズ線形回帰モデルのパラメータの事後分布は解析的に求められます. 事後分布

$$p(\mathbf{w}|\mathbf{Y}, \mathbf{X}) = \frac{p(\mathbf{Y}|\mathbf{X}, \mathbf{w})p(\mathbf{w})}{p(\mathbf{Y}|\mathbf{X})} \tag{3.69}$$

の対数をとって $\mathbf{w}$ に関して整理すると

$$\ln p(\mathbf{w}|\mathbf{Y}, \mathbf{X}) = -\frac{1}{2}\Big\{\mathbf{w}^{\top}\left(\sigma_y^{-2}\sum_{n=1}^{N}\phi(\mathbf{x}_n)\phi(\mathbf{x}_n)^{\top} + \sigma_w^{-2}\mathbf{I}\right)\mathbf{w}$$
$$- 2\mathbf{w}^{\top}\sigma_y^{-2}\sum_{n=1}^{N}y_n\phi(\mathbf{x}_n)\Big\} + c \tag{3.70}$$

となり, 結果として事後分布は次のようなガウス分布になることがわかります.

$$p(\mathbf{w}|\mathbf{Y}, \mathbf{X}) = \mathcal{N}(\mathbf{w}|\hat{\boldsymbol{\mu}}, \hat{\boldsymbol{\Sigma}}). \tag{3.71}$$

ただし,

$$\hat{\boldsymbol{\Sigma}}^{-1} = \sigma_y^{-2}\sum_{n=1}^{N}\phi(\mathbf{x}_n)\phi(\mathbf{x}_n)^{\top} + \sigma_w^{-2}\mathbf{I}, \tag{3.72}$$

$$\hat{\boldsymbol{\mu}} = \hat{\boldsymbol{\Sigma}}\sigma_y^{-2}\sum_{n=1}^{N}y_n\phi(\mathbf{x}_n) \tag{3.73}$$

とおきました.

3.3.2.2　予測分布の解析的計算

また, 学習後にさらにテストの入力値 $\mathbf{x}_*$ が与えられたときの予測値 y_* の分布 $p(y_*|\mathbf{x}_*, \mathbf{Y}, \mathbf{X})$ は,

$$\ln p(y_*|\mathbf{x}_*, \mathbf{Y}, \mathbf{X})$$
$$= -\frac{1}{2}\big\{(\sigma_y^{-2} - \sigma_y^{-4}\boldsymbol{\phi}(\mathbf{x}_*)^\top(\sigma_y^{-2}\boldsymbol{\phi}(\mathbf{x}_*)\boldsymbol{\phi}(\mathbf{x}_*)^\top + \hat{\boldsymbol{\Sigma}}^{-1})\boldsymbol{\phi}(\mathbf{x}_*))y_*^2$$
$$\quad - 2\boldsymbol{\phi}(\mathbf{x}_*)^\top\sigma_y^{-2}(\sigma_y^{-2}\boldsymbol{\phi}(\mathbf{x}_*)\boldsymbol{\phi}(\mathbf{x}_*)^\top + \hat{\boldsymbol{\Sigma}}^{-1})^{-1}\hat{\boldsymbol{\Sigma}}^{-1}\hat{\boldsymbol{\mu}}y_*\big\}$$
$$\quad + c \tag{3.74}$$

から，こちらも次のようなガウス分布になることがわかります．

$$p(y_*|\mathbf{x}_*, \mathbf{Y}, \mathbf{X}) = \mathcal{N}(y_*|\mu_*(\mathbf{x}_*), \sigma_*^2(\mathbf{x}_*)). \tag{3.75}$$

ただし，

$$\mu_*(\mathbf{x}_*) = \hat{\boldsymbol{\mu}}^\top\boldsymbol{\phi}(\mathbf{x}_*), \tag{3.76}$$
$$\sigma_*^2(\mathbf{x}_*) = \sigma_y^2 + \boldsymbol{\phi}(\mathbf{x}_*)^\top\hat{\boldsymbol{\Sigma}}\boldsymbol{\phi}(\mathbf{x}_*). \tag{3.77}$$

としました．図 3.5 はいくつかのデータ点を与えた後の予測分布の様子を表しています．赤の破線が式 (3.76) による予測の平均値，青の領域が式 (3.77) で与えられる予測の標準偏差 σ_* の 2 倍となる区間です．緑の複数の実線は，予測分布からのサンプルを 5 本抽出したものです．

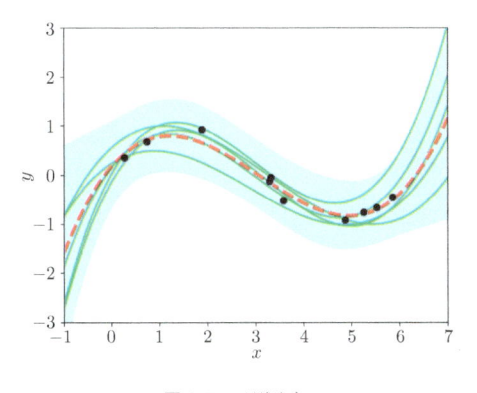

図 3.5　予測分布

3.3.2.3　最尤推定との比較

図 3.6 では，学習データに対して 1 次関数のモデルで**最尤推定 (maxi-**

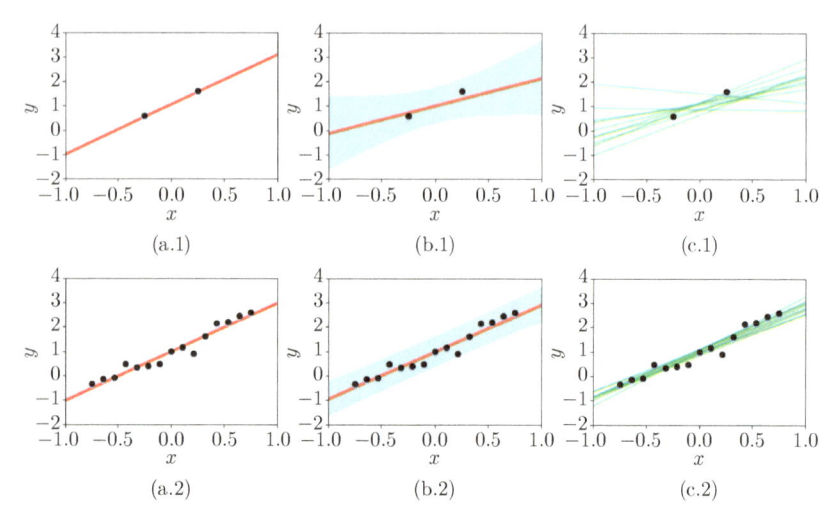

図 3.6 最尤推定による回帰との比較

mum likelihood estimation) を行った場合との比較を示しています．こ
こでは最尤推定は最小二乗法と等価な手法になりますが，これらの関係性に
ついては 3.4.1 節で詳しく説明します．図の上段では，$N = 2$ 個の学習デー
タ点に対して，(a.1) 最尤推定（二乗誤差の最小化）による線形回帰を行った
もの，(b.1) ベイズ線形回帰を行い予測平均および標準偏差の 2 倍を上下に
示したもの，(c.1) ベイズ線形回帰の事後分布から関数を 10 本サンプリング
したものをそれぞれ示しています．下段の (a.2)，(b.2) および (c.2) では，学
習データ点を $N = 15$ 個に増やして同じ実験を行ったものです．結果からわ
かるように，a の最尤推定では，データ数が増加しても予測の直線はほとん
ど変化していません．一方で b のベイズ線形回帰では，データ数が増えたこ
とによる予測の不確実性の減少が表現できていることがわかります．また，
(c) の結果からわかるように，データ数 N が大きいほうが，事後分布から得
られる直線のサンプルもばらつきが小さくなっていることがわかります．こ
のように，最尤推定では予測分布を計算できないため，学習に使ったデータ
量の情報は完全に消えてしまいます．一方で，ベイズ推論で計算した予測分
布は，観測されたデータに応じて適切に予測の不確実性が変化していること

がわかります．データ数が多い場合や，データに対してモデル（直線）がうまく適合できている領域のほうが不確実性が小さくなり，モデルが予測に対して自信をもっていることを示しています．

3.3.3 周辺尤度

学習データとして入力集合 $\mathbf{X} = \{\mathbf{x}_1\dots,\mathbf{x}_N\}$ とラベル集合 $\mathbf{Y} = \{y_1\dots,y_N\}$ が得られたもとで，パラメータ $\mathbf{w}$ を式 (3.66) の同時分布から積分除去した値

$$p(\mathbf{Y}|\mathbf{X}) = \int p(\mathbf{Y}|\mathbf{X},\mathbf{w})p(\mathbf{w})\mathrm{d}\mathbf{w}$$

$$= \exp\Big(-\frac{1}{2}\Big(\sigma_y^{-2}\sum_{n=1}^{N} y_n^2 + N\ln\sigma_y^2 + N\ln 2\pi$$

$$+ H_1\ln\sigma_w^2 - \hat{\boldsymbol{\mu}}^\top\hat{\boldsymbol{\Sigma}}^{-1}\hat{\boldsymbol{\mu}} - \ln|\hat{\boldsymbol{\Sigma}}|\Big)\Big) \tag{3.78}$$

をベイズ線形回帰の**周辺尤度** (**marginal likelihood**) あるいは**エビデンス** (**evidence**) と呼びます．周辺尤度は，モデルが与えられたもとでのデータの出現する尤もらしさを表している量です．したがって，複数のモデル $p_1(\mathbf{Y}|\mathbf{X}), p_2(\mathbf{Y}|\mathbf{X}), \cdots, p_K(\mathbf{Y}|\mathbf{X})$ が与えられたときに，それぞれのモデルの当てはまりの良さを定量的に比較することが可能となります．

補足として，一般的にベイズ推論に基づく機械学習で頻繁に用いられるモデルは式 (3.78) のようなパラメータに関する解析的な積分除去を行うことは困難です．また，式を解析的に書けたとしても，実用上現実的ではない計算時間がかかる場合もあります．そのような場合には，サンプリングを用いた方法による積分の近似や，変分推論法による周辺尤度の下界を求めるような手法が代わりに用いられることもあります．

3.3.4 逐次学習

ベイズ推論によるモデルの学習では，事後分布によって学習結果を保存することにより，新規に入ってくる学習データに適応的に学習を進めることができます．これを**逐次学習** (**sequential learning**) あるいは**オンライン学習** (**online learning**) と呼びます．特に，共役事前分布を使った解析的な学習では，データの生成過程に順序の依存性を仮定しない場合，データを逐次

的に与えた場合と一度にすべて与えた場合とで最終的に得られる事後分布が一致します.

ベイズ線形回帰の例では，最初の学習データ集合 $\mathcal{D}_1 = \{\mathbf{X}_1, \mathbf{Y}_1\}$ が入ってきた後のパラメータの事後分布は

$$p(\mathbf{w}|\mathbf{Y}_1, \mathbf{X}_1) \propto p(\mathbf{Y}_1|\mathbf{X}_1, \mathbf{w})p(\mathbf{w}) \tag{3.79}$$

となります.さらに次の学習データ集合 $\mathcal{D}_2 = \{\mathbf{X}_2, \mathbf{Y}_2\}$ を与えれば，

$$p(\mathbf{w}|\mathbf{Y}_1, \mathbf{X}_1, \mathbf{Y}_2, \mathbf{X}_2) \propto p(\mathbf{Y}_2|\mathbf{X}_2, \mathbf{w})p(\mathbf{w}|\mathbf{Y}_1, \mathbf{X}_1) \tag{3.80}$$

となります.これは，最初のデータセット $\mathcal{D}_1$ で学習された事後分布 $p(\mathbf{w}|\mathbf{Y}_1, \mathbf{X}_1)$ を，式 (3.80) では事前分布として扱うことによって，新たな事後分布 $p(\mathbf{w}|\mathbf{Y}_1, \mathbf{X}_1, \mathbf{Y}_2, \mathbf{X}_2)$ を逐次的に計算できることを示しています.

ニューラルネットワークをはじめとする複雑なモデルを用いる場合，逐次学習の各更新で $\mathbf{w}$ の事後分布が解析的に計算できなくなります.4.2.4 節では，学習データを取り入れる際に**モーメントマッチング (moment matching)** と呼ばれる方法を用いて，近似的に事後分布を更新していくようなアルゴリズムを紹介します.

3.3.5　能動学習への応用

線形回帰モデルの予測分布を計算すれば，予測対象の値に対する不確実性を分散などの指標によって定量的に測れることがわかりました.このことを利用して，ベイズ線形回帰をはじめとした確率推論に基づく予測手法を，効率的に学習用のラベルデータを収集する**能動学習 (active learning)** の枠組みに応用できます.

線形回帰をはじめとした教師あり学習はさまざまな問題に適用できる汎用性の高い予測手法です.しかし，現実的には入力データ $\mathbf{x}$ は大量に手に入るものの，対応するラベルデータ $\mathbf{y}$ は収集コストがかかるため，データ量が極端に少なくなるという問題がよく起こります.画像認識を例に考えてみましょう.ウェブ上を探せば大量の画像データ $\mathbf{x}$ を見つけることができますが，それに対応するラベル $\mathbf{y}$ は解きたい問題ごとに適切に与えられたものではないと学習に用いることができません.多くの場合，画像 $\mathbf{x}$ に対するラベル $\mathbf{y}$ はタスクを理解した人手（アノテーター）によって 1 つ 1 つ適切にラベ

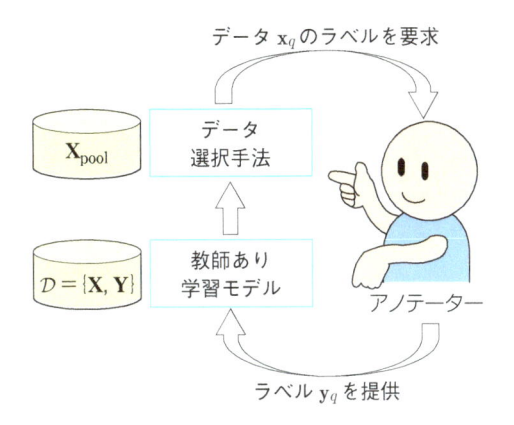

データ $\mathbf{x}_q$ のラベルを要求

$\mathbf{X}_{\text{pool}}$

データ
選択手法

$\mathcal{D} = \{\mathbf{X}, \mathbf{Y}\}$

教師あり
学習モデル

アノテーター

ラベル $\mathbf{y}_q$ を提供

図 3.7　能動学習の流れ

ル付けをする必要があり，これには非常に大きなコストがかかります．能動
学習のアルゴリズムは，ラベルの付いていない入力集合 $\mathbf{X}_{\text{pool}}$ から適切な入
力データ点 $\mathbf{x}_q$ を自ら選び，人間などのアノテーターにラベル $\mathbf{y}_q$ を質問する
という過程を通じて，少ない学習データで効率的に学習することを目指しま
す（図 3.7）．

　ラベルを知りたい入力データ点 $\mathbf{x}_q$ を選択する方法はさまざまなものが考
えられますが，直観的には新しい入力 $\mathbf{x}_*$ を与えたときの予測 $\mathbf{y}_*$ の不確かさ
が大きい（予測に自信がない）ものを選ぶのが 1 つの適当な戦略でしょう．
単純な例としては，次のように予測分布のエントロピー（**entropy**）が最大
になるような入力 $\mathbf{x}_q$ を選ぶ方法が考えられます．

$$\mathbf{x}_q = \underset{\mathbf{x}_* \in \mathbf{X}_{\text{pool}}}{\operatorname{argmax}} \{F(\mathbf{x}_*)\}, \tag{3.81}$$

$$F(\mathbf{x}_*) = -\mathbb{E}_{p(\mathbf{y}_*|\mathbf{x}_*,\mathbf{Y},\mathbf{X})} \left[\ln p(\mathbf{y}_*|\mathbf{x}_*,\mathbf{Y},\mathbf{X})\right]. \tag{3.82}$$

線形回帰モデルで予測を行う場合，式 (3.75) の予測分布の結果を式 (3.82) に
代入すれば

$$F(\mathbf{x}_*) = \frac{1}{2}(1 + \ln \sigma_*^2(\mathbf{x}_*) + \ln 2\pi) \tag{3.83}$$

となります．結果として，予測がガウス分布になる場合は，式 (3.77) で与え

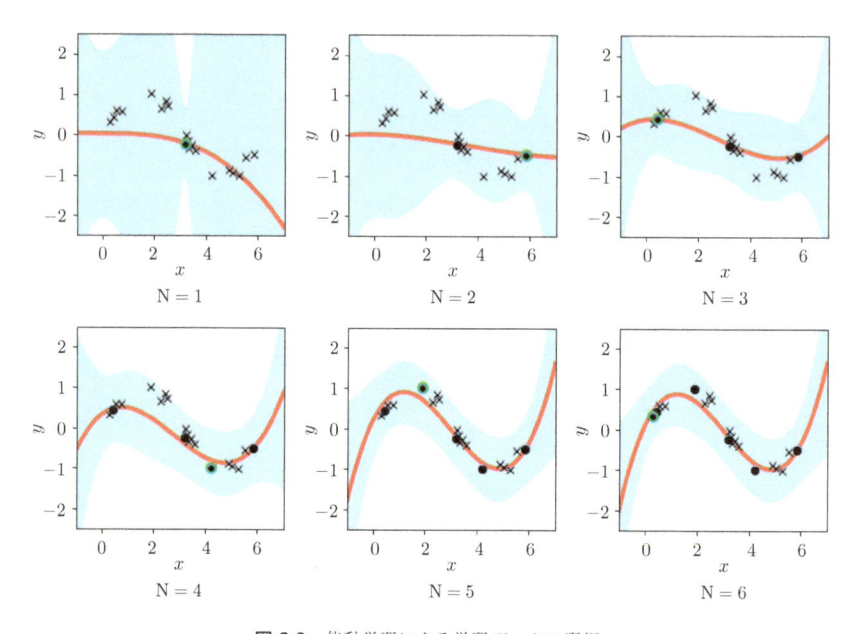

図 3.8　能動学習による学習データの選択

られる予測分布の分散 $\sigma_*^2(\mathbf{x}_*)$ の大きくなるようなデータ点を $\mathbf{X}_{\mathrm{pool}}$ から選ぶという戦略になることがわかります.

　このような能動学習の枠組みにベイズ線形回帰を適用した結果が**図 3.8** です. ここでは, $\mathbf{X}_{\mathrm{pool}}$ に入っているラベルが付与されていないデータを×印, すでに学習に取り込んだデータを●印で示しています. 学習データがまったくない場合は, 探索すべき入力の手掛かりがないので, 最初の $N=1$ のデータはランダムに 1 つを選択しています. $N \geq 2$ 以降では, 式 (3.83) に基づいて $F(\mathbf{x}_*)$ を最大化する点を学習データとして選択していきます. 図 3.8 の結果からわかるように, 予測の分散に応じて新しい入力値 $\mathbf{x}_q$ を逐次的に選択しており, 予測の不確実性を効率よく削減していることがわかります.

　なお, ここでの予測の不確実性を利用した能動学習と同様の枠組みは, 未知の関数 $f(\mathbf{x})$ の最大値の探索などにも利用されています. このような方法はベイズ最適化 (**Bayesian optimization**) と呼ばれています [117]. ベイズ最適化では, 課題に関する事前知識が与えにくいようなブラックボックス

関数の最適化を目的としているため，線形回帰の代わりに予測対象に関して弱い仮定を設定できる**ガウス過程 (Gaussian process)** を用いるのが一般的です．ベイズ最適化は深層学習モデルのパラメータ調整などにも用いられます．

3.3.6　ガウス過程との関係

　線形回帰モデルのパラメータ $\mathbf{w}$ を周辺化すれば，新規のテスト入力値 $\mathbf{x}_*$ が与えられたもとでの予測値 y_* の分布は式 (3.75) のようになりました．式 (3.72) および式 (3.73) の事後分布の結果を，式 (3.76) および式 (3.77) の予測分布の結果に代入して整理すると，予測分布の平均および分散は次のようになります．

$$\mu_*(\mathbf{x}_*) = \sigma_y^{-2}\phi(\mathbf{x}_*)^\top(\sigma_y^{-2}\mathbf{\Phi}\mathbf{\Phi}^\top + \mathbf{\Lambda})^{-1}\mathbf{\Phi}\mathbf{Y}, \tag{3.84}$$

$$\sigma_*^2(\mathbf{x}) = \sigma_y^2 + \phi(\mathbf{x}_*)^\top(\sigma_y^{-2}\mathbf{\Phi}\mathbf{\Phi}^\top + \mathbf{\Lambda})^{-1}\phi(\mathbf{x}_*). \tag{3.85}$$

ここではパラメータの事前分布の共分散を精度行列 $\mathbf{\Lambda} = \sigma_{\mathbf{w}}^{-2}\mathbf{I}$ の表記に置き換えました．また，大文字の $\mathbf{\Phi}$ は $H_1 \times N$ の行列であり，各 (h_1, n) 成分がベクトル $\phi(\mathbf{x}_n)$ の h_1 次元目の値を表しています．$\mathbf{Y}$ は N 次元のベクトルで，各 n 番目の要素を y_n で示しています．ここでさらに，式 (3.84) および式 (3.85) を付録の式 (A.1) の**ウッドベリーの公式 (Woodbury formula)** を使って，次のように書き直します．

$$\mu_*(\mathbf{x}_*) = \phi(\mathbf{x}_*)^\top\mathbf{\Lambda}^{-1}\mathbf{\Phi}(\sigma_y^2\mathbf{I} + \mathbf{K})^{-1}\mathbf{Y}, \tag{3.86}$$

$$\begin{aligned}\sigma_*^2(\mathbf{x}_*) = &\sigma_y^2 + \phi(\mathbf{x}_*)^\top\mathbf{\Lambda}^{-1}\phi(\mathbf{x}_*) \\ &- \phi(\mathbf{x}_*)^\top\mathbf{\Lambda}^{-1}\mathbf{\Phi}(\sigma_y^2\mathbf{I} + \mathbf{K})^{-1}\mathbf{\Phi}^\top\mathbf{\Lambda}^{-1}\phi(\mathbf{x}_*).\end{aligned} \tag{3.87}$$

ただし，

$$\mathbf{K} = \mathbf{\Phi}^\top\mathbf{\Lambda}^{-1}\mathbf{\Phi} \tag{3.88}$$

とおきました．式 (3.86) および式 (3.87) の結果を見てみると，特徴量関数 ϕ はある 2 つの入力データ点 $\mathbf{x}$ および $\mathbf{x}'$ に対して常に

$$k(\mathbf{x}, \mathbf{x}') = \phi(\mathbf{x})^\top\mathbf{\Lambda}^{-1}\phi(\mathbf{x}') \tag{3.89}$$

のような形に集約されていることがわかります．ここで，$k(\mathbf{x}, \mathbf{x}')$ を**カーネ**

ル関数 (kernel function) または共分散関数 (covariance function) と呼びます. この結果は, 特徴量抽出を行う関数 ϕ を設計するのではなく, 共分散関数 $k(\mathbf{x}, \mathbf{x}')$ を直接設計することによっても回帰が行えることを示しています. このような計算テクニックは**カーネルトリック (kernel trick)** と呼ばれています. 共分散関数は 2 つの入力点に関する相関を規定するものであるため, ある意味で異なるデータ間の類似度や近さのようなものを設計しているともいえます. ガウス過程の共分散関数に関しては 7.1.3 節で詳しく解説します.

3.4 最尤推定, MAP 推定との関係

ここではベイズ推論による学習としばしば比較して議論されることの多い最尤推定 (maximum likelihood estimation) および **MAP 推定 (maximum a posteriori estimation)** に関して解説します. また, 2.1.1 節や 2.1.3 節で解説した最小二乗法や正則化項を加えた最適化との関係性に関しても触れます.

3.4.1 最尤推定と誤差最小化

ここでは回帰モデルのパラメータを最尤推定を用いて学習する方法を導出し, 得られる結果が最小二乗法による誤差最小化と等価になることを示します. ラベル y_n はパラメータ $\mathbf{w}$ をもつ関数 $f(\mathbf{x}_n; \mathbf{w})$ にノイズ ϵ を加えたうえで観測されていると仮定します.

$$y_n = f(\mathbf{x}_n; \mathbf{w}) + \epsilon_n. \tag{3.90}$$

ここでは, 観測ノイズ ϵ_n は次のような固定の分散 σ_y^2 をもつガウス分布に従っているとします.

$$\epsilon_n \sim \mathcal{N}(0, \sigma_y^2). \tag{3.91}$$

式 (3.90) および式 (3.91) をまとめて書くと, y_n は次のような平均と分散をもつガウス分布から決定されていると考えることができます.

$$y_n \sim \mathcal{N}(f(\mathbf{x}_n; \mathbf{w}), \sigma_y^2). \tag{3.92}$$

いま，学習データ $\mathcal{D} = \{\mathbf{X}, \mathbf{Y}\}$ が与えられたとすると，このモデルの尤度関数は

$$p(\mathbf{Y}|\mathbf{X}, \mathbf{w}) = \prod_{n=1}^{N} p(y_n|\mathbf{x}_n, \mathbf{w})$$
$$= \prod_{n=1}^{N} \mathcal{N}(y_n|f(\mathbf{x}_n; \mathbf{w}), \sigma_y^2) \tag{3.93}$$

と書けます．最尤推定では，式 (3.93) で表されるデータ $\mathbf{Y}$ の出現の尤もらしさが最大になるようにパラメータ $\mathbf{w}$ を最適化します．つまり，最尤解 $\mathbf{w}_{\mathrm{ML}}$ は

$$\mathbf{w}_{\mathrm{ML}} = \operatorname*{argmax}_{\mathbf{w}}\{p(\mathbf{Y}|\mathbf{X}, \mathbf{w})\} = \operatorname*{argmax}_{\mathbf{w}}\{\ln p(\mathbf{Y}|\mathbf{X}, \mathbf{w})\} \tag{3.94}$$

として求めます．ここで，対数尤度関数を具体的に書くと，

$$\ln p(\mathbf{Y}|\mathbf{X}, \mathbf{w}) = -\frac{1}{2}\sigma_y^{-2}\sum_{n=1}^{N}\{y_n - f(\mathbf{x}_n; \mathbf{w})\}^2 + \mathrm{c} \tag{3.95}$$

となります．したがって，線形回帰 $f(\mathbf{x}_n; \mathbf{w}) = \mathbf{w}^{\top}\boldsymbol{\phi}(\mathbf{x}_n)$ の場合は，パラメータ $\mathbf{w}$ に関する対数尤度関数の最大化は式 (2.4) の誤差関数の最小化と一致することがわかります．また，$f(\mathbf{x}_n; \mathbf{w})$ がニューラルネットワークの場合など，線形回帰のようにパラメータの解析解が得られない複雑なモデルの場合では，式 (3.94) は勾配降下法を使って数値的に最大化します．式 (3.95) の勾配は，

$$\nabla_{\mathbf{w}} \ln p(\mathbf{Y}|\mathbf{X}, \mathbf{w}) = -\frac{1}{2}\sigma_y^{-2}\nabla_{\mathbf{w}}\sum_{n=1}^{N}\{y_n - f(\mathbf{x}_n; \mathbf{w})\}^2 \tag{3.96}$$

となるため，学習率を α とすると更新式は

$$\mathbf{w}_{\mathrm{new}} = \mathbf{w}_{\mathrm{old}} - \alpha\sigma_y^{-2}\nabla_{\mathbf{w}}E(\mathbf{w})|_{\mathbf{w}=\mathbf{w}_{\mathrm{old}}}, \tag{3.97}$$

$$E(\mathbf{w}) = \frac{1}{2}\sum_{n=1}^{N}\{y_n - f(\mathbf{x}_n; \mathbf{w})\}^2 \tag{3.98}$$

となります．これは，ノイズパラメータ σ_y^{-2} を学習率 α に吸収させると式 (2.40) の勾配降下法の更新式と等価になります．

3.4.2 MAP 推定と正則化

最尤推定に類似した方法として，**最大事後確率推定** (maximum a pos-teriori estimation) または **MAP 推定** (maximum a posteriori esti-mation) と呼ばれる方法が存在します．ここでは，MAP 推定が 2.1.3 節で紹介した正則化項付きのコスト関数の最小化と等価であることを示します．MAP 推定では，次のようにパラメータの事後分布を $\mathbf{w}$ の関数と見たとき，その関数の最大値をとるような $\mathbf{w}$ を探索します．

$$\mathbf{w}_{\mathrm{MAP}} = \underset{\mathbf{w}}{\operatorname{argmax}}\{p(\mathbf{w}|\mathbf{Y},\mathbf{X})\} = \underset{\mathbf{w}}{\operatorname{argmax}}\{\ln p(\mathbf{w}|\mathbf{Y},\mathbf{X})\}. \qquad (3.99)$$

ここでは尤度関数は式 (3.93)，パラメータの事前分布はガウス分布 $p(\mathbf{w}) = \mathcal{N}(\mathbf{w}|\mathbf{0},\sigma_{\mathbf{w}}^2\mathbf{I})$ として与えられているとします．対数事後確率は，

$$\begin{aligned}
&\ln p(\mathbf{w}|\mathbf{Y},\mathbf{X}) \\
&= \ln p(\mathbf{Y}|\mathbf{X},\mathbf{w}) + \ln p(\mathbf{w}) + \mathrm{c} \\
&= -\frac{1}{2}\sigma_y^{-2}\sum_{n=1}^{N}\{y_n - f(\mathbf{x}_n;\mathbf{w})\}^2 - \frac{1}{2}\sigma_{\mathbf{w}}^{-2}\mathbf{w}^\top\mathbf{w} + \mathrm{c} \\
&= -\sigma_y^{-2}\left\{\frac{1}{2}\sum_{n=1}^{N}\{y_n - f(\mathbf{x}_n;\mathbf{w})\}^2 + \frac{\sigma_{\mathbf{w}}^{-2}}{\sigma_y^{-2}}\frac{1}{2}\mathbf{w}^\top\mathbf{w}\right\} + \mathrm{c} \qquad (3.100)
\end{aligned}$$

と書けます．したがって，正則化の強さを調整するパラメータが $\lambda = \sigma_{\mathbf{w}}^{-2}/\sigma_y^{-2}$ であると解釈すれば，式 (3.100) の最大化は式 (2.11) による L2 正則化 $\Omega_{\mathrm{L2}}(\mathbf{w})$ を導入した式 (2.12) のコスト関数の最小化と等価になります．

なお，式 (2.16) で与えられる L1 正則化による学習も，各パラメータの事前分布として次のような**ラプラス分布** (**Laplace distribution**) を仮定し，事後分布の最大値を探索することと等価になります．

$$\mathrm{Lap}(w|\mu,b) = \frac{1}{2b}\exp\left(-\frac{|w-\mu|}{b}\right). \qquad (3.101)$$

ガウス事前分布やラプラス事前分布を導入した MAP 推定は，最尤推定よりも過剰適合にロバストであることが知られています．しかし，パラメータの事後分布全体ではなく最大値 $\mathbf{w}_{\mathrm{MAP}}$ のみを利用するため，予測の不確実性の定量化や，周辺尤度によるモデルの評価や選択といったベイズ手法の有益な道具は使うことができません．

　最尤推定（誤差関数最小化）や MAP 推定（正則化）は，パラメータや予測値 y_* を分布ではなく 1 点で推定を行うため，**点推定 (point estimation)** と呼ばれており，条件付き分布や周辺分布といった確率計算のみに基づくベイズ推論とは明確に区別されています [*5].

3.4.3　分類モデルに対する誤差関数

　ここでは，確率モデルの枠組みに基づいて，実数値を予測する回帰モデルから有限個のカテゴリを予測する分類モデルへの拡張法を考え，さらに式 (2.60) や式 (2.62) のような交差エントロピー誤差関数との対応を考えます．

3.4.3.1　2 値分類の場合

　まず，ラベルが 2 値 $y_n \in \{0, 1\}$ をとる場合を考えましょう．確率モデルとして解釈すれば，これは y_n が次のようなベルヌーイ分布から生成されていると考えることができます．

$$y_n \sim \mathrm{Bern}(\mu_n). \tag{3.102}$$

パラメータ $\mu_n \in (0, 1)$ は，次のように回帰モデルの連続値出力を $\eta_n \in \mathbb{R}$ とし，シグモイド関数によって変換 $\mathrm{Sig} : \mathbb{R} \to (0, 1)$ を適用することによって得られると仮定します．

$$\mu_n = \mathrm{Sig}(\eta_n), \tag{3.103}$$

$$\eta_n \sim \mathcal{N}(f(\mathbf{x}_n; \mathbf{w}), \sigma_\eta^2). \tag{3.104}$$

特に $f(\mathbf{x}_n; \mathbf{w}) = \mathbf{w}^\top \phi(\mathbf{x}_n)$ の場合，モデルは**ロジスティック回帰モデル (logistic regression model)** と呼ばれています．

　なお，式 (3.39) のようなベルヌーイ分布の自然パラメータ表現を考えれば，

$$\eta = \mathrm{Sig}^{-1}(\mu) \tag{3.105}$$

であることから，シグモイド関数の役割はベルヌーイ分布のパラメータ μ を自然パラメータ η に変換する役割を担っていると解釈できます．

　式 (3.102) のベルヌーイ分布に基づく対数尤度は，

[*5]　ただし，最尤推定および MAP 推定は 4 章で解説する**変分推論法 (variational inference method)** による特殊な近似の例として考えることもできます．

$$\ln p(\mathbf{Y}|\mathbf{X}, \mathbf{w}) = \sum_{n=1}^{N} \ln p(y_n|\mathbf{x}_n, \mathbf{w})$$

$$= \sum_{n=1}^{N} \{y_n \ln \mu_n + (1 - y_n) \ln(1 - \mu_n)\} \tag{3.106}$$

となるため，対数尤度の最大化による最尤推定は，式 (2.60) の交差エントロピー誤差関数の最小化と等価になっていることがわかります．

3.4.3.2　多値分類の場合

多値分類に関しても同様です．D 値をとるラベルデータを $\mathbf{y}_n \in \{0, 1\}^D$，$\sum_{d=1}^{D} y_{n,d} = 1$ とします．ラベル $\mathbf{y}_n$ が次のようなカテゴリ分布

$$\mathbf{y}_n \sim \mathrm{Cat}(\boldsymbol{\pi}_n) \tag{3.107}$$

に従うとします．D 次元の平均パラメータ $\boldsymbol{\pi}_n$ が次のようなソフトマックス関数によって変換されているとし，変換前の値 $\boldsymbol{\eta}_n$ は 2 値の場合と同様に回帰モデルの出力であるとします．

$$\boldsymbol{\pi}_n = \frac{\exp(\eta_{n,d})}{\sum_{d'=1}^{D} \exp(\eta_{n,d'})}, \tag{3.108}$$

$$\boldsymbol{\eta}_n \sim \mathcal{N}(\mathbf{f}(\mathbf{x}_n; \mathbf{W}), \sigma_\eta^2 \mathbf{I}). \tag{3.109}$$

ここでは関数を $\mathbf{f} : \mathbb{R}^{H_0} \to \mathbb{R}^D$ としています．多値モデルに関しても，式 (3.107) による対数尤度は

$$\ln p(\mathbf{Y}|\mathbf{X}, \mathbf{W}) = \sum_{n=1}^{N} \ln p(\mathbf{y}_n|\mathbf{x}_n, \mathbf{W}) = \sum_{n=1}^{N} \sum_{d=1}^{D} y_{n,d} \ln \pi_{n,d} \tag{3.110}$$

のようになるため，対数尤度の最大化による最尤推定は，分類の場合では式 (2.62) の交差エントロピー誤差関数の最小化と等価になっていることがわかります．

近似ベイズ推論

3 章では線形回帰を例にベイズ推論を使った予測を解説しました．尤度関数に対する共役事前分布を用いたシンプルな線形回帰では，パラメータの事後分布や予測分布は解析計算によって厳密に得られました．しかし，ニューラルネットワークをはじめとした複雑な確率モデルではこのような解析的な推論は困難であることが知られています．したがって，ニューラルネットワークをベイズ推論の枠組みで学習するためには，確率計算を近似的に実施する手法が必要になり，これまでに数多くの近似推論手法が提案されています．

4.1 サンプリングに基づく推論手法

ベイズ推論を用いた統計解析では，観測データを $\mathbf{X}$，パラメータや潜在変数などの非観測の変数をまとめた集合を $\mathbf{Z}$ としたとき，まず最初に確率モデル $p(\mathbf{X}, \mathbf{Z})$ を設計します．学習や予測といった具体的な課題は，事後分布 $p(\mathbf{Z}|\mathbf{X})$ を計算することによって実現されます．ニューラルネットワークをはじめとした実用上興味深い多くのモデルでは，$p(\mathbf{Z}|\mathbf{X})$ は解析的に求められません．ここで紹介するサンプリングアルゴリズムは，$p(\mathbf{Z}|\mathbf{X})$ を明示的に求める代わりに，$p(\mathbf{Z}|\mathbf{X})$ から複数のサンプルを得ることによって分布の特性を調べる方法です．本書ではいくつかの基本的なサンプリング手法を導入した後，マルコフ連鎖モンテカルロ法と呼ばれる，複雑なモデルに対しても適用できるアルゴリズムを紹介します．

4.1.1　単純モンテカルロ法

ここでは，分布 $p(\mathbf{z})$ に関してある関数 $f(\mathbf{z})$ の期待値 $\int f(\mathbf{z})p(\mathbf{z})\mathrm{d}\mathbf{z}$ を求めることを考えます．簡単のため，期待値 $\int f(\mathbf{z})p(\mathbf{z})\mathrm{d}\mathbf{z}$ の解析的な積分計算は難しいものの，分布 $p(\mathbf{z})$ からのサンプリングは容易であるような場合を考えてみましょう．最も基本的な方法は，次のように $p(\mathbf{z})$ から十分大きな T 個のサンプルを抽出して近似する方法です．

$$\int f(\mathbf{z})p(\mathbf{z})\mathrm{d}\mathbf{z} \approx \frac{1}{T}\sum_{t=1}^{T} f(\mathbf{z}^{(t)}), \quad \left(\mathbf{z}^{(1)},\ldots,\mathbf{z}^{(T)} \sim p(\mathbf{z})\right). \tag{4.1}$$

この方法は**単純モンテカルロ法 (simple Monte Carlo method)** と呼ばれています．式 (4.1) 自体は汎用的な手法ですが，計算効率の観点から適用可能なケースは限られています．例えば，N 個の観測データ $\mathbf{X} = \{\mathbf{x}_1,\ldots,\mathbf{x}_N\}$ に対して，パラメータ $\boldsymbol{\theta}$ をもつモデル $p(\mathbf{X},\boldsymbol{\theta}) = p(\mathbf{X}|\boldsymbol{\theta})p(\boldsymbol{\theta})$ の周辺尤度 $p(\mathbf{X})$ を評価したいとします．単純モンテカルロ法を用いれば

$$\begin{aligned}
p(\mathbf{X}) &= \int p(\boldsymbol{\theta}) \prod_{n=1}^{N} p(\mathbf{x}_n|\boldsymbol{\theta})\mathrm{d}\boldsymbol{\theta} \\
&\approx \frac{1}{T}\sum_{t=1}^{T}\prod_{n=1}^{N} p(\mathbf{x}_n|\boldsymbol{\theta}^{(t)}), \quad \left(\boldsymbol{\theta}^{(1)},\ldots,\boldsymbol{\theta}^{(T)} \sim p(\boldsymbol{\theta})\right)
\end{aligned} \tag{4.2}$$

として周辺尤度を近似できます．しかし，実際には事前分布 $p(\boldsymbol{\theta})$ は幅広くとる必要があることと，またその一方で尤度関数 $p(\mathbf{X}|\boldsymbol{\theta})$ は特定の狭い $\boldsymbol{\theta}$ の範囲でしか大きな値をとらないことから，式 (4.2) による近似は非常に計算効率が悪いことが知られています．

4.1.2　棄却サンプリング

密度の計算が困難な確率分布 $p(\mathbf{z})$ からのサンプルを得るための最もシンプルな方法としては**棄却サンプリング (rejection sampling)** があります．ここでは，目標分布

$$p(\mathbf{z}) = \frac{1}{Z_p}\tilde{p}(\mathbf{z}) \tag{4.3}$$

からのサンプル $\mathbf{z}^{(1)},\mathbf{z}^{(2)},\ldots \sim p(\mathbf{z})$ を得る方法を考えます．ここでは $p(\mathbf{z})$ が計算できない代わりに，正規化されていない関数 $\tilde{p}(\mathbf{z})$ のみが計算可能で

あるとします.

棄却サンプリングでは,まず**提案分布 (proposal distribution)** と呼ばれるサンプリングが簡単に行えるような仮の分布 $q(\mathbf{z})$ を設定します.また,任意の $\mathbf{z}$ に対してある正の定数 $k > 0$ を $kq(\mathbf{z}) \geq \tilde{p}(\mathbf{z})$ となるように定めます.棄却サンプリングでは,まず提案分布からのサンプル $\mathbf{z}^{(t)} \sim q(\mathbf{z})$ を得ます.次に,一様分布 $\mathrm{Uni}(0, kq(\mathbf{z}^{(t)}))$ からのサンプル $\tilde{u} \sim \mathrm{Uni}(u|0, kq(\mathbf{z}^{(t)}))$ を取得します.もし,$\tilde{u} > \tilde{p}(\mathbf{z}^{(t)})$ であればサンプル $\mathbf{z}^{(t)}$ は**棄却 (reject)** され,$\tilde{u} \leq \tilde{p}(\mathbf{z}^{(t)})$ であればサンプル $\mathbf{z}^{(t)}$ は**受容 (accept)** されます.このような手続きでサンプリングを行えば,サンプルが受容する確率は

$$\int q(\mathbf{z}) \frac{\tilde{p}(\mathbf{z})}{kq(\mathbf{z})} \mathrm{d}\mathbf{z} = \frac{1}{k} \int \tilde{p}(\mathbf{z}) \mathrm{d}\mathbf{z} \tag{4.4}$$

となります.

棄却サンプリングは密度の計算ができない分布に対してもサンプルを得ることのできる汎用的な手法ですが,ニューラルネットワークをはじめとした複雑なモデルにおいて高次元の変数のサンプリングが必要とされる場合,サンプルの受容率が非常に低くなってしまうことが知られています.

4.1.3 自己正規化重点サンプリング

単純モンテカルロ法では,式 (4.1) のように期待値をとりたい確率分布 $p(\mathbf{z})$ からのサンプルが容易に取得可能であるという条件が付いていました.ここで紹介する**自己正規化重点サンプリング (self-normalized importance sampling)** は,棄却サンプリングのように $p(\mathbf{z})$ から直接サンプルを得られない状況においても利用できる手法です [7].

棄却サンプリングと異なる点は,$p(\mathbf{z})$ からのサンプル $\mathbf{z}^{(1)}, \mathbf{z}^{(2)}, \ldots$ 自体を取得する代わりに,式 (4.1) の期待値そのものを効率的に計算することを目標としている点です.棄却サンプリングを用いて複数のサンプル $\mathbf{z}^{(1)}, \mathbf{z}^{(2)}, \ldots$ を取得し,そのうえで与えられた関数 $f(\mathbf{z})$ に対する期待値を評価することもできますが,このような単純な方法だと $f(\mathbf{z})$ の値が小さな領域にサンプルが集中する可能性があります.このような領域では,仮に $p(\mathbf{z})$ の値が大きくサンプルがたくさん取得できても,対応する $f(\mathbf{z})$ の値が小さいため,式 (4.1) の和の計算に対する寄与が少なくなります.したがって,$f(\mathbf{z})p(\mathbf{z})$ の

値が大きくなるような領域を重点的にサンプリングしたほうが効率が高くなることが期待できます.

棄却サンプリングと同様, ここではサンプルを得たい分布 $p(\mathbf{z})$ に対して, $p(\mathbf{z}) = \dfrac{1}{Z_p}\tilde{p}(\mathbf{z})$ となるような正規化されていない $\tilde{p}(\mathbf{z})$ のみが任意の $\mathbf{z}$ のとる値に関して簡単に評価可能であるとします. ここでもサンプルが容易に取得可能な提案分布 $q(\mathbf{z})$ を用いますが, 提案分布に対しても $q(\mathbf{z}) = \dfrac{1}{Z_q}\tilde{q}(\mathbf{z})$ のように, 密度自体は計算できず, 正規化されていない値 $\tilde{q}(\mathbf{z})$ のみしか計算できないとします.

このような条件において, 式 (4.1) は,

$$
\begin{aligned}
\int f(\mathbf{z})p(\mathbf{z})\mathrm{d}\mathbf{z} &= \int f(\mathbf{z})\frac{p(\mathbf{z})}{q(\mathbf{z})}q(\mathbf{z})\mathrm{d}\mathbf{z} \\
&= \mathbb{E}_{q(\mathbf{z})}\left[f(\mathbf{z})\frac{p(\mathbf{z})}{q(\mathbf{z})}\right] \\
&= \frac{Z_q}{Z_p}\mathbb{E}_{q(\mathbf{z})}\left[f(\mathbf{z})\frac{\tilde{p}(\mathbf{z})}{\tilde{q}(\mathbf{z})}\right] \\
&\approx \frac{Z_q}{Z_p}\frac{1}{T}\sum_{t=1}^{T}f(\mathbf{z}^{(t)})\mathbf{w}^{(t)}
\end{aligned}
\tag{4.5}
$$

となります. ただし, $\mathbf{w}^{(t)} = \tilde{p}(\mathbf{z}^{(t)})/\tilde{q}(\mathbf{z}^{(t)})$ とおきました. 正規化項の比も

$$
\begin{aligned}
\frac{Z_p}{Z_q} &= \int \frac{\tilde{p}(\mathbf{z})}{Z_q}\mathrm{d}\mathbf{z} \\
&= \int \frac{\tilde{p}(\mathbf{z})}{\tilde{q}(\mathbf{z})}q(\mathbf{z})\mathrm{d}\mathbf{z} \\
&= \mathbb{E}_{q(\mathbf{z})}\left[\frac{\tilde{p}(\mathbf{z})}{\tilde{q}(\mathbf{z})}\right] \\
&\approx \frac{1}{T}\sum_{t=1}^{T}\mathbf{w}^{(t)}
\end{aligned}
\tag{4.6}
$$

のように, $q(\mathbf{z})$ からの T 個のサンプルを使って近似的に求められます.

4.1.4　マルコフ連鎖モンテカルロ法

棄却サンプリングは直観的で実装も容易ですが, 実際は 1 次元程度の簡

単な積分近似にしか適用できません．高次元の空間で効率的にサンプリングを行うための手段として**マルコフ連鎖モンテカルロ法 (Markov chain Monte Carlo method, MCMC)** と呼ばれる方法が提案されています[9]．

確率変数の系列 $\mathbf{z}^{(1)}, \mathbf{z}^{(2)}, \ldots$ に対して

$$p(\mathbf{z}^{(t)}|\mathbf{z}^{(1)}, \mathbf{z}^{(2)}, \ldots, \mathbf{z}^{(t-1)}) = p(\mathbf{z}^{(t)}|\mathbf{z}^{(t-1)}) \tag{4.7}$$

が成り立つとき，系列 $\mathbf{z}^{(1)}, \mathbf{z}^{(2)}, \ldots$ を **1 次マルコフ連鎖 (first-order Markov chain)** と呼びます．

遷移確率 (transition probability) を $\mathcal{T}(\mathbf{z}^{(t-1)}, \mathbf{z}^{(t)}) = p(\mathbf{z}^{(t)}|\mathbf{z}^{(t-1)})$ とおきます．次の式が成り立つとき，分布 $p_*(\mathbf{z})$ は**定常分布 (stationary distribution)** であるといいます．

$$p_*(\mathbf{z}) = \int \mathcal{T}(\mathbf{z}', \mathbf{z})p_*(\mathbf{z}')\mathrm{d}\mathbf{z}'. \tag{4.8}$$

定常分布 $p_*(\mathbf{z})$ がサンプルを取り出したい事後分布であるとして，$p_*(\mathbf{z})$ に分布収束するような遷移確率 $\mathcal{T}(\mathbf{z}^{(t-1)}, \mathbf{z}^{(t)})$ を設計するのがマルコフ連鎖モンテカルロ法のアイデアです．$p_*(\mathbf{z})$ が定常分布となるための十分条件としては**詳細釣り合い条件 (detailed balance condition)** があります．

$$p_*(\mathbf{z})\mathcal{T}(\mathbf{z}, \mathbf{z}') = p_*(\mathbf{z}')\mathcal{T}(\mathbf{z}', \mathbf{z}). \tag{4.9}$$

この式の両辺を $\mathbf{z}'$ で積分すれば，式 (4.8) が成り立つことが簡単に確認できます．

詳細釣り合い条件に加え，サンプルサイズを $t \to \infty$ としたとき，遷移確率 $\mathcal{T}$ によって任意の初期状態 $p(\mathbf{z}_0)$ から定常分布 $p_*(\mathbf{z})$ に収束できなければなりません．この特性を**エルゴード性 (ergodicity)** と呼びます．具体的には，マルコフ連鎖において任意の状態から任意の状態へ有限回数で遷移できること（既約性，irreducible），すべての状態が固定の周期性をもたないこと（非周期性，aperiodic），さらに同じ状態に有限回で戻ることができること（正再帰性，positive recurrent）が求められます[23]．

本章で紹介するマルコフ連鎖モンテカルロ法のアルゴリズムの多くは上記の条件を満たしているものなので，理論的な収束性に関しては気にすることなく使うことができます．

4.1.5 メトロポリス・ヘイスティングス法

ここでは最も基本的なマルコフ連鎖モンテカルロ法の手法としてメトロポリス・ヘイスティングス法 (**Metropolis-Hastings method**) を紹介します [9]. 棄却サンプリングと同様, ここでは $p(\mathbf{z}) \propto \tilde{p}(\mathbf{z})$ となるような正規化されていない関数 $\tilde{p}(\mathbf{z})$ のみが計算可能な場合を想定し, 分布 $p(\mathbf{z})$ からのサンプルを得ることを目標とします. マルコフ連鎖モンテカルロ法のアルゴリズムを設計するには, 定常分布に収束するための遷移確率 $\mathcal{T}(\mathbf{z}', \mathbf{z})$ が必要ですが, これを直接設計するのが難しい場合には代わりに遷移の提案分布 $q(\mathbf{z}|\mathbf{z}')$ を使うことができます. メトロポリス・ヘイスティングス法は**アルゴリズム** 4.1 のような手続きになります.

アルゴリズム 4.1 メトロポリス・ヘイスティングス法

1. 提案分布 $q(\cdot|\mathbf{z}^{(t)})$ から次のサンプル点の候補 $\mathbf{z}_*$ をサンプリングする.
2. 次の比率 r を計算する.

$$r = \frac{\tilde{p}(\mathbf{z}_*)q(\mathbf{z}^{(t)}|\mathbf{z}_*)}{\tilde{p}(\mathbf{z}^{(t)})q(\mathbf{z}_*|\mathbf{z}^{(t)})} \tag{4.10}$$

3. 提案された点 $\mathbf{z}_*$ を確率 $\min(1, r)$ によって $\mathbf{z}^{(t+1)} \longleftarrow \mathbf{z}_*$ として受容し, そうでない場合は $\mathbf{z}^{(t+1)} \longleftarrow \mathbf{z}^{(t)}$ とする.

ここで, 遷移確率は

$$\mathcal{T}(\mathbf{z}, \mathbf{z}') = q(\mathbf{z}'|\mathbf{z}) \min\left(1, \frac{\tilde{p}(\mathbf{z}')q(\mathbf{z}|\mathbf{z}')}{\tilde{p}(\mathbf{z})q(\mathbf{z}'|\mathbf{z})}\right) \tag{4.11}$$

です. アルゴリズム 4.1 によって生成されたサンプル系列が式 (4.9) の詳細釣り合い条件を満たすことは次のようにして示すことができます.

$$p(\mathbf{z})\mathcal{T}(\mathbf{z}, \mathbf{z}') = p(\mathbf{z})q(\mathbf{z}'|\mathbf{z}) \min\left(1, \frac{\tilde{p}(\mathbf{z}')q(\mathbf{z}|\mathbf{z}')}{\tilde{p}(\mathbf{z})q(\mathbf{z}'|\mathbf{z})}\right)$$

$$\begin{aligned}
&= p(\mathbf{z})q(\mathbf{z}'|\mathbf{z}) \min\left(1, \frac{p(\mathbf{z}')q(\mathbf{z}|\mathbf{z}')}{p(\mathbf{z})q(\mathbf{z}'|\mathbf{z})}\right) \\
&= \min(p(\mathbf{z})q(\mathbf{z}'|\mathbf{z}), p(\mathbf{z}')q(\mathbf{z}|\mathbf{z}')) \\
&= \min(p(\mathbf{z}')q(\mathbf{z}|\mathbf{z}'), p(\mathbf{z})q(\mathbf{z}'|\mathbf{z})) \\
&= p(\mathbf{z}')q(\mathbf{z}|\mathbf{z}') \min\left(1, \frac{p(\mathbf{z})q(\mathbf{z}'|\mathbf{z})}{p(\mathbf{z}')q(\mathbf{z}|\mathbf{z}')}\right) \\
&= p(\mathbf{z}')q(\mathbf{z}|\mathbf{z}') \min\left(1, \frac{\tilde{p}(\mathbf{z})q(\mathbf{z}'|\mathbf{z})}{\tilde{p}(\mathbf{z}')q(\mathbf{z}|\mathbf{z}')}\right) \\
&= p(\mathbf{z}')\mathcal{T}(\mathbf{z}', \mathbf{z}). \tag{4.12}
\end{aligned}$$

なお，提案分布が対称 $q(\mathbf{z}'|\mathbf{z}) = q(\mathbf{z}|\mathbf{z}')$ となっている場合は，式 (4.10) の分母分子で項が約分され，単に**メトロポリス法 (Metropolis method)** と呼ばれる特別な場合に一致します．

提案分布の例としては，最も単純なものだと，1 つ前のサンプル $\mathbf{z}^{(t)}$ を平均としたガウス分布 $\mathbf{z}_* \sim \mathcal{N}(\mathbf{z}^{(t)}, \mathbf{I})$ がよく使われています．図 4.1 には 2 次元ガウス分布 $p(\mathbf{z}) = \mathcal{N}(\mathbf{0}, \boldsymbol{\Sigma})$ をサンプルを得たい目標分布としたときのメトロポリス・ヘイスティングス法の動作例を示しています *1.

4.1.6 ハミルトニアンモンテカルロ法

ハミルトニアンモンテカルロ法 (**Hamiltonian Monte Carlo method, HMC**) またはハイブリッドモンテカルロ法 (**hybrid Monte Carlo method, HMC**) は，解析力学的な物体の軌道のシミュレーションとメトロポリス・ヘイスティングス法を組み合わせたサンプリング手法です [85]．事後分布の微分情報を利用することによって，ガウス分布を適用したメトロポリス・ヘイスティングス法と比べてランダムウォーク的な挙動を避け，より効率的に事後分布の空間を探索できます．

4.1.6.1 ハミルトニアンのシミュレーション

サンプリングアルゴリズムの話に入る前に，まずはハミルトニアンを利用

---

*1 ここでは $\mathbf{z} \sim \mathcal{N}(\mathbf{0}, \boldsymbol{\Sigma})$ は難しい一方で，$\mathbf{z} \sim \mathcal{N}(\mathbf{0}, \mathbf{I})$ は簡単にサンプルできるような状況を仮定しています．一般的には，多次元ガウス分布 $\mathcal{N}(\boldsymbol{\mu}, \boldsymbol{\Sigma})$ のサンプルは共分散行列に対してコレスキー分解 $\boldsymbol{\Sigma} = \mathbf{L}\mathbf{L}^\top$ を行い，$x_i \sim \mathcal{N}(0, 1)$，$\mathbf{z} = \boldsymbol{\mu} + \mathbf{L}\mathbf{x}$ とすることで得られます．

した解析力学的な数値シミュレーションを簡単に解説します. 物体の位置ベクトルを $\mathbf{z} \in \mathbb{R}^D$, 運動量ベクトルを $\mathbf{p} \in \mathbb{R}^D$ とします. 起伏のある表面上での物体の運動は, 摩擦によるエネルギーの減少がないとすればハミルトニアン

$$\mathcal{H}(\mathbf{z}, \mathbf{p}) = \mathcal{U}(\mathbf{z}) + \mathcal{K}(\mathbf{p}) \tag{4.13}$$

を保ったまま運動をします. ここで $\mathcal{U}(\mathbf{z})$ は位置によって決まるポテンシャルエネルギー, $\mathcal{K}(\mathbf{p})$ は運動エネルギーです. 簡単のため質量は 1 とし, $\mathcal{K}(\mathbf{p}) = \frac{1}{2}\mathbf{p}^\top\mathbf{p}$ とします. $\mathbf{z}$ と $\mathbf{p}$ の時間 τ に関する挙動は, 次のようなハミルトニアンの偏微分によって決定されます [86].

$$\frac{\mathrm{d}p_i}{\mathrm{d}\tau} = -\frac{\mathrm{d}\mathcal{H}}{\mathrm{d}z_i}, \quad \frac{\mathrm{d}z_i}{\mathrm{d}\tau} = \frac{\mathrm{d}\mathcal{H}}{\mathrm{d}p_i}. \tag{4.14}$$

式 (4.13) のハミルトニアンを式 (4.14) に代入すれば,

$$\frac{\mathrm{d}p_i}{\mathrm{d}\tau} = -\frac{\mathrm{d}\mathcal{U}}{\mathrm{d}z_i}, \quad \frac{\mathrm{d}z_i}{\mathrm{d}\tau} = \frac{\mathrm{d}\mathcal{K}}{\mathrm{d}p_i} \tag{4.15}$$

が得られます. 式 (4.15) の微分方程式が解析的に解けないものとし, 数値シミュレーションによって物体の軌道を計算することにします. 最も単純な方法は**オイラー法 (Euler's method)** で,

$$p_i(\tau + \epsilon) = p_i(\tau) + \epsilon \left.\frac{\mathrm{d}p_i}{\mathrm{d}\tau}\right|_\tau = p_i(\tau) - \epsilon \left.\frac{\mathrm{d}\mathcal{U}}{\mathrm{d}z_i}\right|_{z_i(\tau)}, \tag{4.16}$$

$$z_i(\tau + \epsilon) = z_i(\tau) + \epsilon \left.\frac{\mathrm{d}z_i}{\mathrm{d}\tau}\right|_\tau = z_i(\tau) + \epsilon p_i(\tau) \tag{4.17}$$

として時刻 $\epsilon > 0$ 先の挙動を近似的に予測します. しかし, この方法は離散化による数値誤差が大きいことが知られており, ハミルトニアンモンテカルロ法では次のような**リープフロッグ法 (leapfrog method)** と呼ばれる改良された手続きを利用します.

$$p_i\left(\tau + \frac{\epsilon}{2}\right) = p_i(\tau) - \frac{\epsilon}{2} \left.\frac{\mathrm{d}\mathcal{U}}{\mathrm{d}z_i}\right|_{z_i(\tau)}, \tag{4.18}$$

$$z_i(\tau + \epsilon) = z_i(\tau) + \epsilon p_i\left(\tau + \frac{\epsilon}{2}\right), \tag{4.19}$$

$$p_i(\tau + \epsilon) = p_i\left(\tau + \frac{\epsilon}{2}\right) - \frac{\epsilon}{2}\left.\frac{\mathrm{d}\mathcal{U}}{\mathrm{d}z_i}\right|_{z_i(\tau + \epsilon)}. \tag{4.20}$$

この手続きを L 回繰り返すことによって時刻 ϵL 先の物体の位置 $\mathbf{z}_*$ と運動量 $\mathbf{p}_*$ を計算できます.

　ハミルトニアンのシミュレーションの重要な性質の 1 つとして, ハミルトニアン $\mathcal{H}$ は時間 τ によって不変であることが挙げられます. これは, 式 (4.14) から容易に導かれます. また, **可逆性 (reversivility)** も重要です. 開始地点 $(\mathbf{z}, \mathbf{p})$ から到達地点 $(\mathbf{z}_*, \mathbf{p}_*)$ への遷移は一対一であり, 実際に逆の遷移は運動量の符号を反転させることで得られます. 最後に, ハミルトニアンモンテカルロ法の効率性は**体積保存 (volume preservation)** の性質によって特徴づけられます. これにより, メトロポリス・ヘイスティングス法によって比率 r を計算する際に, 式 (3.11) の確率変数の変換に伴うヤコビ行列の決定式を計算する必要がなくなるため計算効率化につながります.

4.1.6.2　サンプリングアルゴリズムへの適用

　ここから, リープフロッグ法を使ったシミュレーションをサンプリングアルゴリズムに適用する方法を考えてみましょう. いま, サンプルを得たい確率分布 $p(\mathbf{z}) \propto \tilde{p}(\mathbf{z})$ に対して補助変数 $\mathbf{p}$ を導入し, $p(\mathbf{z}, \mathbf{p}) = p(\mathbf{z})p(\mathbf{p})$ のように拡張します. 2 つの分布は独立なので, この同時分布 $p(\mathbf{z})p(\mathbf{p})$ から得られる $\mathbf{z}$ のサンプルは周辺分布 $p(\mathbf{z})$ から得られたものと同一視できます. ここで $p(\mathbf{p}) = \mathcal{N}(\mathbf{p}|\mathbf{0}, \mathbf{I})$ とし, さらに $\ln \tilde{p}(\mathbf{z}) = -\mathcal{U}(\mathbf{z})$ とおいて同時分布を計算すると

$$\begin{aligned}
p(\mathbf{z}, \mathbf{p}) &= \exp(\ln p(\mathbf{z}) + \ln p(\mathbf{p})) \\
&\propto \exp\left(\ln \tilde{p}(\mathbf{z}) - \frac{1}{2}\mathbf{p}^\top \mathbf{I}\mathbf{p}\right) \\
&= \exp(-\mathcal{U}(\mathbf{z}) - \mathcal{K}(\mathbf{p})) \\
&= \exp(-\mathcal{H}(\mathbf{z}, \mathbf{p}))
\end{aligned} \tag{4.21}$$

となり, 式 (4.13) で表されるハミルトニアンが得られます. 運動量 $\mathbf{p}$ をガウス分布に従ってサンプリングした後, ハミルトニアンのシミュレーションを行えば新しいサンプル点の候補 $(\mathbf{z}_*, \mathbf{p}_*)$ を見つけることができますが, こ

のときシミュレーション上では物体はハミルトニアン $\mathcal{H}$ をほぼ一定に保ったまま軌道を描くため，メトロポリス法で使われる比率 r

$$r = \frac{p(\mathbf{z}_*, \mathbf{p}_*)}{p(\mathbf{z}, \mathbf{p})}$$
$$= \exp(-\mathcal{H}(\mathbf{z}_*, \mathbf{p}_*) + \mathcal{H}(\mathbf{z}, \mathbf{p})) \tag{4.22}$$

は常に 1 に近い値をとります．実際はシミュレーションの誤差の影響で式 (4.22) の値は正確には 1 にはなりませんが，ランダムウォーク的な挙動をもつメトロポリス・ヘイスティングス法などの手法と比較すれば，ハミルトニアンモンテカルロでは非常に高い受容率を実現できます．以上のハミルトニアンモンテカルロ法のアルゴリズムをまとめると**アルゴリズム 4.2** のようになります．

アルゴリズム 4.2　ハミルトニアンモンテカルロ法

1. 運動量をサンプリング $\mathbf{p} \sim \mathcal{N}(\mathbf{0}, \mathbf{I})$ する．
2. リープフロッグ法で現在の点 $(\mathbf{z}^{(t)}, \mathbf{p})$ から候補点 $(\mathbf{z}_*, \mathbf{p}_*)$ を得る．
3. 次の比率 r を計算する．

$$r = \frac{p(\mathbf{z}_*, \mathbf{p}_*)}{p(\mathbf{z}^{(t)}, \mathbf{p})}. \tag{4.23}$$

4. 提案された点 $\mathbf{z}_*$ を確率 $\min(1, r)$ によって $\mathbf{z}^{(t+1)} \longleftarrow \mathbf{z}_*$ として受容し，そうでない場合は $\mathbf{z}^{(t+1)} \longleftarrow \mathbf{z}^{(t)}$ とする．

　ハミルトニアンモンテカルロ法の動作を決定する設定値は主にステップサイズ ϵ とステップ数 L です．L が固定の場合は ϵ は小さいほどシミュレーションの誤差が少なくなり受容率が向上しますが，遷移の移動量が小さくなるため効率的な分布の探索が行えません．ϵ を小さい値に固定したまま L を大きくすれば受容率を高く保ちながら移動量も大きくできますが，その分サンプル 1 回あたりの計算コストが大きくなります．

　ハミルトニアンモンテカルロ法は非常に汎用的で，事後分布の微分さえ計

算できれば適用できます．そのため，Stan*2 をはじめとした確率的プログラ
ミング言語などでも標準の推論アルゴリズムとして採用されています．一方
で，離散潜在変数などの微分できない変数をそのままでは扱うことができな
いという制限も持っています．一般的なニューラルネットワークモデルは連
続な潜在変数のみで成り立っていることが多いため，深層学習以前からハミ
ルトニアンモンテカルロ法はニューラルネットワークのベイズ学習に使われ
てきました[86]．

4.1.6.3 ランジュバン動力学法

$L = 1$ とした場合はランジュバンモンテカルロ法 (**Langevin Monte
Carlo method**) あるいはランジュバン動力学法 (**Langevin dynamics
method**) と呼ばれています．式 (4.18) を式 (4.19) に代入すると，

$$
\begin{aligned}
z_{*i} &= z_i(\tau + \epsilon) \\
&= z_i(\tau) + \epsilon \left\{ p_i(\tau) - \frac{\epsilon}{2} \left. \frac{d\mathcal{U}}{dz_i} \right|_{z_i(\tau)} \right\} \\
&= z_i(\tau) - \frac{\epsilon^2}{2} \left. \frac{d\mathcal{U}}{dz_i} \right|_{z_i(\tau)} + \epsilon p_i(\tau)
\end{aligned}
\tag{4.24}
$$

となります．$\mathbf{p}_*$ も計算すればステップ数 $L = 1$ の場合のハミルトニアンモ
ンテカルロ法になりますが，$\mathbf{p}_*$ を明示的に用いずに非可逆な式 (4.24) をそ
のままメトロポリス・ヘイスティングス法の提案分布に使うことによっても
まったく同じアルゴリズムが得られます．さらに ϵ を小さくすれば受容率を
1 近くに維持できるので，メトロポリス・ヘイスティングス法における受容
の可否のステップを踏まずに，式 (4.24) をそのまま使って $\mathbf{z}_*$ を新しいサン
プルとして使う方法もよく利用されます．実装はかなりシンプルになります
が，ステップ数が $L > 1$ のハミルトニアンモンテカルロ法と比べるとランダ
ムウォーク的な挙動が強くなり，分布の探索効率が下がることが知られてい
ます．

5.2.1 節では深層学習向けにミニバッチ学習が行えるようにした**確率的勾
配ランジュバン動力学法 (stochastic gradient Langevin dynamics**

---

*2 http://mc-stan.org/

method) を紹介します．この手法は統計的勾配降下法のアイデアをラン
ジュバン動力学法と組み合わせることにより，互いの欠点を補うような手法
になっています．

4.1.7 ギブスサンプリング

確率分布 $p(\mathbf{Z})$ から直接 $\mathbf{Z}$ 全体をサンプリングすることが難しい場合，
$\mathbf{Z} = \{\mathbf{Z}_1, \mathbf{Z}_2, \ldots, \mathbf{Z}_M\}$ のように変数を M 個の部分集合に分けることに
よって逐次的にサンプリングを行えます．この方法を**ギブスサンプリング**
(**Gibbs sampling**) と呼びます．

$$
\begin{aligned}
\mathbf{Z}_1 &\sim p(\mathbf{Z}_1|\mathbf{Z}_2, \mathbf{Z}_3, \ldots, \mathbf{Z}_{M-1}, \mathbf{Z}_M), \\
\mathbf{Z}_2 &\sim p(\mathbf{Z}_2|\mathbf{Z}_1, \mathbf{Z}_3, \ldots, \mathbf{Z}_{M-1}, \mathbf{Z}_M), \\
&\vdots \\
\mathbf{Z}_M &\sim p(\mathbf{Z}_M|\mathbf{Z}_1, \mathbf{Z}_2, \ldots, \mathbf{Z}_{M-2}, \mathbf{Z}_{M-1}).
\end{aligned}
\tag{4.25}
$$

ギブスサンプリングはサンプルを得たい変数の数が膨大である場合や，複数
の確率分布が組み合わさった巨大な確率モデルからサンプルを得たい場合に
特に有効な手法です．また，式 (4.25) の各条件付き分布が解析的に計算でき
るように共役事前分布をうまく用いてモデルを構築できれば，ギブスサンプ
リングは非常に効率的に動作します．

図 4.1 には 2 次元ガウス分布をサンプルを得たい目標分布としたギブスサ
ンプリングの適用例を示しています．

ギブスサンプリングの妥当性は，サンプリングの手続きがメトロポリス・
ヘイスティングス法の一種として解釈できることから保証されます．いま，
サンプリングしたい確率変数を $\mathbf{Z} = \{\mathbf{Z}_1, \mathbf{Z}_2\}$ のように分割し，$\mathbf{Z}_2$ を条件
付けしたもとでの $\mathbf{Z}_1$ のサンプリングを考えます．この場合，提案分布は
$q(\mathbf{Z}_*|\mathbf{Z}) = p(\mathbf{Z}_{1*}|\mathbf{Z}_2)$ であり，$\mathbf{Z}_2$ に関しては固定したまま $\mathbf{Z}_{2*} = \mathbf{Z}_2$ であ
ることに注意すれば

$$
\begin{aligned}
r &= \frac{p(\mathbf{Z}_*)q(\mathbf{Z}|\mathbf{Z}_*)}{p(\mathbf{Z})q(\mathbf{Z}_*|\mathbf{Z})} \\
&= \frac{p(\mathbf{Z}_{1*}, \mathbf{Z}_{2*})p(\mathbf{Z}_1|\mathbf{Z}_{2*})}{p(\mathbf{Z}_1, \mathbf{Z}_2)p(\mathbf{Z}_{1*}|\mathbf{Z}_2)}
\end{aligned}
$$

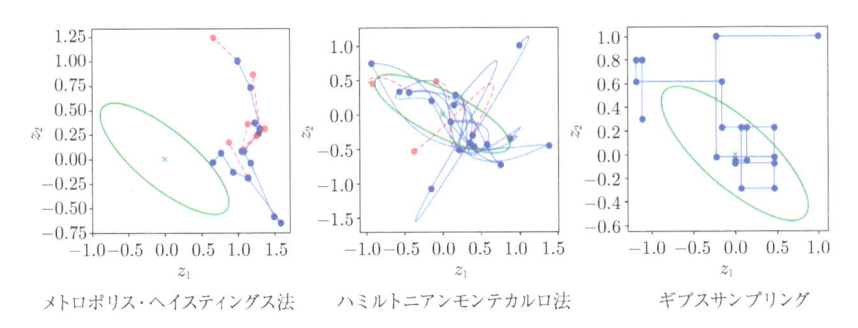

メトロポリス・ヘイスティングス法　　　ハミルトニアンモンテカルロ法　　　ギブスサンプリング

図 4.1 マルコフ連鎖モンテカルロ法の動作比較例

$$= \frac{p(\mathbf{Z}_{1*}|\mathbf{Z}_{2*})p(\mathbf{Z}_{2*})p(\mathbf{Z}_{1}|\mathbf{Z}_{2*})}{p(\mathbf{Z}_{1}|\mathbf{Z}_{2})p(\mathbf{Z}_{2})p(\mathbf{Z}_{1*}|\mathbf{Z}_{2})}$$
$$= 1 \tag{4.26}$$

となります．式 (4.26) の結果から，ギブスサンプリングによって得られる新しいサンプル $\mathbf{Z}_{i*}$ は常に受容されることがわかります．$\mathbf{Z}_1$ を固定したもとでの $\mathbf{Z}_2$ に関するサンプリングも同様です．

　図 4.1 では，ガウス分布を提案分布としたメトロポリス・ヘイスティングス法，ハミルトニアンモンテカルロ法，ギブスサンプリングの簡易的な比較実験を示しています．ここでは単純な 2 次元ガウス分布をサンプルを得たい目標分布 $p(z_1, z_2)$ であるとしており，図中では緑の楕円で共分散の向きを表しています．すべてのアルゴリズムでサンプルの初期値は $(z_1, z_2) = (0, 0)$，サンプルサイズは $T = 20$ としています．また，図中では式 (4.10) によって受容されたサンプルを青い点，棄却されたサンプルを赤い点で示しています．メトロポリス・ヘイスティングス法では，提案分布にガウス分布 $\mathcal{N}(z^{(t)}, 1)$ を用いているため，挙動がランダムウォーク的になり，目標分布の密度の高い中心部分になかなか向かっていきません．ハミルトニアンモンテカルロ法では，目標分布の微分値を利用しているため，単純なメトロポリス・ヘイスティングス法と比べて積極的に目標分布の中心部に向かっていることがわかります．ギブスサンプリングでは，それぞれの変数に対する条件付き分布 $p(z_1|z_2)$ および $p(z_2|z_1)$ を利用してサンプリングを行っているため，得られる軌跡は軸に沿った直角のものになります．また，ギブスサンプリングでは

サンプルは必ず受容するため，図中には赤い点は存在していないことがわかります.

4.2　最適化に基づく推論手法

マルコフ連鎖モンテカルロ法は，無限に計算を続ければ得られるサンプルが真の分布から得られたものと同一視できるなどの理論面で優れた特性があります. しかし，実用上は必要なサンプルサイズが明確に決めにくいことや，計算コストが膨大にかかるなどの欠点をもっています. 一方で，機械学習の分野で主流となっている方法は勾配情報を用いた数値最適化に基づく手法で，実験的には非常に速い収束性能をもつことが示されています. ここでは事後分布を最適化によって近似する手法をいくつか紹介します.

4.2.1　変分推論法

最適化による近似推論アルゴリズムの中で，現在最も広く用いられている手法が**変分推論法** (variational inference method) です [57]. この方法では，事後分布を計算する際に登場する解析不可能な積分を，最適化の問題に置き換えることによって近似的に数値計算します. 周辺尤度 $p(\mathbf{X})$ の計算には潜在変数 $\mathbf{Z}$ の積分除去 $p(\mathbf{X}) = \int p(\mathbf{X}, \mathbf{Z})\mathrm{d}\mathbf{Z}$ が必要になりますが，モデルが複雑になるとこの積分は解析的に実行できません [*3]. 変分推論法では，**エビデンス下界** (evidence lower bound, **ELBO**) と呼ばれる対数周辺尤度 $\ln p(\mathbf{X})$ の下界 $\mathcal{L}(\boldsymbol{\xi})$ を考えます [*4].

$$\ln p(\mathbf{X}) \geq \mathcal{L}(\boldsymbol{\xi}). \tag{4.27}$$

ここで $\boldsymbol{\xi}$ は**変分パラメータ** (variational parameter) と呼ばれるもので，変分推論法における近似分布の平均や分散などを指します. ちなみに，式 (4.27) の ELBO を負にした $\mathcal{F} = -\mathcal{L}(\boldsymbol{\xi})$ は**変分エネルギー** (variational energy) と呼ばれます. 勾配降下法などの一般的な最適化手法を用いて式 (4.27) の $\mathcal{L}(\boldsymbol{\xi})$ を $\boldsymbol{\xi}$ によって最大化すれば，対数周辺尤度 $\ln p(\mathbf{X})$ の近似解

---

*3　$\mathbf{Z}$ が離散の場合は和 $p(\mathbf{X}) = \sum_{\mathbf{Z}} p(\mathbf{X}, \mathbf{Z})$ になります. $\mathbf{Z}$ の各変数の組み合わせが膨大になり現実的な時間で計算が終わらない場合などにも変分推論法は有効です.

*4　lower bound を "下限" と訳すこともありますが，ここでは一般的な訳例である "下界" を採用します.

が得られることになります.

　ELBO の設計の仕方はいくつかあり，モデルや目的に応じて使い分けます．最もよく使われる方法は，事後分布 $p(\mathbf{Z}|\mathbf{X})$ をパラメータ $\boldsymbol{\xi}$ で定められるある分布 $q(\mathbf{Z};\boldsymbol{\xi})$ によって近似することです．近似の良さを測る指標はいくつかありますが，変分推論法では次のような KL ダイバージェンスを使い，変分パラメータ $\boldsymbol{\xi}$ に関して最小化することによって近似分布 $q(\mathbf{Z};\boldsymbol{\xi})$ を得ます.

$$q(\mathbf{Z};\boldsymbol{\xi}_{\mathrm{opt.}}) = \underset{\boldsymbol{\xi}}{\operatorname{argmin}}\, D_{\mathrm{KL}}\left[q(\mathbf{Z};\boldsymbol{\xi})||p(\mathbf{Z}|\mathbf{X})\right]. \tag{4.28}$$

また，対数周辺尤度 $\ln p(\mathbf{X})$ は次のように ELBO と式 (4.28) の KL ダイバージェンスとに分解できます.

$$\ln p(\mathbf{X}) = \mathcal{L}(\boldsymbol{\xi}) + D_{\mathrm{KL}}\left[q(\mathbf{Z};\boldsymbol{\xi})||p(\mathbf{Z}|\mathbf{X})\right]. \tag{4.29}$$

ただし，

$$\mathcal{L}(\boldsymbol{\xi}) = \int q(\mathbf{Z};\boldsymbol{\xi}) \ln \frac{p(\mathbf{X},\mathbf{Z})}{q(\mathbf{Z};\boldsymbol{\xi})}\mathrm{d}\mathbf{Z} \tag{4.30}$$

です．式 (4.29) からわかるように，対数周辺尤度 $\ln p(\mathbf{X})$ 自体は $\boldsymbol{\xi}$ の値にかかわらず一定なので，$D_{\mathrm{KL}}\left[q(\mathbf{Z};\boldsymbol{\xi})||p(\mathbf{Z}|\mathbf{X})\right]$ を $\boldsymbol{\xi}$ に関して最小化する問題は，$\mathcal{L}(\boldsymbol{\xi})$ を $\boldsymbol{\xi}$ に関して最大化する問題と等価になります．また，式 (4.27) の不等式が成り立つことは，式 (4.29) において KL ダイバージェンスが非負である事実から確認できます.

　近似分布 q の置き方にはさまざまな選択があります．潜在変数の集合 $\mathbf{Z}$ が $\mathbf{Z} = \{\mathbf{Z}_1,\ldots,\mathbf{Z}_M\}$ のように M 個に分割できるとします．複雑なモデルに対しては，次のように事後分布に独立性を仮定して近似する方法がよく使われています [5].

$$q(\mathbf{Z}) = \prod_{i=1}^{M} q(\mathbf{Z}_i). \tag{4.31}$$

この手法は特に**平均場近似 (mean field approximation)** と呼ばれています [7].平均場近似では，各近似分布 $q(\mathbf{Z}_1),\ldots,q(\mathbf{Z}_M)$ を交互に更新していく手続きを繰り返すため，アルゴリズムの特性はギブスサンプリングと非常に似たものになっています．式 (4.31) の仮定から，異なる $\mathbf{z}_i,\mathbf{z}_j$ 間の相関を

捉えることはできなくなっているため，事後分布の近似精度には限界があります．その反面，平均場近似は一般的に必要なメモリ量が少なく済み，また多くの場合で高速に収束します．

　変分推論法の最大の利点は計算の効率のよさでしょう．変分推論法では変分パラメータに関して KL ダイバージェンスを最小化するため，計算の過程で近似精度が必ず良くなる方向へ向かっていきます [*5]．欠点としては，例えば式 (4.31) の平均場近似のように，あらかじめ表現力が限定された近似分布が用いられるため，真の事後分布 $p(\mathbf{Z}|\mathbf{X})$ が複雑な場合，近似精度に限界があることです．これは，サンプルサイズを無限に増やせばいくらでも近似性能が良くなるサンプリングアルゴリズムとは対照的です．ただし，6.2.1 節で紹介する正規化流 (**normalizing flow**)[102] を始めとした変分モデル (**variational model**)[99] などの技術も提案されており，これらの方法を使えば従来的な平均場近似と比較してかなり複雑な事後分布を変分推論法の枠組みで効率的に近似できるようになります．

　なお，$\ln p(\mathbf{X})$ 自体をネットワークの重みパラメータなどで最大化するような方法もありますが，これは最尤推定の方法に分類，過剰適合の原因となります．このようなモデルのパラメータの学習は，ベイズの枠組みに沿った近似推論手法とは異なることに注意してください．

4.2.2　例：平均場近似による潜在変数モデルの学習

　変分推論法の典型的な利用例として，ここでは潜在変数モデル (**latent variable model**) による次元削減手法を解説します [*6]．次元削減手法は，主に高次元の観測データ集合 $\mathbf{X} = \{\mathbf{x}_1, \dots, \mathbf{x}_N\}$ を低次元の潜在的な集合 $\mathbf{Z} = \{\mathbf{z}_1, \dots, \mathbf{z}_N\}$ で表現することにより，データの圧縮や可視化，特徴量抽出などを行います．確率モデルで解釈すれば，主成分分析 (**principal component analysis**) や独立成分分析 (**independent component analysis**)，行列分解 (**matrix factorization**)，k 平均法 (**k-means method**) といった多くの教師なし学習手法が，潜在変数モデルによる次元削減手法の一種であると見なすことができます．

[*5]　後で見るように，サンプリングの併用など追加の近似を行った場合はこの限りではありません．
[*6]　詳細な計算や解説などに関しては文献 [138] を参照してください．

4.2.2.1　線形次元削減への適用

ここではまず線形次元削減 (linear dimensionality reduction) のモデルを構築し，事後分布を式 (4.31) の平均場近似に基づいて近似します．ここで解説する平均場近似による潜在変数モデルの学習は，最尤推定におけるEM アルゴリズム (expectation maximization algorithm)[7] との類似性から，変分 EM アルゴリズム (variational expectation maximization algorithm) とも呼ばれます *7．ここで使われる手法は，6.1.1 節で紹介する非線形版の変分自己符号化器 (variational auto encoder, VAE)[60, 103] や，7.5.1 節で紹介するノンパラメトリックベイズ版のガウス過程潜在変数モデル (Gaussian process latent variable model, GPLVM)[127] の基礎になります．

教師ありの線形回帰モデルと同様に，観測データ $\mathbf{X} = \{\mathbf{x}_1, \ldots, \mathbf{x}_N\}$ は入力変数 $\mathbf{Z} = \{\mathbf{z}_1, \ldots, \mathbf{z}_N\}$ の線形結合および固定のノイズ σ_x^2 で決まると仮定します．

$$
\begin{aligned}
p(\mathbf{X}|\mathbf{Z}, \mathbf{W}) &= \prod_{n=1}^{N} p(\mathbf{x}_n|\mathbf{z}_n, \mathbf{W}) \\
&= \prod_{n=1}^{N} \mathcal{N}(\mathbf{x}_n|\mathbf{W}\mathbf{z}_n, \sigma_x^2\mathbf{I}).
\end{aligned}
\tag{4.32}
$$

ただし，今回は入力変数 $\mathbf{Z}$ は観測値の集合ではなく，未観測の潜在変数 (latent variable) の集合であるとします．簡単のため，各潜在変数は次のようなガウス分布に従って生成されているとします．

$$
p(\mathbf{Z}) = \prod_{n=1}^{N} \mathcal{N}(\mathbf{z}_n|\mathbf{0}, \mathbf{I}).
\tag{4.33}
$$

また，パラメータも次のようなガウス分布に従っているとします．

$$
p(\mathbf{W}) = \prod_{i,j} \mathcal{N}(w_{i,j}|0, \sigma_w^2).
\tag{4.34}
$$

このモデルの事後分布を平均場近似による変分推論法を用いて近似しま

---

*7　ただし，最尤推定の枠組みで，パラメータを ELBO に関して最大化し，潜在変数にのみ近似分布を利用する方法を指して変分 EM アルゴリズムと呼ぶ場合もあります．

す．ここでは，真の事後分布を

$$p(\mathbf{Z}, \mathbf{W}|\mathbf{X}) \approx q(\mathbf{Z})q(\mathbf{W}) \tag{4.35}$$

のように q で分解近似します．線形次元削減モデルに対して式 (4.35) の近似を設定したとき，周辺尤度 $p(\mathbf{X}) = \int p(\mathbf{X}, \mathbf{Z}, \mathbf{W})\mathrm{d}\mathbf{Z}\mathrm{d}\mathbf{W}$ の対数の下界は

$$
\begin{aligned}
\mathcal{L} &= \int q(\mathbf{Z})q(\mathbf{W}) \ln \frac{p(\mathbf{X}, \mathbf{Z}, \mathbf{W})}{q(\mathbf{Z})q(\mathbf{W})}\mathrm{d}\mathbf{Z}\mathrm{d}\mathbf{W} \\
&= \mathbb{E}_{q(\mathbf{Z})q(\mathbf{W})}\left[\ln p(\mathbf{X}|\mathbf{Z}, \mathbf{W})\right] - D_{\mathrm{KL}}\left[q(\mathbf{Z})\|p(\mathbf{Z})\right] - D_{\mathrm{KL}}\left[q(\mathbf{W})\|p(\mathbf{W})\right]
\end{aligned}
\tag{4.36}
$$

となります．変分推論法では，マルコフ連鎖モンテカルロ法と同様に，まずはじめに近似分布を適当に初期化し，その後近似分布の更新ステップを繰り返すことによって下界 $\mathcal{L}$ を最大化します．あるステップ $i+1$ において，1つ前のステップの近似分布が $q_i(\mathbf{Z})$，$q_i(\mathbf{W})$ であるとします．続く $q_{i+1}(\mathbf{W})$ の計算は，$q_i(\mathbf{Z})$ を固定したうえで式 (4.36) の下界を $q_{i+1}(\mathbf{W})$ に関して最大化して求めます．

$$
\begin{aligned}
\mathcal{L}_{q_i(\mathbf{Z})} &= \mathbb{E}_{q_i(\mathbf{Z})q_{i+1}(\mathbf{W})}\left[\ln p(\mathbf{X}|\mathbf{Z}, \mathbf{W})\right] - D_{\mathrm{KL}}\left[q_{i+1}(\mathbf{W})\|p(\mathbf{W})\right] + \mathrm{c} \\
&= \mathbb{E}_{q_{i+1}(\mathbf{W})}\left[\ln \frac{\exp\left(\mathbb{E}_{q_i(\mathbf{Z})}\left[\ln p(\mathbf{X}|\mathbf{Z}, \mathbf{W})\right]\right)p(\mathbf{W})}{q_{i+1}(\mathbf{W})}\right] + \mathrm{c} \\
&= -D_{\mathrm{KL}}\left[q_{i+1}(\mathbf{W})\|r_i(\mathbf{W})\right] + \mathrm{c}
\end{aligned}
\tag{4.37}
$$

となります．ただし

$$r_i(\mathbf{W}) \propto \exp\left(\mathbb{E}_{q_i(\mathbf{Z})}\left[\ln p(\mathbf{X}|\mathbf{Z}, \mathbf{W})\right]\right)p(\mathbf{W}) \tag{4.38}$$

となります．また，

$$\int r_i(\mathbf{W})\mathrm{d}\mathbf{W} = 1 \tag{4.39}$$

です．したがって，式 (4.37) の最大化は，KL ダイバージェンスの最小化と等価であるため，最適解は

$$q_{i+1}(\mathbf{W}) = r_i(\mathbf{W}) \tag{4.40}$$

となります．式 (4.40) のパラメータの近似事後分布の更新は**変分 M ステッ**

プ (**variational M-step**) と呼ばれています. 同様に, $q_{i+1}(\mathbf{W})$ を固定したうえで最適な $q_{i+1}(\mathbf{Z})$ を求めることもでき,

$$q_{i+1}(\mathbf{Z}) = r_{i+1}(\mathbf{Z}), \tag{4.41}$$

$$r_{i+1}(\mathbf{Z}) \propto \exp\left(\mathbb{E}_{q_{i+1}(\mathbf{W})}\left[\ln p(\mathbf{X}|\mathbf{Z},\mathbf{W})\right]\right) p(\mathbf{Z}) \tag{4.42}$$

となります. また,

$$\int r_{i+1}(\mathbf{Z})\mathrm{d}\mathbf{Z} = 1 \tag{4.43}$$

です. 式 (4.41) のような潜在変数の近似事後分布の更新は, **変分 E ステップ** (**variational E-step**) と呼ばれています. 線形次元削減モデルでは, 各ステップにおける $r_i(\mathbf{W})$ および $r_i(\mathbf{Z})$ が解析的に計算でき, ガウス分布になることがわかります. 各 $r_i(\mathbf{W})$ および $r_i(\mathbf{Z})$ の計算の詳細に関しては文献[138] を参照してください.

4.2.2.2 混合ガウス分布への適用

連続な潜在変数 $\mathbf{Z}$ の代わりに, 離散の潜在変数 $\mathbf{S}$ を用いた場合は**クラスタリング** (**clustering**) のアルゴリズムが導出できます. クラスタリングは, 観測データ $\mathbf{X} = \{\mathbf{x}_1,\ldots,\mathbf{x}_N\}$ を K 個のグループに分ける手法です. これは, 各 N 個のデータ点に離散の潜在変数 $\mathbf{S} = \{\mathbf{s}_1,\ldots,\mathbf{s}_N\}$ を割り当てる次元削減手法と考えることができます. ただし, 各潜在変数は $\mathbf{s}_n \in \{0,1\}^K$ かつ $\sum_{k=1}^{K} s_{n,k} = 1$ です. ここでは例として, **混合ガウス分布** (**Gaussian mixture distribution**) を考えます. 混合ガウス分布は, 各データ点が K 個の異なるガウス分布の集まりから生成されていると仮定する確率モデルです. 観測分布の尤度関数を

$$\begin{aligned} p(\mathbf{X}|\mathbf{S},\mathbf{W}) &= \prod_{n=1}^{N} p(\mathbf{x}_n|\mathbf{s}_n,\mathbf{W}) \\ &= \prod_{n=1}^{N} \mathcal{N}(\mathbf{x}_n|\mathbf{W}\mathbf{s}_n, \sigma_x^2\mathbf{I}) \end{aligned} \tag{4.44}$$

とします. ここで σ_x^2 は固定のノイズです. 各潜在変数は, 次のようなカテゴリ分布に従うとします.

$$p(\mathbf{S}) = \prod_{n=1}^{N} \mathrm{Cat}(\mathbf{s}_n | \boldsymbol{\pi}).\tag{4.45}$$

各グループ $k = 1, \ldots, K$ のパラメータは，式 (4.34) のようなガウス事前分布に従うとします．このモデルの事後分布も，平均場近似を使って

$$p(\mathbf{S}, \mathbf{W} | \mathbf{X}) \approx q(\mathbf{S})q(\mathbf{W})\tag{4.46}$$

のように分解をすれば，以降は線形次元削減と同じ方法で変分 EM アルゴリズムが得られます．

4.2.3 ラプラス近似

ラプラス近似 (**Laplace approximation**) も変分推論法と同様に，事後分布をより簡単な分布を使って近似的に表現する推論手法です [7]．事後分布 $p(\mathbf{Z} | \mathbf{X})$ のとる値が最大となる点を $\mathbf{Z}_{\mathrm{MAP}}$ としたとき，ラプラス近似では事後分布を次のようなガウス分布で近似します [*8]．

$$p(\mathbf{Z} | \mathbf{X}) \approx \mathcal{N}(\mathbf{Z} | \mathbf{Z}_{\mathrm{MAP}}, \{\boldsymbol{\Lambda}(\mathbf{Z}_{\mathrm{MAP}})\}^{-1}).\tag{4.47}$$

ただし，ガウス分布の精度行列 $\boldsymbol{\Lambda}(\mathbf{Z})$ は対数事後分布のヘッセ行列を負にしたものです．

$$\boldsymbol{\Lambda}(\mathbf{Z}) = -\nabla_{\mathbf{Z}}^2 \ln p(\mathbf{Z} | \mathbf{X}).\tag{4.48}$$

したがって，ラプラス近似の手順としては，まず最初に勾配降下法やニュートン・ラフソン法などの最適化アルゴリズムを使って対数事後分布の最大値 $\mathbf{Z}_{\mathrm{MAP}}$ を計算しておき，次にその点における式 (4.48) を評価して精度行列 $\boldsymbol{\Lambda}(\mathbf{Z}_{\mathrm{MAP}})$ を求めます．事後分布をガウス分布として近似表現することによって，後で予測分布や周辺尤度などの計算に必要な積分が評価しやすくなります．

ラプラス近似は対数事後分布の形状を $\mathbf{Z}_{\mathrm{MAP}}$ まわりのテイラー展開で2次近似することに対応しています．

---

*8 　本節では勾配やヘッセ行列の表記を簡略化するため，$\mathbf{Z}$ をすべての潜在変数を一列に並べたベクトルであるとします．

$$\ln p(\mathbf{Z}|\mathbf{X})$$
$$\approx \ln p(\mathbf{Z}_{\mathrm{MAP}}|\mathbf{X}) + (\mathbf{Z} - \mathbf{Z}_{\mathrm{MAP}})^\top \nabla_{\mathbf{Z}} \ln p(\mathbf{Z}|\mathbf{X})|_{\mathbf{Z}=\mathbf{Z}_{\mathrm{MAP}}}$$
$$+ (\mathbf{Z} - \mathbf{Z}_{\mathrm{MAP}})^\top \nabla_{\mathbf{Z}}^2 \ln p(\mathbf{Z}|\mathbf{X})|_{\mathbf{Z}=\mathbf{Z}_{\mathrm{MAP}}}(\mathbf{Z} - \mathbf{Z}_{\mathrm{MAP}})$$
$$= \ln p(\mathbf{Z}_{\mathrm{MAP}}|\mathbf{X}) + (\mathbf{Z} - \mathbf{Z}_{\mathrm{MAP}})^\top \nabla_{\mathbf{Z}}^2 \ln p(\mathbf{Z}|\mathbf{X})|_{\mathbf{Z}=\mathbf{Z}_{\mathrm{MAP}}}(\mathbf{Z} - \mathbf{Z}_{\mathrm{MAP}}). \tag{4.49}$$

ここで，$\mathbf{Z}_{\mathrm{MAP}}$ が $\nabla_{\mathbf{Z}} \ln p(\mathbf{Z}|\mathbf{X}) = \mathbf{0}$ の解であることを使いました．また，式 (4.49) の指数をとることにより，$\mathbf{Z}$ の分布は

$$p(\mathbf{Z}|\mathbf{X}) \propto \exp(-(\mathbf{Z} - \mathbf{Z}_{\mathrm{MAP}})^\top \mathbf{\Lambda}(\mathbf{Z}_{\mathrm{MAP}})(\mathbf{Z} - \mathbf{Z}_{\mathrm{MAP}})) \tag{4.50}$$

と近似されます．式 (4.50) の右辺を正規化することによって式 (4.47) のガウス分布による表現が得られます．

ラプラス近似はアイデアがシンプルであり，既存の正則化や MAP 推定に基づくパラメータの学習手法から簡単に拡張を行えるなどの利点があります．一方で，ヘッセ行列を求めるためにパラメータ数の二乗のオーダーの計算量がかかってしまうという欠点があります．また，近似にガウス分布を用いていることから，離散や非負の実数上で定義される確率分布には直接は適用できません．

4.2.4 モーメントマッチングによる近似

ここでは仮定密度フィルタリング (assumed density filtering) や期待値伝播法 (expectation propagation method) といった近似推論手法の基礎となるモーメントマッチング (moment matching) と呼ばれる確率分布の近似手法を紹介します．

4.2.4.1 モーメントマッチング

ここでは変分推論法やラプラス近似と同様，ある複雑な確率分布 $p(\mathbf{z})$ を，より簡単な分布 $q(\mathbf{z})$ を用いて近似する方法を考えてみます．近似分布 $q(\mathbf{z})$ は次のような指数型分布族で表せるとします．

$$q(\mathbf{z}; \boldsymbol{\eta}) = h(\mathbf{z})\exp(\boldsymbol{\eta}^\top \mathbf{t}(\mathbf{z}) - a(\boldsymbol{\eta})). \tag{4.51}$$

さらに，近似したい目標分布 $p(\mathbf{z})$ と式 (4.51) の近似分布の間の KL ダイバー

ジェンスを次のようにおきます.

$$D_{\mathrm{KL}}\left[p(\mathbf{z})\|q(\mathbf{z};\boldsymbol{\eta})\right]. \tag{4.52}$$

式 (4.28) で表されるような変分推論法で使用した基準と比べると, p と q が入れ替わっていることに注意してください.

式 (4.52) を自然パラメータ $\boldsymbol{\eta}$ に関して最小化します. 式 (4.52) に式 (4.51) を代入し, $\boldsymbol{\eta}$ に関して整理すれば,

$$\begin{aligned}D_{\mathrm{KL}}\left[p(\mathbf{z})\|q(\mathbf{z};\boldsymbol{\eta})\right] &= -\mathbb{E}_p\left[\ln q(\mathbf{z};\boldsymbol{\eta})\right] + \mathbb{E}_p\left[\ln p(\mathbf{z})\right]\\ &= -\boldsymbol{\eta}^\top\mathbb{E}_p\left[\mathbf{t}(\mathbf{z})\right] + a(\boldsymbol{\eta}) + \mathrm{c}\end{aligned} \tag{4.53}$$

となります. $\boldsymbol{\eta}$ に対する勾配を計算し, ゼロとおけば

$$\mathbb{E}_q\left[\mathbf{t}(\mathbf{z})\right] = \mathbb{E}_p\left[\mathbf{t}(\mathbf{z})\right] \tag{4.54}$$

を得ます. ここでは式 (3.43) で与えられる対数分配関数の勾配が十分統計量の期待値であるという関係を使いました. この結果から, 指数型分布族を用いて分布 $p(\mathbf{z})$ を式 (4.52) の基準で最適に近似するためには, 単純に $p(\mathbf{z})$ の十分統計量の期待値 $\mathbb{E}_p\left[\mathbf{t}(\mathbf{z})\right]$, すなわち $p(\mathbf{z})$ の**モーメント (moment)** を計算し, その結果を使って指数型分布族のパラメータ $\boldsymbol{\eta}$ を決定すれば良いことがわかります.

4.2.4.2 仮定密度フィルタリング

モーメントマッチングを利用した近似推論は, 3.3.4 節で紹介したような逐次学習が解析的に行えないようなケースで使用できます. ここではその中でも最もシンプルな近似逐次学習手法である**仮定密度フィルタリング (assumed density filtering)** を解説します [109]. データ集合 $\mathcal{D}_1$ を観測した後のパラメータ $\boldsymbol{\theta}$ の事後分布は

$$p(\boldsymbol{\theta}|\mathcal{D}_1) \propto p(\mathcal{D}_1|\boldsymbol{\theta})p(\boldsymbol{\theta}) \tag{4.55}$$

となります. このとき, 尤度関数 $p(\mathcal{D}_1|\boldsymbol{\theta})$ と事前分布 $p(\boldsymbol{\theta})$ の間に共役性が成り立てば, $p(\boldsymbol{\theta}|\mathcal{D}_1)$ やそれに続く $p(\boldsymbol{\theta}|\mathcal{D}_1, \mathcal{D}_2), p(\boldsymbol{\theta}|\mathcal{D}_1, \mathcal{D}_2, \mathcal{D}_3), \ldots$ も事前分布と同じ形式を用いて解析的に事後分布に取り込むことができます. しかし, 共役性の成り立たないモデルではこのような解析的な計算は行えません.

そこで，$p(\boldsymbol{\theta}|\mathcal{D}_1)$ に対する近似分布 $q_1(\boldsymbol{\theta})$ を設定し，

$$q_1(\boldsymbol{\theta}) \approx r_1(\boldsymbol{\theta}) = \frac{1}{Z_1} p(\mathcal{D}_1|\boldsymbol{\theta})p(\boldsymbol{\theta}) \tag{4.56}$$

のように近似を行います．ここで $Z_1 = \int p(\mathcal{D}_1|\boldsymbol{\theta})p(\boldsymbol{\theta})\mathrm{d}\boldsymbol{\theta}$ です．近似分布 $q_1(\boldsymbol{\theta})$ は事前分布 $p(\boldsymbol{\theta})$ と同じ分布を選びます．式 (4.56) の近似は右辺のモーメントを計算し，それと一致するようなモーメントをもつように $q_1(\boldsymbol{\theta})$ のパラメータを決定します．続いて，逐次的にデータセット $\mathcal{D}_2, \mathcal{D}_3, \ldots$ が入ってきた後も

$$q_{i+1}(\boldsymbol{\theta}) \approx r_{i+1}(\boldsymbol{\theta}) = \frac{1}{Z_{i+1}} p(\mathcal{D}_{i+1}|\boldsymbol{\theta})q_i(\boldsymbol{\theta}) \tag{4.57}$$

のようにして近似を行えば，$q(\boldsymbol{\theta})$ として同じ分布の形式を保ったまま近似事後分布を更新できます．

以降では，式 (4.57) の計算例として，パラメータ $\theta \in \mathbb{R}$ に関する分布 $q(\theta)$ がガウス分布あるいはガンマ分布であるとした 2 つの場合を考えます．ここでの逐次計算の方法は，後ほどの仮定密度フィルタリングを利用したベイズニューラルネットワークの学習などに用います．新たに追加する尤度の項を $f_{i+1}(\theta) = p(\mathcal{D}_{i+1}|\theta)$ とおくと，ここで行いたいことは，

$$q_{i+1}(\theta) \approx r_{i+1}(\theta) = \frac{1}{Z_{i+1}} f_{i+1}(\theta)q_i(\theta) \tag{4.58}$$

として，$q_{i+1}(\theta)$ のモーメントを $r_{i+1}(\theta)$ のモーメントに合わせることにより，近似分布を $q_i(\theta)$ から $q_{i+1}(\theta)$ に更新することです．

4.2.4.3 ガウス分布の例

まず，1 次元のガウス分布による近似分布

$$q_i(\theta) = \mathcal{N}(\theta|\mu_i, v_i) \tag{4.59}$$

の場合を考えます．正規化定数 Z_{i+1} は

$$\begin{aligned} Z_{i+1} &= \int f_{i+1}(\theta)q_i(\theta)\mathrm{d}\theta \\ &= \int f_{i+1}(\theta) \frac{1}{\sqrt{2\pi v_i}} \exp\left(-\frac{(\theta - \mu_i)^2}{2v_i} \right) \mathrm{d}\theta \end{aligned} \tag{4.60}$$

と書けます. 式 (4.60) の対数をパラメータ μ_i で偏微分すれば,

$$
\begin{aligned}
\frac{\partial}{\partial \mu_i} \ln Z_{i+1} &= \frac{1}{Z_{i+1}} \int f_{i+1}(\theta) \mathcal{N}(\theta|\mu_i, v_i) \frac{\theta - \mu_i}{v_i} \mathrm{d}\theta \\
&= \frac{\mathbb{E}_{r_{i+1}}[\theta] - \mu_i}{v_i}
\end{aligned}
\tag{4.61}
$$

となります. ここから, 分布 $r_{i+1}(\theta)$ の 1 次のモーメントは

$$
\mathbb{E}_{r_{i+1}}[\theta] = \mu_i + v_i \frac{\partial}{\partial \mu_i} \ln Z_{i+1}
\tag{4.62}
$$

となります. 続いて, 式 (4.60) の対数をパラメータ v_i で偏微分すれば,

$$
\begin{aligned}
\frac{\partial}{\partial v_i} \ln Z_{i+1} &= \frac{1}{Z_{i+1}} \int f_{i+1}(\theta) \mathcal{N}(\theta|\mu_i, v_i) \left\{ -\frac{1}{2v_i} + \frac{(\theta - \mu_i)^2}{2v_i^2} \right\} \mathrm{d}\theta \\
&= -\frac{1}{2v_i} + \frac{1}{2v_i^2} \left\{ \mathbb{E}_{r_{i+1}}[\theta^2] - 2\mu_i \mathbb{E}_{r_{i+1}}[\theta] + \mu_i^2 \right\}
\end{aligned}
\tag{4.63}
$$

となります. したがって, 2 次のモーメントは

$$
\mathbb{E}_{r_{i+1}}[\theta^2] = 2v_i^2 \frac{\partial}{\partial v_i} \ln Z_{i+1} + v + 2\mu_i \mathbb{E}_{r_{i+1}}[\theta] - \mu_i^2
\tag{4.64}
$$

となります. 式 (4.62) と式 (4.64) の結果を用いれば, モーメントマッチングによって得られる新しい分布 q_{i+1} のパラメータは,

$$
\begin{aligned}
\mu_{i+1} &= \mathbb{E}_{r_{i+1}}[\theta] \\
&= \mu_i + v_i \frac{\partial}{\partial \mu_i} \ln Z_{i+1}
\end{aligned}
\tag{4.65}
$$

および

$$
\begin{aligned}
v_{i+1} &= \mathbb{E}_{r_{i+1}}[\theta^2] - \mathbb{E}_{r_{i+1}}[\theta]^2 \\
&= v_i - v_i^2 \left\{ \left(\frac{\partial}{\partial \mu_i} \ln Z_{i+1} \right)^2 - 2 \frac{\partial}{\partial v_i} \ln Z_{i+1} \right\}
\end{aligned}
\tag{4.66}
$$

のように更新できます. これは近似にガウス分布を用いた場合の一般的な結果であり, 各 $f_{i+1}(\theta)q_i(\theta)$ に対応する正規化定数 Z_{i+1} が計算できることが適用できる条件になります. ガウス分布による近似を用いたモーメントマッチングの具体的な適用例としては, 後ほど尤度 $f_i(\theta)$ に標準正規分布の累積

分布関数を使ったプロビット回帰の例を紹介します.

4.2.4.4　ガンマ分布の例

同様にして, ガンマ分布による近似分布 $q_i(\theta) = \mathrm{Gam}(\theta|a_i, b_i)$ の場合を考えます. 正規化定数を

$$Z_{i+1} = Z(a_i, b_i) = \int f_{i+1}(\theta)\mathrm{Gam}(\theta|a_i, b_i)\mathrm{d}\theta \tag{4.67}$$

とおきます. 式 (3.22) のガンマ分布の密度関数の定義を用いれば, 近似したい分布の 1 次と 2 次のモーメントはそれぞれ

$$\frac{1}{Z(a_i, b_i)}\int \theta f_{i+1}(\theta)\mathrm{Gam}(\theta|a_i, b_i)\mathrm{d}\theta = \frac{Z(a_i+1, b_i)a_i}{Z(a_i, b_i)b_i}, \tag{4.68}$$

$$\frac{1}{Z(a_i, b_i)}\int \theta^2 f_{i+1}(\theta)\mathrm{Gam}(\theta|a_i, b_i)\mathrm{d}\theta = \frac{Z(a_i+2, b_i)a_i(a_i+1)}{Z(a_i, b_i)b_i^2} \tag{4.69}$$

と計算できます. ガンマ分布の平均および分散はそれぞれ a/b および a/b^2 であることから, モーメントマッチングによって得られる新しい分布 $q_{i+1}(\theta)$ のパラメータ a_{i+1}, b_{i+1} に対して

$$\frac{a_{i+1}}{b_{i+1}} = \frac{Z(a_i+1, b_i)a_i}{Z(a_i, b_i)b_i}, \tag{4.70}$$

$$\frac{a_{i+1}}{b_{i+1}^2} = \frac{Z(a_i+2, b_i)a_i(a_i+1)}{Z(a_i, b_i)b_i^2} - \left\{\frac{Z(a_i+1, b_i)a_i}{Z(a_i, b_i)b_i}\right\}^2 \tag{4.71}$$

が成立します. これを a_{i+1} および b_{i+1} で書き直せば

$$a_{i+1} = \left\{Z(a_i, b_i)Z(a_i+2, b_i)Z(a_i+1, b_i)^{-2}\frac{a_i+1}{a_i} - 1\right\}^{-1}, \tag{4.72}$$

$$b_{i+1} = \left\{Z(a_i+2, b_i)Z(a_i+1, b_i)^{-1}\frac{a_i+1}{b_i} - Z(a_i+1, b_i)Z(a_i, b_i)^{-1}\frac{a_i}{b_i}\right\}^{-1} \tag{4.73}$$

となります. ここでも, ガンマ分布によるモーメントマッチングを実施するには式 (4.67) における正規化定数 $Z(a_i, b_i)$ が解析的に計算できる必要があります.

4.2.5　例：モーメントマッチングによるプロビット回帰モデルの学習

　ここではプロビット回帰 (**probit regression**) と呼ばれる 2 値 $y_n \in \{-1, 1\}$ を予測するための分類モデルを例に，モーメントマッチングを利用した仮定密度フィルタリングによる近似推論を導きます．簡単のため，入力は $x_n \in \mathbb{R}$ としますが，多次元入力への拡張も可能です．プロビット回帰の尤度関数は，

$$p(\mathbf{Y}|\mathbf{X}, w) = \prod_{n=1}^{N} p(y_n|x_n, w)$$

$$= \prod_{n=1}^{N} \Phi(y_n w x_n) \tag{4.74}$$

となります．ここで非線形関数 Φ は式 (2.26) で与えられる標準正規分布の累積分布関数です．パラメータの事前分布は，固定の分散 v_0 をもつガウス分布

$$p(w) = \mathcal{N}(w|0, v_0) \tag{4.75}$$

を設定します．

　このモデルの周辺尤度は

$$Z = \int p(\mathbf{Y}|\mathbf{X}, w)p(w)\mathrm{d}w \tag{4.76}$$

となりますが，残念ながらこれは解析的に計算できません．代わりに，モーメントマッチングによる近似的な事後分布の更新により，尤度の項 $f_i(w) = p(y_i|x_i, w)$ を 1 つ 1 つ追加していくことを考えます．ここでは，式 (4.59) のようにパラメータの事後分布の近似にガウス分布を使用することにします．最初の更新は事前分布 $p(w)$ に対して最初の尤度の項 $f_1(w)$ を追加し，

$$q_1(w) \approx p(w|y_1, x_1) = \frac{1}{Z_1}p(y_1|x_1, w)p(w) \tag{4.77}$$

のようにして最初の近似 $q_1(w)$ を得ます．以降は近似分布 $q_i(w)$ に対して尤度 $f_{i+1}(w)$ を追加し，

$$q_{i+1}(w) \approx \frac{1}{Z_{i+1}}f_{i+1}(w)q_i(w) \tag{4.78}$$

のようにして更新を続けていきます *9.

　ガウス分布を使った近似更新を行うためには，式 (4.65) および式 (4.66) から正規化定数 Z_{i+1} に対する微分が必要になります．プロビット回帰においては，式 (4.78) における正規化定数 Z_{i+1} は次のように解析的に計算できます（付録 A.3 参照）．

$$Z_{i+1} = \int p(y_{i+1}|x_{i+1},w)\mathcal{N}(w|\mu_i,v_i)\mathrm{d}w$$
$$= \Phi(a_{i+1}). \tag{4.79}$$

ただし，

$$a_{i+1} = \frac{y_{i+1}x_{i+1}\mu_i}{\sqrt{1+v_i y_{i+1}^2 x_{i+1}^2}} \tag{4.80}$$

とおきました．後は，Z_{i+1} を近似分布 q_i のパラメータ μ_i および v_i で偏微分し，式 (4.65) および式 (4.66) に代入すれば仮定密度フィルタリングの更新式が得られます．

4.2.6　期待値伝播法

　近似逐次学習手法である仮定密度フィルタリングでは，式 (4.57) によって一度学習したデータは捨ててしまい，再び学習に使うことはありません．これはメモリ効率は高い反面，逐次的に入ってくる学習データの順序に近似結果が強く依存してしまう問題があります．**期待値伝播法 (expectation propagation method)** は，仮定密度フィルタリングをバッチ学習もできるように一般化した手法です [82]．期待値伝播法では，最適化の過程で同じデータを何度も訪問することによって，仮定密度フィルタリングよりも精度の高い近似事後分布を得られます．

　ここでは，次のようなパラメータ $\boldsymbol{\theta}$ の事前分布 $p(\boldsymbol{\theta})$ および尤度関数 $p(\mathbf{x}_n|\boldsymbol{\theta})$ で構成される確率モデルを考えます．

$$p(\mathbf{X},\boldsymbol{\theta}) = p(\boldsymbol{\theta}) \prod_{n=1}^{N} p(\mathbf{x}_n|\boldsymbol{\theta}) = \prod_{n=0}^{N} f_n(\boldsymbol{\theta}). \tag{4.81}$$

---

*9　最初のモーメントマッチングによる更新を $q_0(w) = p(w)$ と考え，以降は式 (4.78) による更新を繰り返すと考えてもよいでしょう．

f_n は因子 (**factor**) と呼ばれ，ここでは次のように対応付けられているとします.

$$f_n(\boldsymbol{\theta}) = \begin{cases} p(\boldsymbol{\theta}), & \text{if } n = 0 \\ p(\mathbf{x}_n|\boldsymbol{\theta}), & \text{if } n > 0 \end{cases}. \tag{4.82}$$

因子を使えば，このモデルの事後分布は

$$p(\boldsymbol{\theta}|\mathbf{X}) = \frac{p(\boldsymbol{\theta}) \prod_{n=1}^{N} p(\mathbf{x}_n|\boldsymbol{\theta})}{p(\mathbf{X})} = \frac{\prod_{n=0}^{N} f_n(\boldsymbol{\theta})}{p(\mathbf{X})} \tag{4.83}$$

と書けます．この事後分布に対する近似分布を，次のような近似因子 $\tilde{f}_n$ の積で表現することにします.

$$q(\boldsymbol{\theta}) = \frac{1}{Z} \prod_{n=0}^{N} \tilde{f}_n(\boldsymbol{\theta}). \tag{4.84}$$

ここで Z は正規化を保証する定数です．例えば，近似因子として $\tilde{f}_n(\boldsymbol{\theta}) = \mathcal{N}(\boldsymbol{\theta}|\boldsymbol{\mu}_n, \boldsymbol{\Sigma}_n)$ のようにガウス分布の確率密度関数を選んだとします．式 (4.84) から，$N+1$ 個の近似因子の積を正規化することによって得られる $q(\boldsymbol{\theta})$ もガウス分布になります.

$$q(\boldsymbol{\theta}) = \mathcal{N}\left(\boldsymbol{\theta} \,\middle|\, \left(\sum_{n=0}^{N} \boldsymbol{\Sigma}_n^{-1}\right)^{-1} \sum_{n=0}^{N} \boldsymbol{\Sigma}_n^{-1}\boldsymbol{\mu}_n, \left(\sum_{n=0}^{N} \boldsymbol{\Sigma}_n^{-1}\right)^{-1}\right). \tag{4.85}$$

　仮定密度フィルタリングのように，ある i 番目の因子 f_i を与えることによって，式 (4.85) の近似分布を逐次的に更新する手段を考えます．はじめに，近似分布 $q(\boldsymbol{\theta})$ のパラメータを適当に初期化します．更新途中における現在の近似分布を $q_{\text{old}}(\boldsymbol{\theta})$ とします．この近似分布から，まず i 番目の現在の近似因子を取り除きます.

$$q_{\backslash i}(\boldsymbol{\theta}) = \prod_{j \neq i} \tilde{f}_j(\boldsymbol{\theta}) = \frac{q_{\text{old}}(\boldsymbol{\theta})}{\tilde{f}_i(\boldsymbol{\theta})}. \tag{4.86}$$

i 番目の近似因子を取り除いた $q_{\backslash i}(\boldsymbol{\theta})$ に対して，モデルの因子 $f_i(\boldsymbol{\theta})$ を追加し，正規化したものを

$$r(\boldsymbol{\theta}) = \frac{1}{Z_i} f_i(\boldsymbol{\theta}) q_{\setminus i}(\boldsymbol{\theta}) \tag{4.87}$$

とおきます. Z_i は正規化定数です. 次に, 分布 $r(\boldsymbol{\theta})$ のモーメントを計算し, これを新しい近似分布 $q_{\mathrm{new}}(\boldsymbol{\theta})$ のモーメントにします. これは式 (4.58) において仮定密度フィルタリングで行った手続きとまったく同じで, $q_{\mathrm{new}}(\boldsymbol{\theta})$ をガウス分布とした場合, 式 (4.65) および式 (4.66) の結果を利用すれば計算できます. 最後に, 新しく更新した近似分布 $q_{\mathrm{new}}(\boldsymbol{\theta})$ を使って次のように近似因子 $\tilde{f}_i(\boldsymbol{\theta})$ を更新します.

$$\tilde{f}_i(\boldsymbol{\theta}) \leftarrow Z_i \frac{q_{\mathrm{new}}(\boldsymbol{\theta})}{q_{\setminus i}(\boldsymbol{\theta})}. \tag{4.88}$$

以上のような $\tilde{f}_i(\boldsymbol{\theta})$ の更新をすべての $i = 0, 1, \ldots, N$ に関して何度も繰り返し適用し, 式 (4.84) で表される近似分布を改善していきます.

　直観的には, 期待値伝播法は近似逐次学習手法である仮定密度フィルタリングを, バッチ学習版に拡張させたものであるとみなせます. 仮定密度フィルタリングでは, 一度取り込んだデータ点 (因子) は近似事後分布の更新後には捨ててしまいます. 学習に使用した因子を捨てずに再び近似事後分布の更新に利用するのが期待値伝播法のアイデアですが, ここで単純に仮定密度フィルタリングと同じ手続きで因子を際限なく追加してしまうと, 同じデータ点を重複して学習してしまうことになってしまいます. すなわち, 学習データの量が水増しされてしまうため, 事後分布を正しく近似できなくなってしまいます. 期待値伝播法では, 各近似因子 $\tilde{f}_i$ をモデルの因子 f_i に置き換え, 近似分布のモーメントを再度一致させた後に $\tilde{f}_i$ を再計算するというステップを繰り返します. このように, 更新したい因子 $\tilde{f}_i$ を近似分布から抜き出す処理を挟むことによって, 各データ点を重複して学習することなくバッチ学習を実施できます.

　期待値伝播法は変分推論法と比べて特定の目的関数を減少されるということは行わないため, 収束に対する理論的な保証がないのが欠点ですが, 後ほど紹介するように, ニューラルネットワークやガウス過程の学習に利用すると実験的に良い性能を示すことが報告されています [47, 100].

Chapter 5

ニューラルネットワークのベイズ推論

4章では，ベイズ推論を利用した機械学習に必須となるサンプリングや最適化などの近似推論手法を紹介しました．ここでは，それらのアルゴリズムをニューラルネットワークモデルの学習と予測に適用していきます．さらに，大規模データ向けに近似推論計算を効率化するためのミニバッチを使った学習方法を解説するほか，ニューラルネットワークモデルをベイズ的に取り扱うことによるさまざまな応用事例を紹介していきます．

5.1　ベイズニューラルネットワークモデルの近似推論法

　4章で解説した近似推論手法は，順伝播型ニューラルネットワークをはじめとした深層学習のモデルに直接適用できます．本節では，バッチ学習によるニューラルネットワークの基本的な学習手法を主に解説します．

5.1.1　ベイズニューラルネットワークモデル

　順伝播型ニューラルネットワークをベイズ化する方法は，線形回帰モデルをベイズ化した流れとまったく同じです．すわなち，ネットワークの挙動を支配するパラメータに事前分布を設定することによって確率的な学習や予測が行えるようになります．

　本節では最もシンプルな順伝播型ネットワークのベイズモデルを題材に，

事後分布のさまざまな近似推論アルゴリズムを導出します．ここでは簡単のため対象を回帰モデルに絞りますが，出力層にベルヌーイ分布やカテゴリ分布を設定した分類モデルにおいても議論の本筋は同じです．入力データ $\mathbf{X} = \{\mathbf{x}_1, \ldots, \mathbf{x}_N\}$ が与えられたもとでの，観測データ $\mathbf{Y} = \{\mathbf{y}_1, \ldots, \mathbf{y}_N\}$ およびパラメータの同時分布を

$$p(\mathbf{Y}, \mathbf{W}|\mathbf{X}) = p(\mathbf{W}) \prod_{n=1}^{N} p(\mathbf{y}_n|\mathbf{x}_n, \mathbf{W}) \tag{5.1}$$

とおきます．ここでは $\mathbf{x}_n \in \mathbb{R}^{H_0}$ から $\mathbf{y}_n \in \mathbb{R}^D$ を予測する回帰問題であるとし，観測モデルには次のようなガウス分布を使うことにします．

$$p(\mathbf{y}_n|\mathbf{x}_n, \mathbf{W}) = \mathcal{N}(\mathbf{y}_n|\mathbf{f}(\mathbf{x}_n; \mathbf{W}), \sigma_y^2 \mathbf{I}). \tag{5.2}$$

σ_y^2 は固定のノイズパラメータです．ここでは $\mathbf{f}(\mathbf{x}_n; \mathbf{W})$ は出力次元が D であるニューラルネットワークです．例えば $L = 2$ の場合は，各 d 次元目の出力は

$$f_d(\mathbf{x}_n; \mathbf{W}) = \sum_{h_1=1}^{H_1} w_{d,h_1}^{(2)} \phi \left(\sum_{h_0=1}^{H_0} w_{h_1,h_0}^{(1)} x_{n,h_0} \right) \tag{5.3}$$

となります．

　ベイズ推論の枠組みでは，学習データが与えられた後のパラメータの事後分布を計算します．したがって，ニューラルネットワークのパラメータには事前分布を明示的に設定する必要があります．ここでは簡単なため，各重みパラメータを $w \in \mathbf{W}$ とし，次のような独立なガウス分布を与えます．

$$p(w) = \mathcal{N}(w|0, \sigma_w^2). \tag{5.4}$$

　図 5.1 には活性化関数に双曲線正接関数，入力ベクトルを $(x, 1)^\top$ とし，隠れ層の数 H_1 および重みパラメータに仮定するノイズ σ_w^2 を変えた場合の関数のサンプル例を示しています．H_1 が大きくなるほど事前分布によって生成される関数が複雑化し，また σ_w^2 が大きくなるほど急峻な変化をもつ関数が生成されていることがわかります．

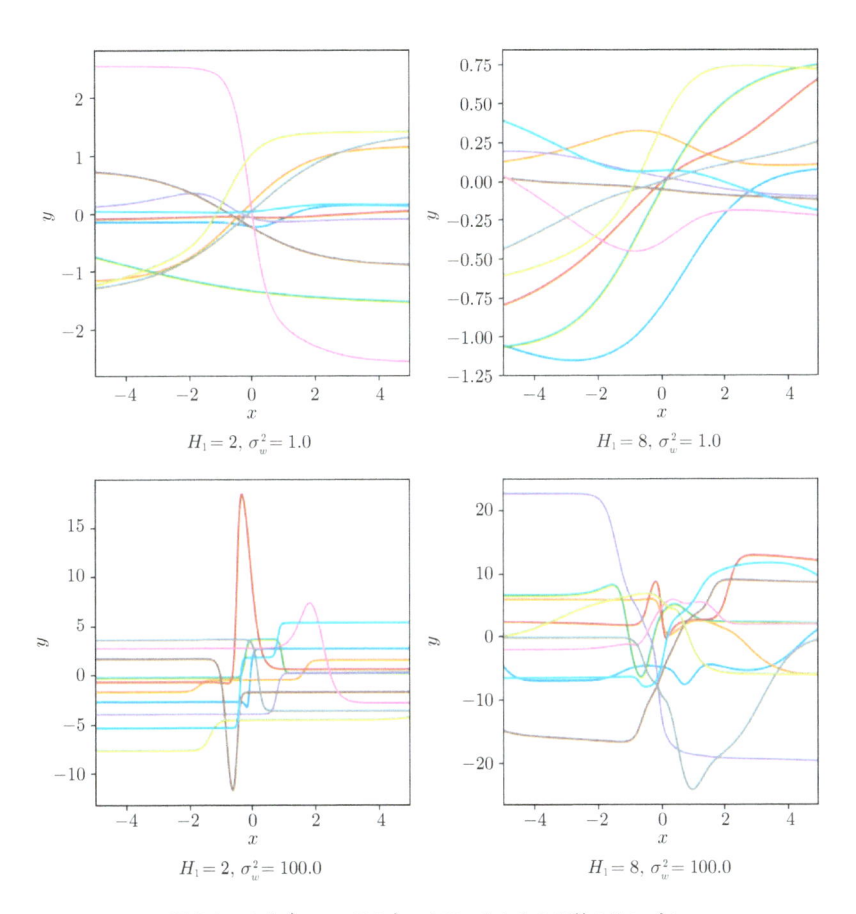

図 5.1 ベイズニューラルネットワークからの関数のサンプル

5.1.2 ラプラス近似による学習

はじめに，式 (5.1) のベイズニューラルネットワークモデルに対するラプラス近似による学習と予測を導出します [22,73]．ここでは簡単のため出力次元を $D = 1$ とします．

5.1.2.1 事後分布の近似

ラプラス近似では，まずはじめにモデルの事後分布の MAP 推定値を最

適化により求めた後，その周辺をガウス分布によって近似します．ベイズニューラルネットワークモデルにおいては，重みパラメータ $\mathbf{W}$ の事後分布の MAP 推定値を求めることが最初のステップになります．事後分布は

$$p(\mathbf{W}|\mathbf{Y}, \mathbf{X}) = \frac{p(\mathbf{W})p(\mathbf{Y}|\mathbf{X}, \mathbf{W})}{p(\mathbf{Y}|\mathbf{X})} \propto p(\mathbf{W})p(\mathbf{Y}|\mathbf{X}, \mathbf{W}) \qquad (5.5)$$

と書けます．式 (5.5) に現れる分母の $p(\mathbf{Y}|\mathbf{X})$ には重みパラメータ $\mathbf{W}$ が含まれていないので，$\mathbf{W}$ の最適化の過程では無視できます．

局所最適解 $\mathbf{W}_{\mathrm{MAP}}$ は，対数事後分布の勾配を利用して

$$\mathbf{W}_{\mathrm{new}} = \mathbf{W}_{\mathrm{old}} + \alpha \nabla_{\mathbf{W}} \ln p(\mathbf{W}|\mathbf{Y}, \mathbf{X})|_{\mathbf{W}=\mathbf{W}_{\mathrm{old}}} \qquad (5.6)$$

のように繰り返し更新すれば得られます．ここで $\alpha > 0$ は学習率です．対数事後分布は，

$$\ln p(\mathbf{W}|\mathbf{Y}, \mathbf{X}) = \ln p(\mathbf{Y}|\mathbf{X}, \mathbf{W}) + \ln p(\mathbf{W}) + \mathrm{c}$$
$$= \sum_{n=1}^{N} \ln p(y_n|\mathbf{x}_n, \mathbf{W}) + \sum_{w \in \mathbf{W}} \ln p(w) + \mathrm{c} \qquad (5.7)$$

と書けます．あるパラメータ $w \in \mathbf{W}$ の偏微分を計算すると

$$\frac{\partial}{\partial w} \ln p(\mathbf{W}|\mathbf{Y}, \mathbf{X}) = -\left\{ \frac{1}{\sigma_y^2} \frac{\partial}{\partial w} E(\mathbf{W}) + \frac{1}{\sigma_w^2} \frac{\partial}{\partial w} \Omega_{\mathrm{L2}}(\mathbf{W}) \right\} \qquad (5.8)$$

となります．式 (5.8) において，正則化項 $\Omega_{\mathrm{L2}}(\mathbf{W})$ は各パラメータ w に関するガウス事前分布 $p(w)$ に由来するものですが，こちらは容易に微分できます．また，式 (5.8) における $E(\mathbf{W})$ は，式 (2.46) のニューラルネットワークの誤差関数ですが，こちらに関しては通常の誤差逆伝播法を用いて微分を評価できます．

4.2.3 節で解説したように，ラプラス近似で計算される近似ガウス事後分布を次のようにおきます [*1]．

$$q(\mathbf{W}) = \mathcal{N}(\mathbf{W}|\mathbf{W}_{\mathrm{MAP}}, \{\mathbf{\Lambda}(\mathbf{W}_{\mathrm{MAP}})\}^{-1}). \qquad (5.9)$$

ここで，精度行列 $\mathbf{\Lambda}$ は次のように求められます．

[*1]　ここでも，4.2.3 節でのラプラス近似の解説と同様に，重みパラメータの集合 $\mathbf{W}$ は列ベクトルとして整列されているとします．

$$\begin{aligned}\boldsymbol{\Lambda} &= -\nabla_{\mathbf{W}}^2 \ln p(\mathbf{W}|\mathbf{Y}, \mathbf{X}) \\ &= \frac{1}{\sigma_w^2}\mathbf{I} + \frac{1}{\sigma_y^2}\mathbf{H}.\end{aligned} \tag{5.10}$$

ここで $\mathbf{H}$ は式 (2.42) で定義されるニューラルネットワークの誤差関数に対するヘッセ行列で，2.2.4 節で紹介したように厳密計算あるいは近似計算によって求められます．

5.1.2.2 予測分布の近似

パラメータの事後分布の近似を得た後は，テストの入力 $\mathbf{x}_*$ に対する出力 y_* の予測分布を

$$p(y_*|\mathbf{x}_*, \mathbf{Y}, \mathbf{X}) \approx \int p(y_*|\mathbf{x}_*, \mathbf{W})q(\mathbf{W})\mathrm{d}\mathbf{W} \tag{5.11}$$

として近似します．パラメータの事後分布を簡単なガウス分布 $q(\mathbf{W})$ によって近似したものの，$p(y_*|\mathbf{x}_*, \mathbf{W})$ の中にはニューラルネットワークが含まれているため，依然として一般的に予測分布の計算は解析的に行えません．ここでは予測分布を計算するために，ニューラルネットワークの関数の線形近似を行います．この近似では，パラメータの事後分布の密度が MAP 推定値の周辺に集中しており，かつその小さな範囲においてはニューラルネットワークの関数値 $f(\mathbf{x}_*; \mathbf{W})$ が $\mathbf{W}$ の線形関数でよく近似できるという仮定をおきます．テイラー展開で $\mathbf{W}$ の関数 $f(\mathbf{x}_*; \mathbf{W})$ を $\mathbf{W}_{\mathrm{MAP}}$ まわりで 1 次近似すれば

$$f(\mathbf{x}_*; \mathbf{W}) \approx f(\mathbf{x}_*; \mathbf{W}_{\mathrm{MAP}}) + \mathbf{g}^\top(\mathbf{W} - \mathbf{W}_{\mathrm{MAP}}) \tag{5.12}$$

となります．ただし $\mathbf{g}$ は次のように関数の勾配を $\mathbf{W}_{\mathrm{MAP}}$ で評価したものです．

$$\mathbf{g} = \nabla_{\mathbf{W}} f(\mathbf{x}_*; \mathbf{W})|_{\mathbf{W}=\mathbf{W}_{\mathrm{MAP}}}. \tag{5.13}$$

この近似を用いれば，予測分布の計算にニューラルネットワーク特有の非線形関数がなくなるので，3.3.2 節で解説したベイズ線形回帰と同様の計算によって予測分布を解析的に計算できるようになります．したがって，求めたい予測分布の近似は，

$$p(y_*|\mathbf{x}_*, \mathbf{Y}, \mathbf{X}) \approx \int p(y_*|\mathbf{x}_*, \mathbf{W})q(\mathbf{W})\mathrm{d}\mathbf{W}$$

$$\approx \int \mathcal{N}(y_*|f(\mathbf{x}_*; \mathbf{W}_{\mathrm{MAP}}) + \mathbf{g}^\top(\mathbf{W} - \mathbf{W}_{\mathrm{MAP}}), \sigma_y^2)$$

$$\mathcal{N}(\mathbf{W}|\mathbf{W}_{\mathrm{MAP}}, \{\mathbf{\Lambda}(\mathbf{W}_{\mathrm{MAP}})\}^{-1})\mathrm{d}\mathbf{W}$$

$$= \mathcal{N}(y_*|f(\mathbf{x}_*; \mathbf{W}_{\mathrm{MAP}}), \sigma^2(\mathbf{x}_*)) \tag{5.14}$$

と計算できます．ただし

$$\sigma^2(\mathbf{x}_*) = \sigma_y^2 + \mathbf{g}^\top\{\mathbf{\Lambda}(\mathbf{W}_{\mathrm{MAP}})\}^{-1}\mathbf{g} \tag{5.15}$$

です．

　図 5.2(a) はラプラス近似によって得られた予測分布の例です．赤の破線が予測平均 $f(\mathbf{x}; \mathbf{W}_{\mathrm{MAP}})$ を表し，水色の領域は式 (5.15) をもとに計算される標準偏差の 2 倍によって予測の不確実性を表しています．

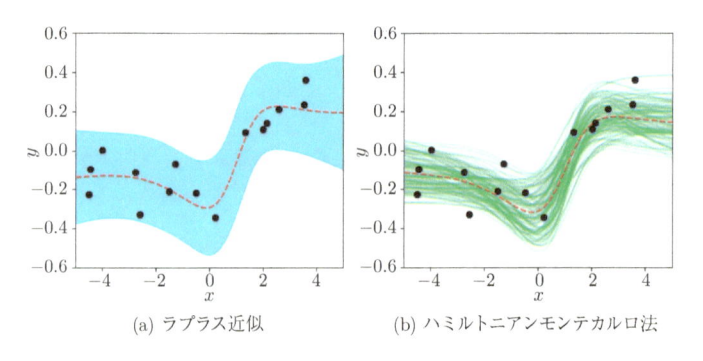

(a) ラプラス近似　　　　(b) ハミルトニアンモンテカルロ法

図 5.2　ベイズニューラルネットワークの近似予測

5.1.3　ハミルトニアンモンテカルロ法による学習

　次に，ハミルトニアンモンテカルロ法を利用したベイズニューラルネットワークの事後分布からのサンプリングを考えます．

　ハミルトニアンモンテカルロ法は，対数事後分布がサンプリングしたい変数に関して微分可能であれば適用できるため，比較的汎用性が高い手法に

なっています．離散変数をパラメータとしてもたないニューラルネットワークの場合では，ハミルトニアンモンテカルロ法に必要な微分情報の計算には誤差逆伝播法が利用できます．また，事後分布に強制的にガウス分布による当てはめを仮定するラプラス近似や変分推論法と比べて，ハミルトニアンモンテカルロ法を使ったサンプリングは，計算時間さえ十分に確保していれば，理論的には真の事後分布からのサンプルが得られるという利点があります．

5.1.3.1 重みパラメータの推論

ベイズニューラルネットワークへのハミルトニアンモンテカルロ法の適用は，ロジスティック回帰をはじめとした通常の一般化線形モデルへの適用と同じです．式 (5.5) の正規化されていない事後分布を利用すれば，対応するポテンシャルエネルギーは，

$$\mathcal{U}(\mathbf{W}) = -\{\ln p(\mathbf{Y}|\mathbf{X}, \mathbf{W}) + \ln p(\mathbf{W})\} \tag{5.16}$$

となります．リープフロッグ法を使うためにはポテンシャルエネルギーの微分が必要になりますが，これは式 (2.57) の正則化項を付け加えたコスト関数の微分と等価になります．したがって，ここでもアルゴリズム 2.1 の誤差逆伝播法による勾配計算が利用できます．

図 5.2(b) は，入力次元を $H_0 = 1$，出力次元を $D = 1$ とした実験結果です．ハミルトニアンモンテカルロ法によって事後分布 $p(\mathbf{W}|\mathbf{Y}, \mathbf{X})$ からのサンプルを複数取得し，さらにそれらを使って関数 $y = f(x; \mathbf{W})$ をプロットしました．図 5.2(a) のラプラス近似のような分布の近似に基づく近似推論とは異なり，サンプリングに基づく手法では事後分布の解析から得られる複数の関数のサンプリングによって予測の不確実性が表現されます．

ハミルトニアンモンテカルロ法などのマルコフ連鎖モンテカルロ法に基づく近似推論もいくつか問題点があります [9]．特にベイズニューラルネットワークモデルは，隠れユニット数や層数を増やすことによって複雑な多峰性をもつ事後分布が形成されることが知られています．理論的にはハミルトニアンモンテカルロ法は真の事後分布からのサンプルを得られるものの，実際には得られたサンプルサイズが十分であるか知る手段はありません．また，ステップサイズ ϵ およびステップ数 L などのアルゴリズムの挙動を制御する変数の調整が難しいことも知られており，同じモデルでも与えるデータに

よって適切な設定値が大きく変わってしまうことがあります．また，変分推論法やラプラス近似のような最適化に基づく手法よりも，学習が低速であるなどの課題もあります．

5.1.3.2　ハイパーパラメータの推論

重みパラメータ $\mathbf{W}$ の事前分布を支配する σ_w^2 や観測モデルのノイズパラメータ σ_y^2 はハイパーパラメータとして扱われ，通常は学習を実行する前に適切なものを固定値として与えておく必要があります．これらのハイパーパラメータはデータの大まかな "スケール感" を反映していると考えることができますが，もし直観的に値を指定するのが困難である場合や，学習データに対して当てはまりの良い学習結果を得たい場合には，ハイパーパラメータに対しても事前分布を設定することによって，サンプリングの枠組みの中で重みパラメータ $\mathbf{W}$ と同時に推論することもできます．

ハイパーパラメータも同時推論するために，これらに事前分布を与えることにしましょう．パラメータ $\mathbf{W}$ は分散 σ_w^2 をもつガウス分布に従って決定されます．表記を簡単にするため，精度パラメータ $\gamma_w = \sigma_w^{-2}$ を導入し，事前分布として，式 (3.22) で定義されるガンマ分布

$$p(\gamma_w) = \mathrm{Gam}(\gamma_w|a_w, b_w) \tag{5.17}$$

を考えます．ここで $a_w > 0$ および $b_w > 0$ は固定値として与えます．観測ノイズに対する精度パラメータ $\gamma_y = \sigma_y^{-2}$ の事前分布も同様にして

$$p(\gamma_y) = \mathrm{Gam}(\gamma_y|a_y, b_y) \tag{5.18}$$

と設定します．ただし $a_y > 0$ および $b_y > 0$ とします．

これらの精度パラメータの事前分布を導入した場合のモデルを改めて書き下すと

$$p(\mathbf{Y}, \mathbf{W}, \gamma_w, \gamma_y|\mathbf{X}) = p(\gamma_w)p(\gamma_y)p(\mathbf{W}|\gamma_w)\prod_{n=1}^{N} p(y_n|\mathbf{x}_n, \mathbf{W}, \gamma_y) \tag{5.19}$$

となります．したがって事後分布全体は

$$p(\mathbf{W}, \gamma_w, \gamma_y|\mathbf{Y}, \mathbf{X}) \tag{5.20}$$

となります.

ここでは 4.1.7 節のギブスサンプリングを用いて各確率変数のサンプルを得ることを考えます. 基本的なアイデアは, 各確率変数 $\mathbf{W}$, γ_w, γ_y を条件付き確率を用いて別々にサンプリングすることです. γ_w および γ_y がサンプルされた値で条件付けされたもとでの $\mathbf{W}$ の分布は

$$p(\mathbf{W}|\mathbf{Y}, \mathbf{X}, \gamma_w, \gamma_y) \tag{5.21}$$

となりますが, これはパラメータの事後分布そのものであるため, 通常通りハミルトニアンモンテカルロ法を実行することによって $\mathbf{W}$ のサンプルを得られます. $\mathbf{W}$ および γ_y が与えられたもとでの γ_w の分布は, γ_w にかかわらない部分を無視すれば

$$p(\gamma_w|\mathbf{Y}, \mathbf{X}, \mathbf{W}, \gamma_y) \propto p(\mathbf{W}|\gamma_w)p(\gamma_w) \tag{5.22}$$

と書けます. $p(\mathbf{W}|\gamma_w)$ がガウス分布であり, 精度 γ_w の事前分布 $p(\gamma_w)$ には共役事前分布であるガンマ分布を用いているので, この条件付き分布もガンマ分布として解析的に求められます. 式 (3.60) の結果を用いれば

$$\gamma_w \sim \mathrm{Gam}(\hat{a}_w, \hat{b}_w), \tag{5.23}$$

$$\hat{a}_w = a_w + \frac{K_w}{2}, \tag{5.24}$$

$$\hat{b}_w = b_w + \frac{1}{2}\sum_{w\in\mathbf{W}} w^2 \tag{5.25}$$

のようにして γ_w のサンプルが得られます. ただし, K_w は重みパラメータ $\mathbf{W}$ の総数です.

続いて, $\mathbf{W}$ および γ_w が与えられたもとでの γ_y の分布も

$$p(\gamma_y|\mathbf{Y}, \mathbf{X}, \mathbf{W}, \gamma_w) \propto p(\gamma_y)\prod_{n=1}^{N} p(y_n|\mathbf{x}_n, \mathbf{W}, \gamma_y) \tag{5.26}$$

と計算できます. 観測モデル $p(\mathbf{Y}|\mathbf{X}, \mathbf{W}, \gamma_y)$ がガウス分布であり, 精度 γ_y の事前分布 $p(\gamma_y)$ には共役なガンマ分布を用いたので, こちらも解析的に分布を計算でき,

$$\gamma_y \sim \mathrm{Gam}(\hat{a}_y, \hat{b}_y), \tag{5.27}$$

$$\hat{a}_w = a_y + \frac{N}{2}, \tag{5.28}$$

$$\hat{b}_w = b_y + \frac{1}{2} \sum_{n=1}^{N} \{y_n - f(\mathbf{x}_n; \mathbf{W})\}^2 \tag{5.29}$$

のようにして γ_y のサンプルが得られます．式 (5.29) を直観的に読み取れば，γ_y はニューラルネットワークの関数 $f(\mathbf{x}; \mathbf{W})$ で表現できない誤差を学習しているといえます．ガンマ分布の平均は $\hat{a}_w/\hat{b}_w$ であるため，式 (5.29) の $\hat{b}_w$ が大きいほど関数 $f(\mathbf{x}; \mathbf{W})$ による y の推定の精度が低く，観測に対する分散が大きくなるように学習されます．

なお，ここでは簡単のためすべての重みパラメータに関して共通なハイパーパラメータ γ_w が与えられていると仮定しましたが，ハイパーパラメータをいくつかのグループに分割して与えることもできます．例えば，L 層をもつネットワークに対して各層ごとに別々の $\gamma_w^{(1)}, \gamma_w^{(2)}, \dots, \gamma_w^{(L)}$ を考え，層別に精度を推定できるような拡張も簡単に行えます．

5.2 近似ベイズ推論の効率化

従来，ベイズニューラルネットワークはパラメータの周辺化に伴う計算量が膨大であるために，現実的な予測ツールとしてはあまり使われてきませんでした．また，深層学習技術の登場以降では，学習に必要なデータ数が膨大であるため，すべてのデータを一度に解析するバッチ学習を前提とした手法では計算効率がよくありません．ここでは，巨大なネットワークや膨大なデータ量に対しても近似的なベイズ推論が実行できるような発展的手法を紹介していきます．特にミニバッチを使った効率的な学習方法がサンプリングや変分推論法に応用されたことにより，ほとんど追加の計算量を必要とせずにさまざまな既存のニューラルネットワークモデルのベイズ推論による学習ができるようになってきています．

5.2.1 確率的勾配ランジュバン動力学法による学習

2.3.1 節で解説した確率的勾配降下法は，大規模なニューラルネットワークモデルの効率学習の実現に最も貢献した方法の 1 つです．しかし，正則化

項を追加した最適化や MAP 推定などの手法ではパラメータの不確実性を取り扱うことができず，結果として過剰適合を起こすことや，不確実性に基づく予測やモデルの評価が行えないなどの限界点があります．一方，ベイズ推論の分野においても，事後分布が微分可能である場合はハミルトニアンモンテカルロ法などの勾配を利用したサンプリング方法が事実上最もよく利用されている推論手法になっていますが，ハミルトニアンモンテカルロ法をはじめとした標準的なマルコフ連鎖モンテカルロ法は大規模なデータに対して計算効率がよくありません．

確率的勾配ランジュバン動力学法 (stochastic gradient Langevin dynamics method) は，計算効率の高い確率的勾配降下法と不確実性の推定が可能なランジュバン動力学法を組み合わせることによって互いの弱点を補い合うような手法です [132]．また，このようなミニバッチに基づく学習手法とマルコフ連鎖モンテカルロ法を組み合わせた手法は，**確率的マルコフ連鎖モンテカルロ法 (stochastic Markov chain Monte Carlo method)** と呼ばれています．

2.3.1 節で解説した確率的勾配降下法のアルゴリズムを用いて，ニューラルネットワークの正則化項付きのコスト関数を最適化することを考えます．3.4.2 節で解説した正則化の MAP 推定による解釈を踏まえ，パラメータの更新を $\mathbf{W}_{\mathrm{new}} = \mathbf{W}_{\mathrm{old}} + \Delta \mathbf{W}$ と書くと，更新幅は

$$\Delta \mathbf{W} = \frac{\alpha_t}{2} \left\{ \frac{N}{M} \sum_{n \in S} \nabla_{\mathbf{W}} \ln p(\mathbf{y}_n | \mathbf{x}_n, \mathbf{W}) + \nabla_{\mathbf{W}} \ln p(\mathbf{W}) \right\} \quad (5.30)$$

と書けます．また，ここでは学習率 α_t は式 (2.67) を満たすように設定されているとします．

一方で 4.1.6 節で紹介したバッチ学習アルゴリズムであるランジュバン動力学法のサンプル候補を得るために必要なステップは，ポテンシャルエネルギーを $\mathcal{U} = -\ln p(\mathbf{W}|\mathbf{Y}, \mathbf{X})$，ステップサイズを $\epsilon = \sqrt{\alpha_t}$ とすれば，

$$\Delta \mathbf{W} = \frac{\alpha_t}{2} \left\{ \sum_{n=1}^{N} \nabla_{\mathbf{W}} \ln p(\mathbf{y}_n | \mathbf{x}_n, \mathbf{W}) + \nabla_{\mathbf{W}} \ln p(\mathbf{W}) \right\} + \sqrt{\alpha_t} \mathbf{p} \quad (5.31)$$

となります．ただし，運動量ベクトルは $\mathbf{p} \sim \mathcal{N}(\mathbf{0}, \mathbf{I})$ です．ランジュバン動力学法では離散化による誤差を修正するために，メトロポリス・ヘイスティ

ングス法による候補点の受容の可否を決める必要がありますが，学習率 α_t を小さくすれば受容率を限りなく 1 までに近づけることができます．

さて，式 (5.30) の確率的勾配降下法と式 (5.31) のランジュバン動力学法の類似点に注目すれば，次のようなランジュバン動力学法のミニバッチ版を考えることができます．

$$\Delta\mathbf{W} = \frac{\alpha_t}{2}\left\{\frac{N}{M}\sum_{n\in S}\nabla_{\mathbf{W}}\ln p(\mathbf{y}_n|\mathbf{x}_n,\mathbf{W}) + \nabla_{\mathbf{W}}\ln p(\mathbf{W})\right\} + \sqrt{\alpha_t}\mathbf{p},$$

$$(5.32)$$

$$\mathbf{p} \sim \mathcal{N}(\mathbf{0},\mathbf{I}).\tag{5.33}$$

ここでも，学習率 α_t は式 (2.67) を満たすように減少させます．これによって，データセット全体に対する勾配の不偏推定を得られ，かつサンプルの繰り返し回数が $t \to \infty$ となるにしたがってメトロポリス・ヘイスティングス法で要求される受容率が漸近的に 1 になります．したがって，アルゴリズムの開始時は確率的勾配降下法の利点を生かして事後分布の空間を効率的に探索し，t が大きくなるにつれてランジュバン動力学法による真の事後分布からの近似的なサンプルを得られるようになります．

5.2.2　確率的変分推論法による学習

変分推論法はパラメータの事後分布の近似に利用できるため，ニューラルネットワークに対する適用事例も多くあります [3,50]．しかし，大量のデータを取り扱う深層学習モデルの場合では，従来のようなバッチ学習では効率的に計算できません．ここでは変分推論法と確率的勾配降下法によるミニバッチを使ったスケーラブルな学習方法を組み合わせます．このような方法は**確率的変分推論法 (stochastic variational inference method)** と呼ばれており，ベイズニューラルネットワークの学習を格段に効率化させることができます [8,40,52]．

$\boldsymbol{\xi}$ を変分パラメータの集合とし，ニューラルネットワークのパラメータ $\mathbf{W}$ の事後分布を分布 $q(\mathbf{W};\boldsymbol{\xi})$ で近似することを考えます．このとき，ELBO は

$$\mathcal{L}(\boldsymbol{\xi}) = \sum_{n=1}^{N} \int q(\mathbf{W};\boldsymbol{\xi}) \ln p(\mathbf{y}_n|\mathbf{f}(\mathbf{x}_n;\mathbf{W}))\mathrm{d}\mathbf{W} - D_{\mathrm{KL}}\left[q(\mathbf{W};\boldsymbol{\xi})||p(\mathbf{W})\right]$$

$$(5.34)$$

となります．ここでは簡単のため，近似分布は次のような独立なガウス分布を仮定します．

$$q(\mathbf{W};\boldsymbol{\xi}) = \prod_{i,j,l} \mathcal{N}\left(w_{i,j}^{(l)}|\mu_{i,j}^{(l)}, {\sigma_{i,j}^{(l)}}^2\right).$$

$$(5.35)$$

式 (5.34) の ELBO を勾配降下法を利用して変分パラメータ $\boldsymbol{\xi} = \{\mu_{i,j}^{(l)}, \sigma_{i,j}^{(l)}\}_{i,j,l}$ に関して最大化する場合，ステップごとの勾配評価のために一度学習データセットをすべて読み込んで計算を行う必要があります．多くの深層学習の応用では大量のデータを学習に用いるため，最適化を進めるうえで常にすべてのデータを評価しなければならないのはコスト面で効率的ではありません．

したがって，変分推論法の枠組みでも確率的勾配降下法のようなミニバッチを使った最適化を適用することが望まれます．データセット $\mathcal{D}$ からデータ数 M のミニバッチ $\mathcal{D}_{\mathcal{S}} = \{\mathbf{x}_n, \mathbf{y}_n\}_{n\in\mathcal{S}}$ を取り出し，部分的な ELBO を評価することを考えます．

$$\mathcal{L}_{\mathcal{S}}(\boldsymbol{\xi}) = \frac{N}{M} \sum_{n\in\mathcal{S}} \int q(\mathbf{W};\boldsymbol{\xi}) \ln p(\mathbf{y}_n|\mathbf{f}(\mathbf{x}_n;\mathbf{W}))\mathrm{d}\mathbf{W} - D_{\mathrm{KL}}\left[q(\mathbf{W};\boldsymbol{\xi})||p(\mathbf{W})\right].$$

$$(5.36)$$

このようなデータセットのサブサンプリングによって計算された $\mathcal{L}_{\mathcal{S}}$ は，全データを使った場合の $\mathcal{L}$ に対する不偏推定量になります．

$$\mathbb{E}_{\mathcal{S}}\left[\mathcal{L}_{\mathcal{S}}(\boldsymbol{\xi})\right] = \mathcal{L}(\boldsymbol{\xi}).$$

$$(5.37)$$

確率的変分推論法では，データ全体の下界 $\mathcal{L}(\boldsymbol{\xi})$ を直接最大化する代わりに，ミニバッチによる下界 $\mathcal{L}_{\mathcal{S}}(\boldsymbol{\xi})$ の最大化することによって，大規模データに対しても効率よくパラメータの事後分布を近似できます．

5.2.3 勾配のモンテカルロ近似

一般的に ELBO を最大化するには，パラメータを近似分布 $q(\mathbf{W})$ によっ

て完全に積分除去したうえで，ELBO を $\boldsymbol{\xi}$ に関して最大化するのが簡単です．しかし，ニューラルネットワークの場合，ELBO におけるパラメータ $\mathbf{W}$ はガウス分布で解析的に積分除去できません．

式 (5.36) に対して勾配降下法を適用するには，変分パラメータ $\boldsymbol{\xi}$ による勾配を計算する必要があります．式 (5.36) における KL ダイバージェンスの項 $D_{\mathrm{KL}}\left[q(\mathbf{W};\boldsymbol{\xi})\|p(\mathbf{W})\right]$ は，どちらの分布もガウス分布なので解析的に計算できます．一方で，対数尤度の項 $\int q(\mathbf{W};\boldsymbol{\xi})\ln p(\mathbf{y}_n|\mathbf{f}(\mathbf{x}_n;\mathbf{W}))\mathrm{d}\mathbf{W}$ は解析的に積分を実行できません．ここでは，厳密計算を行う代わりにモンテカルロ法を使って積分を近似し，勾配の推定を得ることを考えます．

簡易的に表記すれば，パラメータ $w \in \mathbb{R}$ に対してある関数 $f(w)$ と分布 $q(w;\boldsymbol{\xi})$ を考え，次の勾配を評価することが目標になります．

$$I(\boldsymbol{\xi}) = \nabla_{\boldsymbol{\xi}} \int f(w)q(w;\boldsymbol{\xi})\mathrm{d}w. \tag{5.38}$$

以下では $I(\boldsymbol{\xi})$ を計算する方法をいくつか紹介します [26]．

5.2.3.1　スコア関数推定

スコア関数推定 (**score function estimator**) と呼ばれるシンプルな勾配の評価方法は，関係式

$$\nabla_{\boldsymbol{\xi}} q(w;\boldsymbol{\xi}) = q(w;\boldsymbol{\xi})\nabla_{\boldsymbol{\xi}} \ln q(w;\boldsymbol{\xi}) \tag{5.39}$$

を使って式 (5.38) を評価します．したがって，

$$\nabla_{\boldsymbol{\xi}} \int f(w)q(w;\boldsymbol{\xi})\mathrm{d}w = \int f(w)\nabla_{\boldsymbol{\xi}} q(w;\boldsymbol{\xi})\mathrm{d}w$$
$$= \int f(w)q(w;\boldsymbol{\xi})\nabla_{\boldsymbol{\xi}} \ln q(w;\boldsymbol{\xi})\mathrm{d}w \tag{5.40}$$

を得ます．すなわち，

$$\mathbb{E}_{q(w;\boldsymbol{\xi})}\left[f(w)\nabla_{\boldsymbol{\xi}} \ln q(w;\boldsymbol{\xi})\right] = I(\boldsymbol{\xi}) \tag{5.41}$$

であることから，分布 $q(w;\boldsymbol{\xi})$ から w を複数サンプリングしてから微分を評価することによって $I(\boldsymbol{\xi})$ の不偏推定量が得られます．スコア関数推定は，サンプルを取得する分布の対数 $\ln q(w;\boldsymbol{\xi})$ の微分が計算可能であれば利用できるため，高い汎用性があります．しかし，実用上は非常に高い分散を生じて

しまうことが知られており，効率的な ELBO の最大化を行うためには**制御変量法 (control variates method)** といった分散を減少させるテクニックと組み合わせて使うことなどが提案されています[35]．

5.2.3.2 再パラメータ化勾配

次に**再パラメータ化勾配 (reparametrization gradient)** と呼ばれる手法を紹介します[60, 103]．基本的なアイデアは，w を変分パラメータ $\boldsymbol{\xi}$ に依存した分布 $q(w; \boldsymbol{\xi})$ から直接サンプリングする代わりに，変分パラメータのない分布 $p(\epsilon)$ から ϵ をまずサンプリングし，さらにそれを変換 $w = g(\boldsymbol{\xi}; \epsilon)$ を適用することにより w のサンプルを得ます．したがって，

$$\mathbb{E}_{q(\epsilon)}\left[f'(g(\boldsymbol{\xi}; \epsilon))\nabla_{\boldsymbol{\xi}} g(\boldsymbol{\xi}; \epsilon)\right] = I(\boldsymbol{\xi}) \tag{5.42}$$

として勾配の不偏推定量を得られます．具体的に変分パラメータを $\boldsymbol{\xi} = \{\hat{\mu}, \hat{\sigma}^2\}$ としたガウス分布 $q(w; \boldsymbol{\xi}) = \mathcal{N}(w|\hat{\mu}, \hat{\sigma}^2)$ の例を考えてみましょう．これは

$$\tilde{\epsilon} \sim \mathcal{N}(0, 1), \tag{5.43}$$

$$\tilde{w} = g(\boldsymbol{\xi}, \tilde{\epsilon}) = \hat{\mu} + \hat{\sigma}\tilde{\epsilon} \tag{5.44}$$

とすることによって，平均 $\hat{\mu}$，分散 $\hat{\sigma}^2$ のガウス分布に従う $\tilde{w}$ をサンプリングできます．これにより，変分パラメータ $\xi = \{\hat{\mu}, \hat{\sigma}\}$ に関する勾配の微分は

$$\frac{\partial}{\partial\hat{\mu}} \int f(w)q(w; \boldsymbol{\xi})\mathrm{d}w = \int f'(w)q(w; \boldsymbol{\xi})\mathrm{d}w, \tag{5.45}$$

$$\frac{\partial}{\partial\hat{\sigma}} \int f(w)q(w; \boldsymbol{\xi})\mathrm{d}w = \int f'(w)\frac{(w - \hat{\mu})}{\hat{\sigma}}q(w; \boldsymbol{\xi})\mathrm{d}w \tag{5.46}$$

となるので，

$$I(\hat{\mu}) = \mathbb{E}_{q(w; \boldsymbol{\xi})}\left[f'(w)\right], \tag{5.47}$$

$$I(\hat{\sigma}) = \mathbb{E}_{q(w; \boldsymbol{\xi})}\left[f'(w)\frac{(w - \hat{\mu})}{\hat{\sigma}}\right] \tag{5.48}$$

として各変分パラメータに対する勾配の不偏量推定が得られます．

5.2.3.3　再パラメータ化勾配の一般化

再パラメータ化勾配を使った勾配の推定は，スコア関数推定と比べて勾配の分散を小さく抑えられることが実験的に知られていますが，利用するには変分パラメータ ξ に依存しないような変数変換 g が必要になります．このような変換が適用できるケースは多くなく，例えばガンマ分布やベータ分布などではガウス分布のように再パラメータ化勾配による勾配推定を行えません．**一般化再パラメータ化勾配 (generalized reparametrization gradient)** と呼ばれる手法では，変換 g に関する制約を緩めることによって勾配推定をより多くの種類の分布に対して適用できるようにしています [107]．具体的には，変換 g によって得られる ϵ の分布に対して，$q(\epsilon; \xi)$ のように変分パラメータ ξ の依存性が残ることを許すことによって，再パラメータ化勾配が使える条件を緩和します．

他には，**陰関数微分 (implicit differentiation)** を用いることによって，さまざまな連続値の分布に対して再パラメータ化勾配を適用できるようにする方法も提案されています [25]．この方法では，変換 g を求めることが困難であり，逆変換 g^{-1} は容易に得られるようなケースで使用できます．逆変換 $\epsilon = g^{-1}(\xi, w)$ を変分パラメータ ξ に関して微分することによって，変換 g を介さずに期待値の勾配を得られます．変換 g が計算できないために，w のサンプルを得るために棄却サンプリングなどの手法を使う必要がありますが，陰関数微分を用いることによってガンマ分布やディリクレ分布，円周上の確率分布である**フォン・ミーゼス分布 (von Mises distribution)** といったさまざまな連続分布に対して再パラメータ化勾配を適用できることが示されています．

最後に，再パラメータ化勾配を離散の確率変数に対しても適用できるような手法も提案されています [56,74]．特に，**ガンベルソフトマックス分布 (Gumbel softmax distribution)** と呼ばれる連続分布では，分布の**温度パラメータ (temperature parameter)** を 0 に設定することによって離散分布であるカテゴリ分布と一致させることができます．カテゴリ分布をガンベルソフトマックス分布によって連続緩和することにより，誤差逆伝播法をはじめとした勾配ベースの最適化手法が適用できるようになり，6.1.2 節で紹介するような離散潜在変数をもった生成モデルの近似推論の効率化が行え

ることが実験的に報告されています.

5.2.4 勾配近似による変分推論法

ここでは，実際に先ほど紹介した再パラメータ化勾配を使ってベイズニューラルネットワークの ELBO を最大化します. 4.2.1 節でも触れたように，変分推論法において ELBO を最大化することは事後分布の近似精度を上げることに対応します.

ミニバッチ $\{\mathbf{x}_n, \mathbf{y}_n\}_{n \in \mathcal{S}}$ に関する ELBO を $\mathcal{L}_\mathcal{S}(\boldsymbol{\xi})$ とおき，パラメータの集合 $\mathbf{W}$ の積分を ϵ の積分に置き換えると，

$$\mathcal{L}_\mathcal{S}(\boldsymbol{\xi}) = \frac{N}{M} \sum_{n \in \mathcal{S}} \int q(\mathbf{W}; \boldsymbol{\xi}) \ln p(\mathbf{y}_n | \mathbf{f}(\mathbf{x}_n, \mathbf{W})) \mathrm{d}\mathbf{W} - D_{\mathrm{KL}}[q(\mathbf{W}; \boldsymbol{\xi}) || p(\mathbf{W})]$$

$$= \frac{N}{M} \sum_{n \in \mathcal{S}} \int p(\boldsymbol{\epsilon}) \ln p(\mathbf{y}_n | \mathbf{f}(\mathbf{x}_n; \mathbf{g}(\boldsymbol{\xi}; \boldsymbol{\epsilon}))) \mathrm{d}\boldsymbol{\epsilon} - D_{\mathrm{KL}}[q(\mathbf{W}; \boldsymbol{\xi}) || p(\mathbf{W})]$$

$$(5.49)$$

となります. これを 1 回のサンプル値 $\tilde{\boldsymbol{\epsilon}} \sim \mathcal{N}(\boldsymbol{\epsilon} | \mathbf{0}, \mathbf{I})$ によって近似すれば，

$$\mathcal{L}_\mathcal{S}(\boldsymbol{\xi}) \approx \mathcal{L}_{\mathcal{S}, \tilde{\boldsymbol{\epsilon}}}(\boldsymbol{\xi})$$

$$= \frac{N}{M} \sum_{n \in \mathcal{S}} \ln p(\mathbf{y}_n | \mathbf{f}(\mathbf{x}_n; \mathbf{g}(\boldsymbol{\xi}; \tilde{\boldsymbol{\epsilon}}))) - D_{\mathrm{KL}}[q(\mathbf{W}; \boldsymbol{\xi}) || p(\mathbf{W})] \quad (5.50)$$

となります *2. ランダムなミニバッチの抽出と，ノイズ $\boldsymbol{\epsilon}$ のサンプリングによって，式 (5.50) は ELBO の不偏推定になります.

$$\mathbb{E}_{\mathcal{S}, \boldsymbol{\epsilon}}[\mathcal{L}_{\mathcal{S}, \boldsymbol{\epsilon}}(\boldsymbol{\xi})] = \mathcal{L}(\boldsymbol{\xi}). \tag{5.51}$$

また，式 (5.50) の勾配は，

$$\nabla_{\boldsymbol{\xi}} \mathcal{L}_\mathcal{S}(\boldsymbol{\xi}) \approx \nabla_{\boldsymbol{\xi}} \mathcal{L}_{\mathcal{S}, \tilde{\boldsymbol{\epsilon}}}(\boldsymbol{\xi})$$

$$= \frac{N}{M} \sum_{n \in \mathcal{S}} \nabla_{\boldsymbol{\xi}} \ln p(\mathbf{y}_n | \mathbf{f}(\mathbf{x}_n; \mathbf{g}(\boldsymbol{\xi}; \tilde{\boldsymbol{\epsilon}}))) - \nabla_{\boldsymbol{\xi}} D_{\mathrm{KL}}[q(\mathbf{W}; \boldsymbol{\xi}) || p(\mathbf{W})]$$

$$(5.52)$$

---

*2 複数のサンプルを利用することもできますが，計算の効率上，サンプルサイズは 1 に設定することがほとんどです.

となりますが，式 (5.52) の尤度に関する微分は通常の誤差逆伝播法を使っ
て容易に計算できます．ガウス近似分布を使った再パラメータ化勾配による
ニューラルネットワークの変分パラメータの更新手順をまとめると，**アルゴ
リズム** 5.1 のようになります．

アルゴリズム 5.1 ベイズニューラルネットワークの確率的変分推論法

1. ミニバッチ $\mathcal{D}_\mathcal{S}$ をデータセット $\mathcal{D}$ からランダムに抽出する．
2. M 個のノイズ $\tilde{\epsilon}_i \sim \mathcal{N}(\mathbf{0}, \mathbf{I})$ を取得する．
3. 式 (5.52) を用いて，変分パラメータに関する勾配を計算する．
4. 変分パラメータを $\boldsymbol{\xi} \leftarrow \boldsymbol{\xi} + \alpha \nabla_{\boldsymbol{\xi}} \mathcal{L}_{\mathcal{S}, \tilde{\epsilon}}(\boldsymbol{\xi})$ として更新する．

5.2.5 期待値伝播法による学習

ここでは確率的逆伝播法 (probabilistic back propagation method)
と呼ばれる，期待値伝播法を用いたネットワークの学習法を紹介しま
す [47]*3．確率的逆伝播法は通常のニューラルネットワークの逆伝播法と似
たようなアイデアで構成されており，順伝播計算ではネットワークを通した
確率の伝播により周辺尤度の評価を行い，逆伝播ではパラメータを学習する
ために周辺尤度の勾配計算を行います．確率的逆伝播法はデータを逐次的に
処理できるので，大量データを用いた学習にもスケールさせることができま
す．また，観測データのばらつきを決める精度パラメータや，重みの事前分
布を支配する精度パラメータなどもこの枠組みで近似推論できます．

5.2.5.1 モデル

ここでは，1 次元のラベル $y_n \in \mathbb{R}$ の予測を考え，尤度関数を次のように
定義します．

---

*3   本節は積分計算にかかわる近似計算が数多く行われている複雑なアルゴリズムになるため，初読の場
合は飛ばしていただいて構いません．

$$p(\mathbf{Y}|\mathbf{X}, \mathbf{W}, \gamma_y) = \prod_{n=1}^{N} \mathcal{N}(y_n|f(\mathbf{x}_n; \mathbf{W}), \gamma_y^{-1}). \tag{5.53}$$

ニューラルネットワーク $f(\mathbf{x}_n; \mathbf{W})$ の活性化関数には正規化線形関数を用います. 観測の精度パラメータ γ_y は次のようなガンマ事前分布に従って生成されるとします.

$$p(\gamma_y) = \mathrm{Gam}(\gamma_y|\alpha_{\gamma_y 0}, \beta_{\gamma_y 0}). \tag{5.54}$$

パラメータ $\mathbf{W}$ は,独立なガウス分布

$$p(\mathbf{W}|\gamma_w) = \prod_{l=1}^{L} \prod_{i=1}^{H_l} \prod_{j=1}^{H_{l-1}} \mathcal{N}(w_{i,j}^{(l)}|0, \gamma_w^{-1}) \tag{5.55}$$

に従っているとし,さらに重みの精度パラメータ γ_w にもガンマ事前分布を仮定します.

$$p(\gamma_w) = \mathrm{Gam}(\gamma_w|\alpha_{\gamma_w 0}, \beta_{\gamma_w 0}). \tag{5.56}$$

以上から,このモデルの学習の目標は事後分布

$$p(\mathbf{W}, \gamma_y, \gamma_w|\mathcal{D}) \propto p(\mathbf{Y}|\mathbf{X}, \mathbf{W}, \gamma_y)p(\mathbf{W}|\gamma_w)p(\gamma_y)p(\gamma_w) \tag{5.57}$$

を近似推論することになります.

5.2.5.2 近似分布

確率的逆伝播法のアイデアは期待値伝播法の一種である仮定密度フィルタリングに基づいています. パラメータの近似分布を次のようにおきます.

$$
\begin{aligned}
&q(\mathbf{W}, \gamma_y, \gamma_w) \\
&= \mathrm{Gam}(\gamma_y|\alpha_{\gamma_y}, \beta_{\gamma_y})\mathrm{Gam}(\gamma_w|\alpha_{\gamma_w}, \beta_{\gamma_w}) \prod_{l=1}^{L} \prod_{i=1}^{H_l} \prod_{j=1}^{H_{l-1}} \mathcal{N}(w_{i,j}^{(l)}|m_{i,j}^{(l)}, v_{i,j}^{(l)}).
\end{aligned}
\tag{5.58}
$$

ここでは計算効率化のために,事前分布と同じ種類の分布を近似分布として選択しています. 式 (5.58) の近似分布は仮定密度フィルタリングにおけるモーメントマッチングを使って逐次的に更新されます.

5.2.5.3　初期化と事前分布因子の導入

学習の最初のステップでは，まず式 (5.58) の分布が無情報になるように初期化します．すなわち，$m_{i,j}^{(l)} = 0$, $v_{i,j}^{(l)} = \infty$, $\alpha_{\gamma_y} = 1$, $\beta_{\gamma_y} = 0$, $\alpha_{\gamma_w} = 1$, $\beta_{\gamma_w} = 0$ とします．

次に，式 (5.57) で表される事後分布の因子を 1 つ 1 つ追加していくことにより近似分布を更新します．まず，$p(\gamma_y)$ および $p(\gamma_w)$ を追加する因子として選びます．式 (5.58) では，γ_y および γ_w に近似分布を事前分布と同じものにしているので，因子の更新は単純に $\alpha_{\gamma_y}^{\text{new}} = \alpha_{\gamma_y 0}$, $\beta_{\gamma_y}^{\text{new}} = \beta_{\gamma_y 0}$, $\alpha_{\gamma_w}^{\text{new}} = \alpha_{\gamma_w 0}$, $\beta_{\gamma_w}^{\text{new}} = \alpha_{\gamma_w 0}$ となります．さらに，式 (5.55) の重みパラメータ $\mathbf{W}$ の事前分布に関する因子 $p(\mathbf{W}|\gamma_w)$ を逐次的に追加することを考えます．$q(\mathbf{W})$ の更新はちょうど 4.2.4 節のモーメントマッチングの例で見たガウス分布による逐次的な近似更新と同様です．したがって，インデックス i, j および l を省略すると，更新後の近似分布のパラメータは

$$m_{\text{new}} = m + v \frac{\partial \ln Z_0}{\partial m}, \tag{5.59}$$

$$v_{\text{new}} = v - v^2 \left\{ \left(\frac{\partial \ln Z_0}{\partial m} \right)^2 - 2 \frac{\partial \ln Z_0}{\partial v} \right\} \tag{5.60}$$

となります．ここで，

$$\begin{aligned} Z_0 &= Z(\alpha_{\gamma_w}, \beta_{\gamma_w}) \\ &= \int \mathcal{N}(w|0, \gamma_w^{-1}) \mathcal{N}(w|m, v) \text{Gam}(\gamma_w | \alpha_{\gamma_w}, \beta_{\gamma_w}) \text{d}w \text{d}\gamma_w \end{aligned} \tag{5.61}$$

です．$q(\gamma_w)$ のガンマ分布の更新も 4.2.4 節のモーメントマッチングの結果を用いれば，

$$\alpha_{\gamma_w}^{\text{new}} = \left\{ Z_0 Z_2 Z_1^{-2} \frac{\alpha_{\gamma_w} + 1}{\alpha_{\gamma_w}} - 1 \right\}^{-1}, \tag{5.62}$$

$$\beta_{\gamma_w}^{\text{new}} = \left\{ Z_2 Z_1^{-1} \frac{\alpha_{\gamma_w} + 1}{\beta_{\gamma_w}} - Z_1 Z_0^{-1} \frac{\alpha_{\gamma_w}}{\beta_{\gamma_w}} \right\}^{-1} \tag{5.63}$$

となります．ここで，$Z_1 = Z(\alpha_{\gamma_w} + 1, \beta_{\gamma_w})$ および $Z_2 = Z(\alpha_{\gamma_w} + 2, \beta_{\gamma_w})$ です．ただし，式 (5.61) における $Z(\alpha_{\gamma_w}, \beta_{\gamma_w})$ は厳密に求めることはできないので，近似を行います．ガウス分布の精度パラメータを成分除去した際

に生じるスチューデントの t 分布を，平均および分散の等しいガウス分布で
置き換えれば,

$$Z(\alpha_{\gamma_w}, \beta_{\gamma_w}) = \int \mathcal{N}(w|0, \gamma_w^{-1})q(\mathbf{W}, \gamma_y, \gamma_w)\mathrm{d}\mathbf{W}\mathrm{d}\gamma_y\mathrm{d}\gamma_w$$

$$= \int \mathcal{N}(w|0, \gamma_y^{-1})\mathcal{N}(w|m, v)\mathrm{Gam}(\gamma_w|\alpha_{\gamma_w}, \beta_{\gamma_w})\mathrm{d}w\mathrm{d}\gamma_w$$

$$= \int \mathrm{St}(w|0, \alpha_{\gamma_w}/\beta_{\gamma_w}, 2\alpha_{\gamma_w})\mathcal{N}(w|m, v)\mathrm{d}w$$

$$\approx \int \mathcal{N}(w|0, (\alpha_{\gamma_w} - 1)/\beta_{\gamma_w})\mathcal{N}(w|m, v)\mathrm{d}w$$

$$= \mathcal{N}(w|0, (\alpha_{\gamma_w} - 1)/\beta_{\gamma_w} + v) \tag{5.64}$$

となります.

5.2.5.4 尤度因子の導入

事前分布の各因子が追加された後は，式 (5.53) の尤度の因子を 1 つずつ
追加していきます．ここでは重みの近似分布 $q(\mathbf{W})$ および観測の精度パラ
メータの近似分布 $q(\gamma_y)$ を更新していくことになりますが，これらもガウス
分布およびガンマ分布を利用したモーメントマッチングの更新式が利用でき
ます．したがって，新しく入ってきた尤度の因子に対する正規化定数を計算
することが目標になります．i 個目の尤度を追加したときの正規化定数を,
次のように近似的に求めます.

$$Z(\alpha_{\gamma_y}, \beta_{\gamma_y}) = \int \mathcal{N}(y_i|f(\mathbf{x}_i; \mathbf{W}), \gamma_y^{-1})q(\mathbf{W}, \gamma_y, \gamma_w)\mathrm{d}\mathbf{W}\mathrm{d}\gamma_y\mathrm{d}\gamma_w$$

$$= \int \mathcal{N}(y_i|f(\mathbf{x}_i; \mathbf{W}), \gamma_y^{-1})q(\mathbf{W}, \gamma_y)\mathrm{d}\mathbf{W}\mathrm{d}\gamma_y$$

$$\approx \int \mathcal{N}(y_i|z^{(L)}, \gamma_y^{-1})\mathcal{N}(z^{(L)}|m_{z^{(L)}}, v_{z^{(L)}})$$

$$\qquad \mathrm{Gam}(\gamma_y|\alpha_{\gamma_y}, \beta_{\gamma_y})\mathrm{d}z^{(L)}\mathrm{d}\gamma_y$$

$$= \int \mathrm{St}(y_i|z^{(L)}, \alpha_{\gamma_y}/\beta_{\gamma_y}, 2\alpha_{\gamma_y})\mathcal{N}(z^{(L)}|m_{z^{(L)}}, v_{z^{(L)}})\mathrm{d}z^{(L)}$$

$$\approx \mathcal{N}(y_i|m_{z^{(L)}}, (\alpha_{\gamma_y} - 1)/\beta_{\gamma_y} + v_{z^{(L)}}). \tag{5.65}$$

3 行目の最初の近似は，隠れユニットの値を $z^{(L)}$ とし，さらに $\mathbf{W}$ の分布の

代わりに $z^{(L)}$ の分布に置き換えています．ただし，$z^{(L)}$ の分布は複雑なものになるので，ここではガウス分布 $\mathcal{N}(z^{(L)}|m_{z^{(L)}}, v_{z^{(L)}})$ で近似します．また，最終行の近似は再びスチューデントの t 分布をガウス分布を使って近似をしています．

近似に用いたガウス分布 $\mathcal{N}(z^{(L)}|m_{z^{(L)}}, v_{z^{(L)}})$ の平均 $m_{z^{(L)}}$ および分散 $v_{z^{(L)}}$ は，前向き伝播による再帰的な計算によって近似的に求められます．l 番目の隠れユニットの値 $\mathbf{z}^{(l)} \in \mathbb{R}^{H_l}$ が平均 $\mathbf{m}_{\mathbf{z}^{(l)}}$ 分散 $\mathbf{v}_{\mathbf{z}^{(l)}}$ をもつ対角ガウス分布に従っていると仮定します．さらに，重み l 層目の重み行列 $\mathbf{W}^{(l)} \in \mathbb{R}^{H_l \times H_{l-1}}$ をかけた後のベクトルを $\mathbf{a}^{(l)} = \mathbf{W}^{(l)}\mathbf{z}^{(l-1)}/\sqrt{H_{l-1}}$ とおきます．$\mathbf{z}^{(l)}$ および $\mathbf{W}^{(l)}$ を周辺化すれば，活性 $\mathbf{a}^{(l)}$ の平均と分散は，

$$\mathbf{m}_{a^{(l)}} = \mathbf{M}^{(l)}\mathbf{m}_{z^{(l-1)}}/\sqrt{H_{l-1}}, \tag{5.66}$$

$$\mathbf{v}_{a^{(l)}} = \{(\mathbf{M}^{(l)} \odot \mathbf{M}^{(l)})\mathbf{v}_{z^{(l-1)}} + \mathbf{V}^{(l)}(\mathbf{m}_{z^{(l-1)}} \odot \mathbf{m}_{z^{(l-1)}})$$
$$+ \mathbf{V}^{(l)}\mathbf{v}_{z^{(l-1)}}\}/H_{l-1} \tag{5.67}$$

となります．ここで $\mathbf{M}^{(l)}$ および $\mathbf{V}^{(l)}$ はサイズが $H_l \times H_{l-1}$ の行列であり，それぞれの成分は $m_{i,j}^{(l)}$ および $v_{i,j}^{(l)}$ です．また，$\odot$ は行列の要素ごとの積の演算を表しています．

5.2.5.5　活性の分布

続いて活性 $\mathbf{a}^{(l)}$ の分布を計算します．**中心極限定理 (central limit theorem)** から，各層における隠れユニット数 H_{l-1} が大きい場合，$\mathbf{a}^{(l)}$ は近似的にガウス分布に従います．ここでは $\mathbf{a}^{(l)}$ の分布を，式 (5.66) の平均および式 (5.67) の分散をもつガウス分布として近似します．一般にガウス分布に従うとした変数が正規化線形関数を通った後は，**図 5.3** の右のような 2 つの分布の混合分布になります．混合要素の 1 つ目は，正規化線形関数の負の入力を通ってきたサンプルの分布で，平均 $\mu_\mathrm{p} = 0$，分散 $\sigma_\mathrm{p} = 0$ であるような質点になります．混合要素の 2 つ目は，正規化線形関数の非負の入力部分を通ってきたサンプルの分布で，こちらは 0 以下が削られた**切断ガウス分布 (truncated Gaussian distribution)** となります．一般に K 個の要素をもつ混合分布の平均は，混合係数を $\pi_k > 0$，$\sum_{k=1}^{K} \pi_k = 1$ とすると，

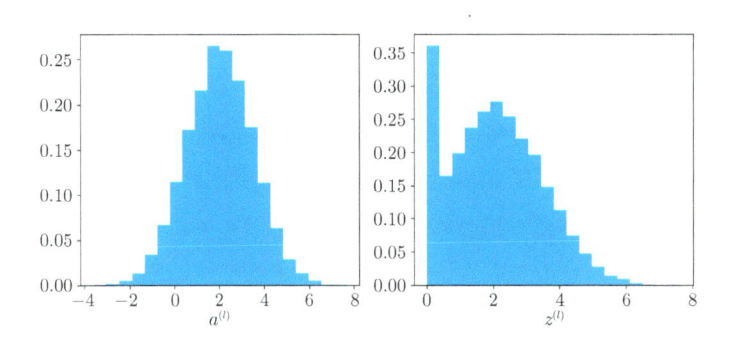

図 5.3 活性 $a^{(l)}$ と隠れユニット $z^{(l)}$ のヒストグラム（正規化済み）

$$\mathbb{E}\left[x_{\mathrm{mix}}\right] = \sum_{k=1}^{K} \pi_k \mu_k \tag{5.68}$$

であり，分散は

$$\mathbb{V}[x_{\mathrm{mix}}] = \sum_{k=1}^{K} \pi_k(\mu_k + v_k) - \mathbb{E}\left[x_{\mathrm{mix}}\right]^2 \tag{5.69}$$

となります．質点の混合係数 π_{p} は，$\bar{\mu} = -\mu/\sigma$ とおくと

$$\pi_{\mathrm{p}} = \int_{-\infty}^{0} \mathcal{N}(x|\mu, \sigma^2)\mathrm{d}x$$
$$= \Phi(-\mu/\sigma) = \Phi(\bar{\mu}) \tag{5.70}$$

であり，切断ガウス分布の係数は

$$\pi_{\mathrm{t}} = 1 - \pi_{\mathrm{p}} = \Phi(-\bar{\mu}) \tag{5.71}$$

と求められます．文献 [61] より，切断ガウス分布の平均 μ_{t} および分散 σ_{t} は

$$\mu_{\mathrm{t}} = \mu + \sigma \frac{\mathcal{N}(\bar{\mu}|0, 1)}{\Phi(-\bar{\mu})}, \tag{5.72}$$

$$\sigma_{\mathrm{t}}^2 = \sigma^2 \left\{ 1 + \bar{\mu}\frac{\mathcal{N}(\bar{\mu}|0, 1)}{\Phi(-\bar{\mu})} - \left(\frac{\mathcal{N}(\bar{\mu}|0, 1)}{\Phi(-\bar{\mu})}\right) - 2 \right\} \tag{5.73}$$

となります．最後にこれらを式 (5.68) および式 (5.69) に代入すれば正規化
線形関数を通した後の変数 z の平均および分散が得られます．

5.2.5.6　勾配に基づく学習

最後に，最下層の出力 $\mathbf{z}^{(0)}$ は平均 $\mathbf{x}_i$，分散 $\mathbf{0}$ として扱います．式 (5.66)，式 (5.67)，式 (5.68) および式 (5.69) までの近似結果を再帰的に用いて，最終的な $z^{(L)}$ の分布をガウス分布で近似します．式 (5.65) により正規化定数 Z の近似表現が得られた後は，通常の誤差伝播法と同様，パラメータによる微分を計算することによって勾配を計算できます．

5.2.5.7　関連手法

なお，確率的逆伝播法と似た手法として，ELBO の最大化に基づく**決定的変分推論法 (deterministic variational inference method)** がありま
す [135]．変分推論法では式 (5.36) の ELBO の評価のために対数尤度の期待値を計算する必要があり，一般的にはモンテカルロ法に基づく近似が行われます．決定的変分推論法では，期待値の近似計算を決定的に行うことによってモンテカルロ法よりも安定性を高めています．具体的には，本節の確率的逆伝播法のように，活性のモーメントをネットワークに沿って近似的に伝播していきます．近似計算された ELBO を使って，変分パラメータの学習やハイパーパラメータの最適化も行えます．

5.3　ベイズ推論と確率的正則化

ニューラルネットワークの学習にはさまざまな正則化手法が使われています．これらは主にネットワークが与えられた学習データに過剰適合してしまうのを防ぐ働きをもっています．3.4.2 節ではコスト関数にネットワークの重みに対する L2 正則化項を加えたものが，重みパラメータにガウス事前分布を導入し MAP 推定を行うことと等価であることを示しました．ここではさらに，ニューラルネットワークの大規模学習に劇的な性能向上をもたらしたドロップアウトやバッチ正規化といった**確率的正則化 (stochastic regularization)** の手法が変分ベイズ学習の一例として解釈できることを示します．したがって，これらの確率的正則化を適用している既存のニューラルネットワークモデルは，すでに仕組みとして近似ベイズ推論を暗に実行していることになり，実装に大きな変更を加えることなくベイズ的な不確実性を

もった予測を出力できるようになります.

5.3.1　モンテカルロドロップアウト

ドロップアウト (**dropout**) はニューラルネットワークの過剰適合を防ぐ
テクニックとして使われています. ここでは例として簡易な 2 層のネット
ワークを用いますが, 同様の議論は一般的な L 層のネットワークでも成り立
ちます.

5.3.1.1　ドロップアウトと変分推論法の関係

まず, 深層学習のモデルで頻繁に使用される標準的なドロップアウトの定
式化を行います. 入力 $\mathbf{x}_n \in \mathbb{R}^{H_0}$ および中間層 $\mathbf{z}_n \in \mathbb{R}^{H_1}$ に対する 2 値の
マスクのベクトルをそれぞれ $\tilde{\mathbf{m}}^{(1)} \in \{0,1\}^{H_0}$ および $\tilde{\mathbf{m}}^{(2)} \in \{0,1\}^{H_1}$ とし
ます. 各マスクの要素 $\tilde{m}_i^{(l)}$ は, ネットワークの順伝播時に次のようなベル
ヌーイ分布に従って決定されます.

$$\tilde{m}_i^{(l)} \sim \mathrm{Bern}(1 - r_l). \tag{5.74}$$

ここで $r_l \in (0,1)$ は l 層目のマスクの値が 0 になる確率を決める設定値で
す. 最下層では, まず入力 $\mathbf{x}_n$ を

$$\tilde{\mathbf{x}}_n = \tilde{\mathbf{m}}^{(1)} \odot \mathbf{x}_n \tag{5.75}$$

とすることによって入力の一部が 0 にされます. ここで, $\odot$ はベクトルの要
素ごとの積の演算です. 続いて, ドロップアウトされた入力 $\tilde{\mathbf{x}}_n$ を用いれば,
次の中間層は

$$\mathbf{z}_n = \phi.(\mathbf{W}^{(1)}\tilde{\mathbf{x}}_n) \tag{5.76}$$

となります. ここでは $\phi.$ は要素ごとに計算される任意の活性化関数です.
さらに, $\mathbf{z}_n$ に対してもドロップアウトを適用すれば

$$\tilde{\mathbf{z}}_n = \tilde{\mathbf{m}}^{(2)} \odot \mathbf{z}_n \tag{5.77}$$

となります. 最後はドロップアウトされた $\tilde{\mathbf{z}}_n$ を使ってネットワークの出力

$$\tilde{\mathbf{a}}_n = \mathbf{W}^{(2)}\tilde{\mathbf{z}}_n \tag{5.78}$$

が決定されます.

式 (5.74) から式 (5.78) をまとめれば,出力 $\tilde{\mathbf{a}}_n$ は

$$\tilde{\mathbf{a}}_n = \mathbf{W}^{(2)}\mathrm{diagm}(\tilde{\mathbf{m}}^{(2)})\boldsymbol{\phi}.(\mathbf{W}^{(1)}\mathrm{diagm}(\tilde{\mathbf{m}}^{(1)})\mathbf{x}_n)$$
$$= \tilde{\mathbf{W}}_{\mathrm{m}}^{(2)}\boldsymbol{\phi}.(\tilde{\mathbf{W}}_{\mathrm{m}}^{(1)}\mathbf{x}_n) \tag{5.79}$$

となります.ただし,$\mathrm{diagm}(\mathbf{x})$ はベクトル $\mathbf{x}$ の各要素を対角成分にもつ行列を返す演算であり,さらに

$$\tilde{\mathbf{W}}_{\mathrm{m}}^{(1)} = \mathbf{W}^{(1)}\mathrm{diagm}(\tilde{\mathbf{m}}^{(1)}), \tag{5.80}$$
$$\tilde{\mathbf{W}}_{\mathrm{m}}^{(2)} = \mathbf{W}^{(2)}\mathrm{diagm}(\tilde{\mathbf{m}}^{(2)}) \tag{5.81}$$

のように文字を置き直しています.したがって,ドロップアウトを使った場合のデータ数 M のミニバッチのコスト関数は,正則化項も考慮すれば

$$J_{\mathrm{DO}}^{(\mathcal{S})}(\mathbf{W}) = \frac{1}{M}\sum_{n\in\mathcal{S}}E_n(\tilde{\mathbf{W}}_{\mathrm{m}}) + \sum_{l=1}^{2}\lambda_l||\mathbf{W}^{(l)}||^2 \tag{5.82}$$

となります.誤差関数の代わりに精度 γ_y をもつ尤度関数

$$p(\mathbf{y}_n|\mathbf{x}_n, \mathbf{W}) = \mathcal{N}(\mathbf{y}_n|\mathbf{f}(\mathbf{x}_n; \mathbf{W}), \gamma_y^{-1}\mathbf{I}) \tag{5.83}$$

を導入し,さらに変数変換 $\mathbf{g}$ を

$$\mathbf{W}_{\mathrm{m}}^{(l)} = \mathbf{g}(\mathbf{W}^{(l)}, \mathbf{m}^{(l)}) = \mathbf{W}^{(l)}\mathrm{diagm}(\mathbf{m}^{(l)}) \tag{5.84}$$

として導入すると,式 (5.82) のコスト関数は

$$J_{\mathrm{DO}}^{(\mathcal{S})}(\mathbf{W})$$
$$= -\left\{\frac{1}{\gamma_y M}\sum_{n\in S}\ln p(\mathbf{y}_n|\mathbf{f}(\mathbf{x}_n; \mathbf{g}(\mathbf{W}, \tilde{\mathbf{m}}))) - \sum_{l=1}^{2}\lambda_l||\mathbf{W}^{(l)}||^2\right\} + \mathrm{c} \tag{5.85}$$

と書けます.さらに,パラメータ $\mathbf{W}$ に関する勾配は,

$$\nabla_{\mathbf{W}}J_{\mathrm{DO}}^{(\mathcal{S})}(\mathbf{W})$$
$$= -\left\{\frac{1}{\gamma_y M}\sum_{n\in S}\nabla_{\mathbf{W}}\ln p(\mathbf{y}_n|\mathbf{f}(\mathbf{x}_n; g(\mathbf{W}, \tilde{\mathbf{m}}))) - \sum_{l=1}^{2}\nabla_{\mathbf{W}}\lambda_l||\mathbf{W}^{(l)}||^2\right\}$$
$$\tag{5.86}$$

となります.

さて, ここまでは通常のドロップアウトの実装方法通り, 入力 $\mathbf{x}_n$ および中間層 $\mathbf{z}_n$ の各要素に対してランダムに 0 を与えるような操作を考え, 正則化項付きのコスト関数を書き直しただけです. ここで, 式 (5.52) の再パラメータ化勾配を用いた変分推論法における勾配を改めて書くと,

$$\nabla_{\boldsymbol{\xi}} \mathcal{L}_{\mathcal{S},\tilde{\boldsymbol{\epsilon}}}(\boldsymbol{\xi})$$
$$= \frac{N}{M} \sum_{n \in \mathcal{S}} \nabla_{\boldsymbol{\xi}} \ln p(\mathbf{y}_n | \mathbf{f}(\mathbf{x}_n; \mathbf{g}(\boldsymbol{\xi}; \tilde{\boldsymbol{\epsilon}}))) - \nabla_{\boldsymbol{\xi}} D_{\mathrm{KL}} \left[q(\mathbf{W}; \boldsymbol{\xi}) || p(\mathbf{W}) \right] \quad (5.87)$$

であることから, 最終的に導出された式 (5.86) のコスト関数の勾配は, 変分エネルギー $\mathcal{F}(\boldsymbol{\xi}) = -\mathcal{L}_{\mathcal{S},\tilde{\boldsymbol{\epsilon}}}(\boldsymbol{\xi})$ の勾配と非常に似ていることがわかります.

式 (5.86) を $\gamma_y N$ 倍でスケーリングすれば, 式 (5.86) が式 (5.87) のように表現できる条件は,

$$\nabla_{\mathbf{W}} D_{\mathrm{KL}} \left[q(\mathbf{W}_{\mathrm{m}}; \mathbf{W}) || p(\mathbf{W}_{\mathrm{m}}) \right] = \gamma_y N \sum_{l=1}^{L} \nabla_{\mathbf{W}} \lambda_l ||\mathbf{W}^{(l)}||^2 \quad (5.88)$$

となります. 一般的に, 式 (5.88) は特定の近似事後分布 $q(\mathbf{W}_{\mathrm{m}}; \mathbf{W})$ および事前分布 $p(\mathbf{W}_{\mathrm{m}})$ の選択によって成立させることができます [*4]. 式 (5.88) が成り立つ条件下において,

$$\nabla_{\mathbf{W}} J_{\mathrm{DO}}^{(\mathcal{S})}(\mathbf{W}) = \frac{1}{\gamma_y N} \nabla_{\mathbf{W}} \mathcal{F}(\mathbf{W}) \quad (5.89)$$

が成り立つことになります.

まとめると, ドロップアウトは,

- 変分推論法においてパラメータの近似事後分布を $q(\mathbf{W}_{\mathrm{m}}; \mathbf{W})$ とし,
- 式 (5.74) によるノイズのサンプリングと, 式 (5.84) による変数変換を使った再パラメータ化勾配を行い,
- 式 (5.85) におけるミニバッチの変分エネルギーの最小化 (あるいは ELBO の最大化) を行っている

ことと実質的に等価になっています. もともとドロップアウトと正則化の枠組みで, コスト関数の最小化によって点推定されていた重みパラメータ $\mathbf{W}$ が, 変分ベイズの枠組みでは変分パラメータとして解釈でき, 確率変数とし

---

*4　式 (5.88) が近似的あるいは厳密に一致する条件に関しては文献 [26] を参考にしてください.

ては暗に $\mathbf{W}_\mathrm{m}$ が存在していることになります.

5.3.1.2　ドロップアウトを使った予測分布の近似

ドロップアウトが変分ベイズの一例であるという事実を利用することによって, ドロップアウトを使っている深層ニューラルネットワークの実装はすべてベイズ的な予測も行えるようになります. 事後分布の近似 $q(\mathbf{W}_\mathrm{m}; \mathbf{W})$ を利用し, 近似予測分布を

$$q(\mathbf{y}_*|\mathbf{x}_*) = \int p(\mathbf{y}_*|\mathbf{f}(\mathbf{x}_*; \mathbf{W}_\mathrm{m}))q(\mathbf{W}_\mathrm{m}; \mathbf{W})\mathrm{d}\mathbf{W}_\mathrm{m} \tag{5.90}$$

と書きます. この予測分布の平均値は,

$$
\begin{aligned}
\mathbb{E}_{q(\mathbf{y}_*|\mathbf{x}_*)}[\mathbf{y}_*] &= \int \mathbf{y}_* q(\mathbf{y}_*|\mathbf{x}_*)\mathrm{d}\mathbf{y}_* \\
&= \int \mathbf{y}_* p(\mathbf{y}_*|\mathbf{x}_*, \mathbf{W}_\mathrm{m})q(\mathbf{W}_\mathrm{m}; \mathbf{W})\mathrm{d}\mathbf{W}_\mathrm{m}\mathrm{d}\mathbf{y}_* \\
&= \int \left\{ \int \mathbf{y}_* p(\mathbf{y}_*|\mathbf{x}_*, \mathbf{W}_\mathrm{m})\mathrm{d}\mathbf{y}_* \right\} q(\mathbf{W}_\mathrm{m}; \mathbf{W})\mathrm{d}\mathbf{W}_\mathrm{m} \\
&= \int \mathbf{f}(\mathbf{x}_*; \mathbf{W}_\mathrm{m})q(\mathbf{W}_\mathrm{m}; \mathbf{W})\mathrm{d}\mathbf{W}_\mathrm{m}
\end{aligned}
\tag{5.91}
$$

となるため, ドロップアウトによって生成されるサンプル $\tilde{\mathbf{W}}_\mathrm{m}$ $\sim$ $q(\mathbf{W}_\mathrm{m}; \mathbf{W})$ を使って近似できます. 予測分布の共分散に関しても同様に,

$$
\begin{aligned}
&\mathbb{E}_{q(\mathbf{y}_*|\mathbf{x}_*)}\left[\mathbf{y}_*\mathbf{y}_*^\top\right] \\
&= \int \mathbf{y}_*\mathbf{y}_*^\top q(\mathbf{y}_*|\mathbf{x}_*)\mathrm{d}\mathbf{y}_* \\
&= \int \mathbf{y}_*\mathbf{y}_*^\top p(\mathbf{y}_*|\mathbf{x}_*, \mathbf{W}_\mathrm{m})q(\mathbf{W}_\mathrm{m}; \mathbf{W})\mathrm{d}\mathbf{W}_\mathrm{m}\mathrm{d}\mathbf{y}_* \\
&= \int \left\{ \int \mathbf{y}_*\mathbf{y}_*^\top p(\mathbf{y}_*|\mathbf{x}_*, \mathbf{W}_\mathrm{m})\mathrm{d}\mathbf{y}_* \right\} q(\mathbf{W}_\mathrm{m}; \mathbf{W})\mathrm{d}\mathbf{W}_\mathrm{m} \\
&= \int \left\{ \mathrm{Cov}_{p(\mathbf{y}_*|\mathbf{x}_*, \mathbf{W}_\mathrm{m})}[\mathbf{y}_*] + \mathbb{E}[\mathbf{y}_*]\mathbb{E}[\mathbf{y}_*]^\top \right\} q(\mathbf{W}_\mathrm{m}; \mathbf{W})\mathrm{d}\mathbf{W}_\mathrm{m} \\
&= \int \left\{ \gamma_y^{-1}\mathbf{I} + \mathbf{f}(\mathbf{x}_*; \mathbf{W}_\mathrm{m})\mathbf{f}(\mathbf{x}_*; \mathbf{W}_\mathrm{m})^\top \right\} q(\mathbf{W}_\mathrm{m}; \mathbf{W})\mathrm{d}\mathbf{W}_\mathrm{m}
\end{aligned}
\tag{5.92}
$$

となることから, こちらもドロップアウトによるサンプル $\tilde{\mathbf{W}}_\mathrm{m}$ を使って $\mathbf{y}_*$

の2次のモーメントや分散を計算できます.

　なお,重みと各ユニット間の接続を欠落させるドロップコネクトや,隠れユニットの出力にガウス分布によるノイズを掛け合わせる手法に関しても,対応する変分事後分布が存在することを示すことができ,同様の予測分布の近似計算を行えます [26].

5.3.2　その他の確率的正則化手法との関係

　ここではバッチ正規化や確率的勾配降下法などの統計的正則化手法と,近似ベイズ推論との関係性をいくつか紹介します.

5.3.2.1　バッチ正規化のベイズ的解釈

　2.3.3 節で紹介したバッチ正規化 (**batch normalization**) に関しても変分推論法とのつながりが指摘されています [123]. バッチ正規化が暗に事後分布の近似を行っていると解釈すれば,バッチ正規化が実装されたニューラルネットワークモデルに対して簡単な修正を行うだけで不確実性を伴った予測を実行させることができるようになります. バッチ正規化ではミニバッチをランダムに選択することによって学習にノイズが混入されますが,これを近似ベイズ推論によるものと解釈します. 式 (2.72) および式 (2.73) におけるミニバッチで得られる隠れユニットの平均 μ_S および分散 σ_S^2 を確率変数として扱い,これらの真の事後分布を近似分布 $q(\mu_S, \sigma_S)$ を使って表現します. この際に,もともとの重みパラメータ $\mathbf{W}$ などは,変分推論法における変分パラメータとして解釈されます.

5.3.2.2　統計的勾配降下法のベイズ的解釈

　確率的勾配降下法 (**stochastic gradient descent method**) は,大規模なデータを効率的に学習するための必須の技術になっていますが,近似ベイズ推論との関連性も指摘されています [75, 114]. 確率的勾配降下法がうまく動作する理由は,単純にメモリ利用や勾配計算の効率化だけではなく,ランダム性を加えたことによって過剰適合するようなパラメータに収束してしまうことを回避する効果があると解釈されることがあります [38]. 例えば,ミニバッチをランダムに選択することによって付加されるノイズより,目的関数の局所解を避けやすくなっているという説があります. あるいは,確率的

勾配降下法を使うと，同じ局所最適値をもつ領域が複数あった場合，広い領域のほうに収束しやすくなり，その結果として予測のロバスト性が向上するなどの説もあります．近似ベイズ推論の考え方を用いれば，このような経験的観測や直観に頼らずに，確率的勾配降下法の妥当性を統一的な視点で説明できます．

　5.2.1 節で解説した確率的勾配ランジュバン動力学法のように，サンプリングアルゴリズムとしての確率的マルコフ連鎖モンテカルロ法と，最適化手法としての確率的勾配降下法には類似性があります．学習率を一定にした確率的勾配降下法は，探索の初期段階では目的関数の局所最適解に向かっていき，一度到達するとその近傍を跳ね回るようにして動きます．文献 [75] では，この挙動を定常分布における確率過程と考え，事後分布の近似に利用する方法を提案しています．局所最適解の近傍における定常分布は，学習率やモメンタム係数，ミニバッチのサイズなどの設定値によって特徴づけられます．変分推論法と類似した考え方を用いて，真の事後分布に対する定常分布の KL ダイバージェンスを最小化することにより，これらの設定値を最適なものに決定できます．

　確率的勾配降下法では，ミニバッチから学習データを得ることによって勾配の計算にある種のノイズを与え，狭い局所解への収束が避けやすくなっており，このようなパラメータの細かな動きに対する関数のロバスト性が汎化性能の向上につながっていると説明されることがあります．一方で，近似ベイズ推論はパラメータの近似分布によって自然にこのような広い解の領域を探索するようになっています．これは対数周辺尤度の近似を考えてみると理解できます．例えば，式 (5.34) の変分推論法における ELBO

$$
\mathcal{L}(\boldsymbol{\xi}) = \sum_{n=1}^{N} \mathbb{E}_{q(\mathbf{W};\boldsymbol{\xi})} \left[\ln p(\mathbf{y}_n | \mathbf{f}(\mathbf{x}_n; \mathbf{W})) \right] - D_{\mathrm{KL}} \left[q(\mathbf{W};\boldsymbol{\xi}) || p(\mathbf{W}) \right] \quad (5.93)
$$

の最大化を考えてみます．負の KL ダイバージェンスの項は，$q(\mathbf{W};\boldsymbol{\xi})$ が事前分布 $p(\mathbf{W})$ から大きく離れすぎないように抑制します．したがって，$q(\mathbf{W};\boldsymbol{\xi})$ が事後分布の極端に尖った領域に収束してしまうことを防ぐ効果があります．さらに，ELBO における対数尤度の期待値の項では，$\ln p(\mathbf{y}_n | \mathbf{f}(\mathbf{x}_n; \mathbf{W}))$ を最大にするような特定の $\mathbf{W}$ ではなく，分布 $q(\mathbf{W})$ によって積分された対数尤度を評価しています．つまり，分布 $q(\mathbf{W})$ を使ったニューラルネット

ワークの出力の期待値と，各ラベル $\mathbf{y}_n$ との間に誤差が生じていても，$q(\mathbf{W})$ の分散が大きくなっていればペナルティは少なくなるようになっています．文献[114] では，このような事後分布の局所的な最大値の近傍における挙動に基づいた解析を行っており，ネットワークのパラメータの更新幅 $\Delta\mathbf{W}$ を**確率微分方程式 (stochastic differential equation)** の離散的な更新と捉えることにより，学習率，学習データ数，モメンタムの係数との関係性を明らかにしています．この関係性は，文献[75] の手法とは異なり，定常分布ではなく最適化を行う過程全体にわたって成り立ちます．

5.4 不確実性の推定を使った応用

2.4.1 節や 2.4.2 節で簡単に解説した畳み込みニューラルネットワークや再帰型ニューラルネットワークをはじめとした既存のニューラルネットワークモデルはすべて，本章で紹介したような近似ベイズ推論の技術を用いることによって**不確実性 (uncertainty)** が取り扱えるようになります．ここでは，画像や系列データに対する不確実性の推定をうまく使った応用や，近似推論手法によって過剰適合を防げるような事例などを紹介します．

5.4.1 画像認識

畳み込みニューラルネットワークにモンテカルロドロップアウトを用いることによって不確実性の伴った予測を可能にし，画像データの深度推定やセグメンテーションを行う研究が実施されています[58]．特に，提案されているモデルでは，不確実性を観測データ自体のノイズに由来するものと，学習データの不足に由来するものの 2 つに分けています．尤度関数にガウス分布を選び，畳み込みニューラルネットワーク $f(\mathbf{x}_n; \mathbf{W})$ によって，各ピクセルに対する深度などの予測値 y_n とそれに伴う分散 v_n を同時に決定します．

$$(y_n, \ln v_n)^\top = \mathbf{f}(\mathbf{x}_n; \mathbf{W}). \tag{5.94}$$

このモデルのもとで，モンテカルロドロップアウトを使った予測分布の分散は，サンプルサイズを T とすると次のようになります*5．

---

*5 ここでは上付きの (t) は，層のインデックスではなく t 番目のサンプルを表すこととします．

$$\mathbb{V}[y_*] \approx \frac{1}{T} \sum_{t=1}^{T} \tilde{v}_*^{(t)} + \frac{1}{T} \sum_{t=1}^{T} f\left(\mathbf{x}_*; \tilde{\mathbf{W}}_{\mathrm{m}}^{(t)}\right)^2$$

$$- \left\{ \frac{1}{T} \sum_{t=1}^{T} f\left(\mathbf{x}_*; \tilde{\mathbf{W}}_{\mathrm{m}}^{(t)}\right) \right\}^2. \tag{5.95}$$

式 (5.92) を使って得られる近似との違いは，式 (5.95) での観測ノイズが固定値 γ_y^{-1} ではなく，式 (5.94) で表されるようなデータに依存した値 $\tilde{v}_*^{(t)}$ に置き換わっている点です．$\tilde{v}_*^{(t)}$ は観測分布の分散パラメータであるため，大きな値をとってしまうとラベルデータを無視するような結果になってしまいますが，実際は，$\tilde{v}_*^{(t)}$ の値は目的関数において正則化項として現れるため，大きな値は自然に抑制されます．また，この観測ノイズに由来する不確実性は学習データ量を増やしても減少しません．特に，画像のピクセルの深度を回帰する実験においては，深度の値が大きいところほどこの項による不確実性が高くなることが報告されています．一方で，式 (5.95) の残りの $\tilde{\mathbf{W}}_{\mathrm{m}}^{(t)}$ に関する項は，パラメータの事後分布の広がりに応じて決まってくるため，主に学習データの不足に由来する不確実性を表しています．こちらに関しては，学習データに含まれないオブジェクトが画像中に存在したときなどに不確実性が大きくなります．

5.4.2 系列データ

既存の再帰型ニューラルネットワークに対しても，ここで紹介した近似推論アルゴリズムを自然に適用できます．

他の多くの深層学習モデルと同様に，再帰型ニューラルネットワークもデータに対して過剰適合してしまう傾向があり，しばしばドロップアウトによる確率的正則化が防御策として用いられてきました．しかし，再帰型ニューラルネットワークに対するドロップアウトの学習は失敗することが多く，特に隠れユニットをランダムに無効にしてしまうと，再帰的な処理の過程で伝達されるべき情報が消されてしまい，学習がうまく進まないことが知られていました．文献 [27] では，本章で紹介したモンテカルロドロップアウトの考え方を用いることによって，再帰型ニューラルネットワークに対する理論的な視点に基づいたドロップアウトの適用方法を示しています．具体的

には，変分推論法における近似事後分布に混合モデルを適用し，ELBO を最大化するようにして変分パラメータを最適化します *6．導出されたアルゴリズムでは，各隠れユニットに対して同一のドロップアウトのマスクを繰り返し用いるような実装になります．すなわち，ドロップアウトは隠れユニットの一部ではなく，重みパラメータの一部をランダムに無効化するのが理論的には正しい適用方法であるといえます．このような実装を行うことにより，過剰適合を防ぎつつ，再帰的な処理の中で情報を消さずに学習が可能であることが示されています．

　文献[30] では，再帰型ニューラルネットワークに近似ベイズ推論を適用することによって，自然言語処理における言語モデルの構築や画像の説明文の付与，文の分類といった複数の課題で性能向上を実現しています．特に，5.2.1 節でも解説した確率的勾配ランジュバン動力学法や，モンテカルロドロップアウトを使った手法が，確率的勾配降下法のみを使った単純な正則化手法よりも過剰適合を防げることを実験的に示しています．また，画像データに対する説明文付与では，学習過程で得られたパラメータのサンプルを使って説明文を生成していますが，サンプルされたパラメータごとに異なる画像の解釈を与えることができることが示されています．言い換えると，ある画像データがモデルによって複数通りに解釈が可能である場合，パラメータの事後分布がそれらの違いを多峰な分布として表現していることになります．これは事後分布の単一の最大値だけを探索する MAP 推定や正則化手法では実現することが難しいベイズ推論の利点の 1 つです．

5.4.3　能動学習

　ベイズニューラルネットワークモデルは**能動学習 (active learning)** にも利用されています[28]．

　画像認識の分野では，さまざまなタスクにおいて畳み込みニューラルネットワークをはじめとした深層学習技術が高い性能を発揮していますが，一般的に学習のために大量のラベル付きデータを用意する必要があります．実用的な画像認識システムでは，システム導入初期から大量のラベルデータがすでに用意されていることは稀であるため，少ないラベルデータから効率的に

---

*6　このような近似事後分布の設計は 6 章で紹介する**変分モデル (variational model)** の一例になっています．

学習できるような仕組みが重要になります．この観点において注目されている機械学習技術としては，能動学習のほかにも**転移学習** (**transfer learning**)，**半教師あり学習** (**semi-supervised learning**) などが挙げられます．

　畳み込みニューラルネットワークと近似ベイズ推論を組み合わせた能動学習を行うことにより，画像などの高次元データに対して効率的に学習を行えます．ここで用いられる能動学習のアイデアは，基本的には 3.3.5 節で解説したベイズ線形回帰を用いた手法と同じです．すなわち，得られた少数の学習データをもとに，入力データのプールから予測の不確実性が大きくなるものを選択し，アノテーターに対して正解ラベルをリクエストするというものです．これにより，MNIST データセットの手書き文字認識や，皮膚がん画像のデータセットに対する分類課題において，既存の能動学習の手法を大きく上回るような改善が実現されています．

5.4.4　強化学習

　不確実性を伴った予測は**強化学習** (**reinforcement learning**) への応用においても重要です．ここでは，**文脈付きバンディット** (**contextual bandit**) と呼ばれる，非常にシンプルな強化学習の課題の 1 つを題材に，ベイズ推論によって得られる予測の不確実性の応用方法を解説します [8]．

　文脈付きバンディットでは，各ステップごとに**エージェント** (**agent**) は文脈 x と K 個の可能な**行動** (**action**) の集合が与えられます．与えられた文脈 x と，エージェントがとった行動 $a \in \{1, 2, \ldots, K\}$ に応じて，**報酬** (**reward**) と呼ばれる実数値 r が確率的に与えられます．エージェントは，受け取る報酬の期待値が最大となるように行動を決定します．各ステップにおいて与えられる文脈 x は独立であるとし，エージェントがとった行動や過去の文脈の履歴とは無関係です．文脈付きバンディットは，ウェブサイトを訪れた個人ごとにクリック率の高い広告を配信する問題などに応用されています．

　得られる報酬の期待値を最大化するためには，過去のデータの組 $\{x, a, r\}$ の蓄積と，現在与えられた文脈 x_* と行動の選択 a_* から，次に得られる報酬 r_* を予測できる必要があります．バンディット問題の難しい点は，単純に現在の報酬の期待値が高くなるような行動を選択し続けると，より大きな報酬が得られる可能性のある行動を見過ごしてしまう危険性があることです．これは**探索** (**exploration**) と**活用** (**exploitation**) のトレードオフとして知ら

れています.**トンプソンサンプリング (Thompson sampling)** は,予測の
不確実性を利用した探索アルゴリズムで,学習の状況に応じて探索と活用の
選択をうまく調整できます[124].重みパラメータ $\mathbf{W}$ をもつ順伝播型ニュー
ラルネットワークなどの予測モデルを $p(r|x, a, \mathbf{W})$ とすると,トンプソンサ
ンプリングを使った方法では**アルゴリズム 5.2** のような戦略で行動を選択し
ていきます.

アルゴリズム 5.2　トンプソンサンプリングによる文脈付きバンディット

1. パラメータの近似分布 $q(\mathbf{W})$ から,パラメータを 1 つサンプル
   $\tilde{\mathbf{W}} \sim q(\mathbf{W})$ する.
2. 文脈 x_* を受け取る.
3. 報酬の期待値 $\mathbb{E}_{p(r_*|x_*, a_*, \tilde{\mathbf{W}})}[r_*]$ を最大にするような行動 a_* を選
   択する.
4. 報酬 r_* を受け取る.
5. $\{x_*, a_*, r_*\}$ を学習データに追加して近似分布 $q(\mathbf{W})$ を更新し,ス
   テップ 1 に戻る.

　探索の初期で学習データが少ないときは,近似分布 $q(\mathbf{W})$ は事前分布
$p(\mathbf{W})$ に近い分布になるので,行動の選択は事前分布に基づく広範囲なも
のになります.データが収集されていくにつれ,近似事後分布 $q(\mathbf{W})$ はある
$\mathbf{W}$ の値に集中してくるため,期待報酬の高い行動を優先的に選択するよう
になります.このように,学習の状況に応じて探索から活用に自然にシフト
できるのがトンプソンサンプリングの利点です.

　バンディット問題は通常,**リグレット (regret)** と呼ばれる,理想的な行
動を選択した場合との得られる報酬の差によって定量的に評価されます.文
献[8] では,予測の不確実性を利用したトンプソンサンプリングによる探索
のほうが,**貪欲法 (greedy method)** をベースとした手法と比べて,より小
さなリグレットの積算値をもつことを実験的に示しています.

深層生成モデル

これまでの章では主に入力データ点 x から対応する出力ラベル y を予測するような回帰・分類問題に対してニューラルネットワークを適用する例を紹介しました．本章では，教師なし学習の設定においてニューラルネットワークのような非線形構造をもったモデルの学習を行います．4.2.2 節で紹介した線形次元削減モデルと同様に，観測データに対する低次元の部分空間による表現を獲得することによって，データの圧縮や特徴量抽出，欠損値の補間などが行えるようになります．

教師なし学習に用いられるモデルは，機械学習の分野では生成モデル (generative model) と呼ばれており，特にニューラルネットワークのように複数の非線形な層を重ねて構築されたモデルは深層生成モデルと呼ばれます．このようなモデルには，一般に潜在変数 (latent variable) または局所パラメータ (local parameter) と呼ばれる大量の非観測の変数が存在しており，推論計算が非常に高コストになっています．本章では，近似推論を効率化させるための償却推論 (amortized inference) や変分モデル (variational model) といった計算テクニックも併せて紹介します．また，潜在変数の推論だけではなく，ネットワークの構造自体を学習するようなノンパラメトリックベイズ (nonparametric Bayes) あるいはベイジアンノンパラメトリクス (Bayesian nonparametrics) の手法を紹介します．

6.1 変分自己符号化器

　変分自己符号化器 (variational auto encoder, **VAE**) は，4.2.2 節で紹介した線形次元削減モデルに，ニューラルネットワークによる非線形変換を導入した教師なしのモデルです [60, 103]．画像データなどの線形性のみでは捉えることが難しい複雑な生成構造をもつデータをモデル化するために用いられます．

6.1.1 生成ネットワークと推論ネットワーク

　ここでは変分自己符号化器の基本的な構成と学習方法に関して解説します．

6.1.1.1 モデルと近似分布

　まず，観測データ $\mathbf{X} = \{\mathbf{x}_1, \ldots, \mathbf{x}_N\}$ は次のようなベイズニューラルネットワークの出力によって生成されると仮定します [*1].

$$p(\mathbf{z}_n) = \mathcal{N}(\mathbf{z}_n|\mathbf{0}, \mathbf{I}), \tag{6.1}$$

$$p(\mathbf{x}_n|\mathbf{z}_n, \mathbf{W}) = \mathcal{N}(\mathbf{x}_n|\mathbf{f}(\mathbf{z}_n; \mathbf{W}), \lambda_x^{-1}\mathbf{I}). \tag{6.2}$$

$\mathbf{f}(\mathbf{z}_n; \mathbf{W})$ は式 (2.31) で与えられるような順伝播型ニューラルネットワークです．$\mathbf{z}_n$ はこのネットワークの入力ベクトルですが，ここではガウス分布に従って生成されると仮定した未観測の潜在変数として扱います．また，$\mathbf{W}$ はニューラルネットワークの重みパラメータで，これらは 4.2.2 節と同じく，簡単のため独立なガウス事前分布に従って生成されていると仮定します．変分自己符号化器の枠組みでは，ネットワーク $\mathbf{f}(\mathbf{z}_n; \mathbf{W})$ を**生成ネットワーク** (**generative network**) と呼びます．また，データの潜在表現 $\mathbf{z}_n$ から観測データ $\mathbf{x}_n$ を生成するという意味で，**デコーダ** (**decoder**) とも呼ばれています．

　線形次元削減モデルと同様に，学習の目標は次のような潜在変数とパラ

[*1]　元論文 [60, 103] では主に最尤推定版の変分自己符号化器が紹介されていますが，ここでは生成モデルのパラメータ $\mathbf{W}$ も確率変数として扱うような完全なベイズモデルを構築します．

メータの事後分布を求めることになります.

$$p(\mathbf{Z}, \mathbf{W}|\mathbf{X}) = \frac{p(\mathbf{W}) \prod_{n=1}^{N} p(\mathbf{x}_n|\mathbf{z}_n, \mathbf{W}) p(\mathbf{z}_n)}{p(\mathbf{X})}. \tag{6.3}$$

ただし,この事後分布は解析的に計算できないため,ここでも変分推論法を適用することによって事後分布を近似的に求めることにします.すなわち,近似分布 $q(\mathbf{Z}, \mathbf{W})$ を設計し,KL ダイバージェンス

$$D_{\mathrm{KL}}\left[q(\mathbf{Z}, \mathbf{W})\|p(\mathbf{Z}, \mathbf{W}|\mathbf{X})\right] \tag{6.4}$$

を最小化することが学習の目標になります.近似分布 $q(\mathbf{Z}, \mathbf{W})$ の設計に関してはさまざまな選択肢があり,シンプルな方法としては平均場近似を用いて

$$q(\mathbf{Z}, \mathbf{W}; \mathbf{X}, \boldsymbol{\psi}, \boldsymbol{\xi}) = q(\mathbf{Z}; \mathbf{X}, \boldsymbol{\psi}) q(\mathbf{W}; \boldsymbol{\xi}) \tag{6.5}$$

として $\mathbf{Z}$ および $\mathbf{W}$ の近似分布を分割することが考えられます ^{*2}.ここで $\boldsymbol{\psi}$ および $\boldsymbol{\xi}$ は変分パラメータの集合です.パラメータ $\mathbf{W}$ の近似分布に関しては計算のしやすいガウス分布を選択することにし,対応する変分パラメータ(平均および分散)の集合を $\boldsymbol{\xi} = \{m_{i,j}^{(l)}, v_{i,j}^{(l)}\}_{i,j,l}$ とします.すなわち,パラメータの近似分布は

$$q(\mathbf{W}; \boldsymbol{\xi}) = \prod_{i,j,l} \mathcal{N}(w_{i,j}^{(l)}|\mathbf{m}_{i,j}^{(l)}, \mathbf{v}_{i,j}^{(l)}) \tag{6.6}$$

となります.同様に,潜在変数 $\mathbf{Z}$ の近似分布に対しても,変分自己符号化器では次のようなガウス分布を用いた平均場近似を行います ^{*3}.

$$
\begin{aligned}
q(\mathbf{Z}; \mathbf{X}, \boldsymbol{\psi}) &= \prod_{n=1}^{N} q(\mathbf{z}_n; \mathbf{x}_n, \boldsymbol{\psi}) \\
&= \prod_{n=1}^{N} \mathcal{N}(\mathbf{z}_n|\mathbf{m}(\mathbf{x}_n; \boldsymbol{\psi}), \mathrm{diagm}(\mathbf{v}(\mathbf{x}_n; \boldsymbol{\psi}))).
\end{aligned} \tag{6.7}
$$

通常の変分推論法では $q(\mathbf{z}_n; \mathbf{x}_n, \boldsymbol{\psi})$ の平均 $\mathbf{m}_n$ および分散 $\mathbf{v}_n$ を変分パラ

---

*2 すぐ後に説明しますが,多くの場合,変分自己符号化器の潜在変数の近似推論では,データ $\mathbf{X}$ の依存を明示的に書きます.

*3 ここでは簡単のため対角ガウス分布を使っていますが,非対角成分をもつ一般的な共分散行列を使うこともできます.

メータと見て最適化するのが一般的ですが，変分自己符号化器では各 $\mathbf{m}_n$ および $\mathbf{v}_n$ を，$\mathbf{x}_n$ を入力とした次のようなニューラルネットワーク

$$\mathbf{f}(\mathbf{x}_n; \boldsymbol{\psi}) = (\mathbf{m}(\mathbf{x}_n; \boldsymbol{\psi}), \ln \mathbf{v}(\mathbf{x}_n; \boldsymbol{\psi}))^\top \tag{6.8}$$

の出力値として考えます．式 (6.8) のように，近似分布の変分パラメータを回帰するようなニューラルネットワークを**推論ネットワーク** (inference network) あるいは**認識ネットワーク** (recognition network) と呼びます．したがって，推論ネットワークを使った近似分布 $q(\mathbf{Z}; \mathbf{X}, \boldsymbol{\psi})$ では，最適化の対象となる変分パラメータは $\mathbf{m}_n$ や $\mathbf{v}_n$ 自体ではなく，推論ネットワークのパラメータ $\boldsymbol{\psi}$ になります．なお，推論ネットワークは各観測データ $\mathbf{x}_n$ からデータの潜在表現 $\mathbf{z}_n$ へのマッピングを学習するので，**エンコーダ** (encoder) とも呼ばれています．

　なぜ潜在変数の推論計算に式 (6.8) のような回帰モデルを利用するのでしょうか？　線形次元削減モデルなどで使われている変分 EM アルゴリズムでは，パラメータおよび潜在変数の交互更新でそれぞれの近似分布 $q(\mathbf{Z})$ および $q(\mathbf{W})$ が解析的に計算できました．これは**座標降下法** (coordinate descent method) の一例として知られています．しかし，式 (6.2) の生成モデルにはニューラルネットワークによる非線形変換が含まれているため，変分 E ステップで $\mathbf{Z}$ に対する解析的な更新式を得られなくなっており，1 つの潜在変数の近似分布 $q(\mathbf{z}_n)$ の更新だけでも変分パラメータに関する勾配降下法を使った地道な最適化が必要になってしまいます．そこで，近似分布を式 (6.7) および式 (6.8) のように設定することにより，各近似分布 $q(\mathbf{z}_1), \ldots, q(\mathbf{z}_N)$ の変分パラメータを個別に更新するのではなく，複数の近似分布 $q(\mathbf{z}_1; \mathbf{x}_1, \boldsymbol{\psi}), \ldots, q(\mathbf{z}_N; \mathbf{x}_N, \boldsymbol{\psi})$ の間で共有されている変分パラメータ $\boldsymbol{\psi}$ によってまとめて更新して計算効率を高めようとするのが推論ネットワークのアイデアです．言い換えると，あるデータ点 $\mathbf{x}_i$ を受け取って $q(\mathbf{z}_i; \mathbf{x}_i, \boldsymbol{\psi})$ を更新することが，他の $\prod_{j \neq i} q(\mathbf{z}_j; \mathbf{x}_j, \boldsymbol{\psi})$ に対しても影響を及ぼすことになります．このように，計算コストを削減する目的で，ニューラルネットワークのような回帰モデルによってデータ $\mathbf{X}$ から潜在変数 $\mathbf{Z}$ の事後分布を "予測しながら" 推論していく手法は**償却推論** (amortized inference) とも呼ばれています [33]．なお，このような推論ネットワークを用いたアイデアは，変分自己符号化器の登場以前においても**ヘルムホルツマシン** (Helmholtz machine) と呼ばれる生成モデルに利用されています [20].

6.1.1.2　変分推論法による学習

式 (6.5) の近似事後分布の表現を用いれば，最小化したい KL ダイバージェンスは

$$
D_{\mathrm{KL}}\left[q(\mathbf{Z},\mathbf{W};\mathbf{X},\boldsymbol{\psi},\boldsymbol{\xi})||p(\mathbf{Z},\mathbf{W}|\mathbf{X})\right]
$$
$$
= -\left\{\mathbb{E}\left[\ln p(\mathbf{X},\mathbf{Z},\mathbf{W})\right] - \mathbb{E}\left[\ln q(\mathbf{Z};\mathbf{X},\boldsymbol{\psi})\right] - \mathbb{E}\left[\ln q(\mathbf{W};\boldsymbol{\xi})\right]\right\} + \ln p(\mathbf{X})
$$

(6.9)

となります．ここで，対数周辺尤度と事後分布の KL ダイバージェンスとの差分を

$$
\ln p(\mathbf{X}) - D_{\mathrm{KL}}\left[q(\mathbf{Z},\mathbf{W};\mathbf{X},\boldsymbol{\psi},\boldsymbol{\xi})||p(\mathbf{Z},\mathbf{W}|\mathbf{X})\right]
$$
$$
= \mathbb{E}\left[\ln p(\mathbf{X},\mathbf{Z},\mathbf{W})\right] - \mathbb{E}\left[\ln q(\mathbf{Z};\mathbf{X},\boldsymbol{\psi})\right] - \mathbb{E}\left[\ln q(\mathbf{W};\boldsymbol{\xi})\right]
$$
$$
= \mathcal{L}(\boldsymbol{\psi},\boldsymbol{\xi})
$$

(6.10)

とおけば，$D_{\mathrm{KL}}\left[q||p\right] \geq 0$ であることから，$\mathcal{L}(\boldsymbol{\psi},\boldsymbol{\xi})$ は対数周辺尤度 $\ln p(\mathbf{X})$ の下界となっており，式 (6.9) の最小化が下界 $\mathcal{L}(\boldsymbol{\psi},\boldsymbol{\xi})$ の最大化と等価になることがわかります．

学習の目標は変分パラメータ $\boldsymbol{\psi}$ および $\boldsymbol{\xi}$ に関して下界 $\mathcal{L}(\boldsymbol{\psi},\boldsymbol{\xi})$ を最大化することになりますが，ほかの多くの深層学習モデルと同様，ここでも学習データが大量に存在することを想定し，確率的勾配降下法を用いて効率よく計算することを考えます．N 個のデータを含む $\mathcal{D}$ から $M(< N)$ 個のランダムなインデックス $\mathcal{S}$ を取り出してミニバッチを構成します．ミニバッチの ELBO は，

$$
\mathcal{L}_{\mathcal{S}}(\boldsymbol{\psi},\boldsymbol{\xi})
$$
$$
= \frac{N}{M}\sum_{n\in\mathcal{S}}\left\{\mathbb{E}\left[\ln p(\mathbf{x}_n|\mathbf{z}_n,\mathbf{W})\right] + \mathbb{E}\left[\ln p(\mathbf{z}_n)\right] - \mathbb{E}\left[\ln q(\mathbf{z}_n;\mathbf{x}_n,\boldsymbol{\psi})\right]\right\}
$$
$$
+ \mathbb{E}\left[\ln p(\mathbf{W})\right] - \mathbb{E}\left[\ln q(\mathbf{W};\boldsymbol{\xi})\right]
$$

(6.11)

となります．

まず，パラメータ $\mathbf{W}$ の近似事後分布 $q(\mathbf{W};\boldsymbol{\xi})$ の確率的勾配降下法による

更新を考えます．これは生成ネットワーク $\mathbf{f}(\mathbf{z}_n; \mathbf{W})$ の学習に対応していま
す．式 (6.11) の $\boldsymbol{\xi}$ に関する勾配は，

$$
\begin{aligned}
&\nabla_{\boldsymbol{\xi}} \mathcal{L}_{\mathcal{S}}(\boldsymbol{\psi}, \boldsymbol{\xi}) \\
&= \frac{N}{M} \sum_{n \in \mathcal{S}} \nabla_{\boldsymbol{\xi}} \mathbb{E}\left[\ln p(\mathbf{x}_n | \mathbf{z}_n, \mathbf{W})\right] + \nabla_{\boldsymbol{\xi}} \mathbb{E}\left[\ln p(\mathbf{W})\right] - \nabla_{\boldsymbol{\xi}} \mathbb{E}\left[\ln q(\mathbf{W}; \boldsymbol{\xi})\right]
\end{aligned}
$$

$$(6.12)$$

となります．ここでは期待値を $q(\mathbf{z}_n; \mathbf{x}_n, \boldsymbol{\psi})$ および $q(\mathbf{W}; \boldsymbol{\xi})$ の両方に関し
てとる必要がありますが，前者に関する期待値の計算は単純モンテカルロ法
を用いて $q(\mathbf{z}_n, \mathbf{x}_n, \boldsymbol{\psi})$ からサンプルを得ることにより近似できます．これに
より各サンプル値 $\mathbf{z}_n$ は順伝播型ニューラルネットワークにおける観測され
た入力データ点のように扱うことができるので，後は 5.2.3 節と 5.2.4 節で
紹介したベイズニューラルネットワークの再パラメータ化勾配を使った勾配
推定によってパラメータの近似分布 $q(\mathbf{W}; \boldsymbol{\xi})$ を最適化できます．すなわち，
変数変換を用いて $\mathbf{W}$ を $q(\mathbf{W}; \boldsymbol{\xi})$ からサンプリングし，$\mathbf{W}$ の変分パラメー
タ $\boldsymbol{\xi}$ に関する勾配を求めれば $\boldsymbol{\xi}$ を更新できます．

　次に，潜在変数 $\mathbf{Z}$ の近似事後分布 $q(\mathbf{Z}; \mathbf{X}, \boldsymbol{\psi})$ の確率的勾配降下法による更
新を考えます．これは推論ネットワーク $\mathbf{f}(\mathbf{x}_n; \boldsymbol{\psi})$ の学習に対応します．変
分パラメータ $\boldsymbol{\psi}$ による勾配は，

$$
\begin{aligned}
&\nabla_{\boldsymbol{\psi}} \mathcal{L}_{\mathcal{S}}(\boldsymbol{\psi}, \boldsymbol{\xi}) \\
&= \frac{N}{M} \sum_{n \in \mathcal{S}} \{\nabla_{\boldsymbol{\psi}} \mathbb{E}\left[\ln p(\mathbf{x}_n | \mathbf{z}_n, \mathbf{W})\right] + \nabla_{\boldsymbol{\psi}} \mathbb{E}\left[\ln p(\mathbf{z}_n)\right] \\
&\qquad - \nabla_{\boldsymbol{\psi}} \mathbb{E}\left[\ln q(\mathbf{z}_n; \mathbf{x}_n, \boldsymbol{\psi})\right]\}
\end{aligned}
$$

$$(6.13)$$

となります．ここでは単純に $\mathbf{W}$ を $q(\mathbf{W}; \boldsymbol{\xi})$ からサンプリングすることに
よって $q(\mathbf{W}; \boldsymbol{\xi})$ に関する期待値を近似します．後は再パラメータ化勾配を
使って各 $\mathbf{z}_n$ をサンプリングし，変分パラメータ $\boldsymbol{\psi}$ に関する勾配を求めれば
$\boldsymbol{\psi}$ を更新できます．

　まとめると，変分自己符号化器のベイズ推論による学習では潜在変数 $\mathbf{Z}$ お
よびパラメータ $\mathbf{W}$ の両方に対して，再パラメータ化勾配による勾配の近似
を行えば，確率的勾配降下法による ELBO の最大化ができることになりま

す [*4]. 以上を擬似コードにしたものを**アルゴリズム 6.1** にまとめます.

アルゴリズム 6.1　変分自己符号化器

1. ミニバッチ $\mathcal{D}_{\mathcal{S}}$ をデータセット $\mathcal{D}$ からランダムに抽出する.
2. M 個のノイズ $\boldsymbol{\epsilon}_i \sim p(\boldsymbol{\epsilon})$ を取得する.
3. 式 (6.12) および式 (6.13) を用いて, 変分パラメータに関する勾配を計算する.
4. 変分パラメータを

$$\boldsymbol{\xi} \leftarrow \boldsymbol{\xi} + \alpha \nabla_{\boldsymbol{\xi}} \mathcal{L}_{\mathcal{S}}(\boldsymbol{\psi}, \boldsymbol{\xi}), \boldsymbol{\psi} \leftarrow \boldsymbol{\psi} + \alpha \nabla_{\boldsymbol{\psi}} \mathcal{L}_{\mathcal{S}}(\boldsymbol{\psi}, \boldsymbol{\xi})$$

として更新する.

図 6.1 は, 変分自己符号化器に MNIST の手書き画像データを与え, 潜在空間を学習させたものです. 各文字 $\mathbf{x}$ は, 座標ごとの潜在変数の値 $(z_1, z_2)^{\top}$ を学習済みの生成モデルに与えて出力されたものです.

6.1.2　半教師あり学習モデル

生成モデルを活用すれば, 入力データのうち一部のラベルデータが存在していないような**半教師あり学習 (semi-supervised learning)** のモデルを自然に得られます [59]. 特に, 変分自己符号化器をはじめとした深層生成モデルは, 画像などの大量のデータを活用することを前提としていることが多いため, 大量に存在するラベルなしデータをうまく学習に取り入れられるような手法が望まれます.

ここでは入力データ (画像など) の集合を $\mathbf{X}$ とし, 対応するカテゴリデータ (画像のラベルなど) の集合を $\mathbf{Y}$ とします. また, ラベル付きのデータのインデックスを $\mathcal{A}$ とし, $\mathcal{D}_{\mathcal{A}} = \{\mathbf{X}_{\mathcal{A}}, \mathbf{Y}_{\mathcal{A}}\}$ とおきます. 同様に, ラベルなしのデータのインデックスを $\mathcal{U}$ とし, $\mathcal{D}_{\mathcal{U}} = \mathbf{X}_{\mathcal{U}}$ とおきます. $\mathbf{X}_{\mathcal{U}}$ に対応す

[*4]　なお, 変分自己符号化器の最尤推定版では $\mathbf{W}$ は確率変数として扱われないため, 再パラメータ化勾配を使うのは $q(\mathbf{Z}; \mathbf{X}, \boldsymbol{\psi})$ の更新のみになります.

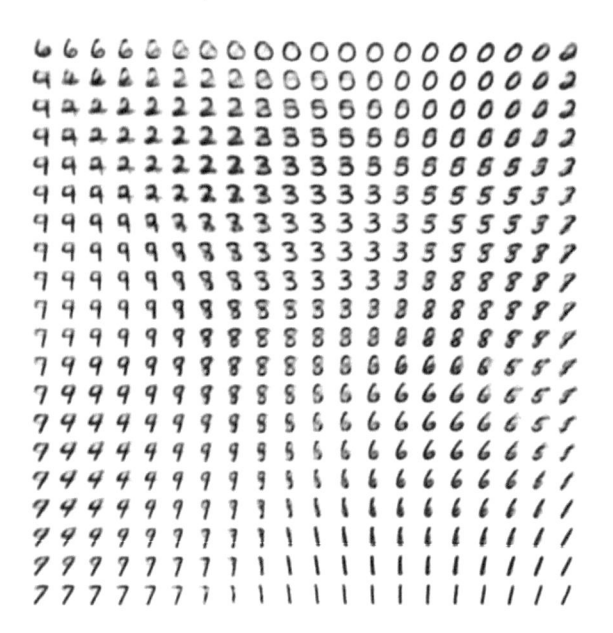

図 6.1　変分自己符号化器で学習された 2 次元の潜在変数（文献 [60] より引用，ただし元論文の結果は完全なベイズモデルではありません）

るラベル集合 $\mathbf{Y}_{\mathcal{U}}$ は，学習データとして保持していないとします．

6.1.2.1　M1 モデル

変分自己符号化器を使った最も単純な半教師あり学習は，次のようなステップで実現できます．

1. 全入力データ $\{\mathbf{X}_{\mathcal{A}}, \mathbf{X}_{\mathcal{U}}\}$ を用いて変分自己符号化器のエンコーダおよびデコーダを学習させる．
2. ラベルのある入力データ $\mathbf{X}_{\mathcal{A}}$ に対する潜在変数の期待値 $\mathbb{E}\,[\mathbf{Z}_{\mathcal{A}}]$ を特徴量入力とし，何らかの教師あり学習の手法を用いてラベル $\mathbf{Y}_{\mathcal{A}}$ を予測するパラメータを学習する．

このように，通常の変分自己符号化器の解析結果をそのまま利用した半教

師あり学習を，ここでは M1 モデルと呼ぶことにします．これは，ラベルの存在する $\mathbf{X}_{\mathcal{A}}$ だけでなく，大量のラベルなしの $\mathbf{X}_{\mathcal{U}}$ も用いることによって，データの特徴的な性質が $\mathbf{Z}$ の空間で得られることを期待している方法です．

6.1.2.2　M2 モデル

M1 モデルのアイデアだけでもラベルなしデータを活用できますが，明白な欠点としては，変分自己符号化器で教師なし学習を行う過程でラベルデータ $\mathbf{Y}_{\mathcal{A}}$ を活用できていないことです．特徴量抽出の段階でラベルデータ $\mathbf{Y}_{\mathcal{A}}$ の情報が与えられていないと，本来予測に有用な特徴が元の入力データ $\mathbf{X}$ から失われてしまう可能性があります．そこで，図 6.2 のようにすべてのデータを単一のグラフィカルモデルで表現することを考えます．このモデルの同時分布（生成ネットワーク）を書き下すと，次のようになります．

$$p(\mathbf{X}_{\mathcal{A}}, \mathbf{X}_{\mathcal{U}}, \mathbf{Y}_{\mathcal{A}}, \mathbf{Y}_{\mathcal{U}}, \mathbf{Z}_{\mathcal{A}}, \mathbf{Z}_{\mathcal{U}}, \mathbf{W})$$
$$= p(\mathbf{X}_{\mathcal{A}}|\mathbf{Y}_{\mathcal{A}}, \mathbf{Z}_{\mathcal{A}}, \mathbf{W})p(\mathbf{Y}_{\mathcal{A}})p(\mathbf{Z}_{\mathcal{A}})p(\mathbf{X}_{\mathcal{U}}|\mathbf{Y}_{\mathcal{U}}, \mathbf{Z}_{\mathcal{U}}, \mathbf{W})p(\mathbf{Y}_{\mathcal{U}})p(\mathbf{Z}_{\mathcal{U}})p(\mathbf{W}).$$
$$(6.14)$$

この同時分布による半教師あり学習の枠組みをここでは M2 モデルと呼ぶことにします．さらに，変分推論法で用いる近似事後分布は次のように設計します．

$$q(\mathbf{Z}_{\mathcal{A}}; \mathbf{X}_{\mathcal{A}}, \mathbf{Y}_{\mathcal{A}}, \boldsymbol{\psi}) = \prod_{n \in \mathcal{A}} \mathcal{N}(\mathbf{z}_n | \mathbf{m}(\mathbf{x}_n, \mathbf{y}_n; \boldsymbol{\psi}), \mathrm{diagm}(\mathbf{v}(\mathbf{x}_n, \mathbf{y}_n; \boldsymbol{\psi}))),$$

$$(6.15)$$

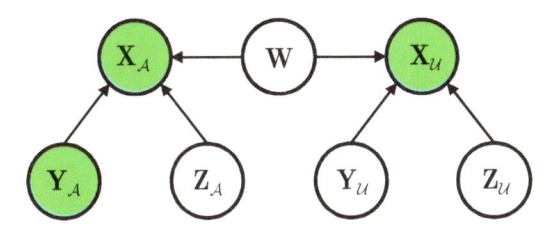

図 6.2　変分自己符号化器を用いた半教師あり学習

$$q(\mathbf{Z}_{\mathcal{U}}; \mathbf{X}_{\mathcal{U}}, \boldsymbol{\psi}) = \prod_{n \in \mathcal{U}} \mathcal{N}(\mathbf{z}_n | \mathbf{m}(\mathbf{x}_n; \boldsymbol{\psi}), \mathrm{diagm}(\mathbf{v}(\mathbf{x}_n; \boldsymbol{\psi}))), \qquad (6.16)$$

$$q(\mathbf{Y}_{\mathcal{U}}; \mathbf{X}_{\mathcal{U}}, \boldsymbol{\psi}) = \prod_{n \in \mathcal{U}} \mathrm{Cat}(\mathbf{y}_n | \boldsymbol{\pi}(\mathbf{x}_n; \boldsymbol{\psi})). \qquad (6.17)$$

$\boldsymbol{\pi}(\mathbf{x}_n; \boldsymbol{\psi})$ は $\mathbf{Y}_{\mathcal{U}}$ の分布を近似するために新しく用意した推論ネットワークです．ここでは変分パラメータはすべて $\boldsymbol{\psi}$ でまとめて表記しています．また，パラメータの事前分布 $p(\mathbf{W})$ および近似事後分布 $q(\mathbf{W}; \boldsymbol{\xi})$ は教師なし学習で行ったものと同じガウス分布を用いることとします．

　これらの設計のもとで，真の事後分布と近似分布との間の KL ダイバージェンスを計算すると，

$$D_{\mathrm{KL}}[q(\mathbf{Y}_{\mathcal{U}}, \mathbf{Z}_{\mathcal{A}}, \mathbf{Z}_{\mathcal{U}}, \mathbf{W}; \mathbf{X}_{\mathcal{A}}, \mathbf{Y}_{\mathcal{A}}, \mathbf{X}_{\mathcal{U}}, \boldsymbol{\xi}, \boldsymbol{\psi}) || p(\mathbf{Y}_{\mathcal{U}}, \mathbf{Z}_{\mathcal{A}}, \mathbf{Z}_{\mathcal{U}}, \mathbf{W} | \mathbf{X}_{\mathcal{A}}, \mathbf{X}_{\mathcal{U}}, \mathbf{Y}_{\mathcal{A}})]$$
$$= - \{ \mathbb{E}\left[\ln p(\mathbf{X}_{\mathcal{A}} | \mathbf{Y}_{\mathcal{A}}, \mathbf{Z}_{\mathcal{A}}, \mathbf{W})\right]$$
$$+ \mathbb{E}\left[\ln p(\mathbf{Z}_{\mathcal{A}})\right] - \mathbb{E}\left[\ln q(\mathbf{Z}_{\mathcal{A}}; \mathbf{X}_{\mathcal{A}}, \mathbf{Y}_{\mathcal{A}}, \boldsymbol{\psi})\right]]$$
$$+ \mathbb{E}\left[\ln p(\mathbf{X}_{\mathcal{U}} | \mathbf{Y}_{\mathcal{U}}, \mathbf{Z}_{\mathcal{U}}, \mathbf{W})\right] + \mathbb{E}\left[\ln p(\mathbf{Y}_{\mathcal{U}})\right]$$
$$+ \mathbb{E}\left[\ln p(\mathbf{Z}_{\mathcal{U}})\right] - \mathbb{E}\left[\ln q(\mathbf{Y}_{\mathcal{U}}; \mathbf{X}_{\mathcal{U}}, \boldsymbol{\psi})\right]$$
$$+ \mathbb{E}\left[\ln q(\mathbf{Z}_{\mathcal{U}}; \mathbf{X}_{\mathcal{U}}, \boldsymbol{\psi})\right]$$
$$- D_{\mathrm{KL}}\left[q(\mathbf{W}; \boldsymbol{\xi}) || p(\mathbf{W})\right] \} + \mathrm{c}$$
$$= - \mathcal{F}(\boldsymbol{\xi}, \boldsymbol{\psi}) + \mathrm{c} \qquad (6.18)$$

となります．ただし，

$$\mathcal{F}(\boldsymbol{\xi}, \boldsymbol{\psi}) = \mathcal{L}_{\mathcal{A}}(\mathbf{X}_{\mathcal{A}}, \mathbf{Y}_{\mathcal{A}}; \boldsymbol{\xi}, \boldsymbol{\psi}) + \mathcal{L}_{\mathcal{U}}(\mathbf{X}_{\mathcal{U}}, \boldsymbol{\xi}, \boldsymbol{\psi}) - D_{\mathrm{KL}}\left[q(\mathbf{W}; \boldsymbol{\psi}) || p(\mathbf{W})\right],$$
$$(6.19)$$

$$\mathcal{L}_{\mathcal{A}}(\mathbf{X}_{\mathcal{A}}, \mathbf{Y}_{\mathcal{A}}, \boldsymbol{\xi}, \boldsymbol{\psi}) = \mathbb{E}\left[\ln p(\mathbf{X}_{\mathcal{A}} | \mathbf{Y}_{\mathcal{A}}, \mathbf{Z}_{\mathcal{A}}, \mathbf{W})\right] + \mathbb{E}\left[\ln p(\mathbf{Z}_{\mathcal{A}})\right]$$
$$- \mathbb{E}\left[\ln q(\mathbf{Z}_{\mathcal{A}}; \mathbf{X}_{\mathcal{A}}, \mathbf{Y}_{\mathcal{A}}, \boldsymbol{\psi})\right], \qquad (6.20)$$

$$\mathcal{L}_{\mathcal{U}}(\mathbf{X}_{\mathcal{U}}, \boldsymbol{\xi}, \boldsymbol{\psi}) = \mathbb{E}\left[\ln p(\mathbf{X}_{\mathcal{U}} | \mathbf{Y}_{\mathcal{U}}, \mathbf{Z}_{\mathcal{U}}, \mathbf{W})\right] + \mathbb{E}\left[\ln p(\mathbf{Y}_{\mathcal{U}})\right] + \mathbb{E}\left[\ln p(\mathbf{Z}_{\mathcal{U}})\right]$$
$$- \mathbb{E}\left[\ln q(\mathbf{Y}_{\mathcal{U}}; \mathbf{X}_{\mathcal{U}}, \boldsymbol{\psi})\right] - \mathbb{E}\left[\ln q(\mathbf{Z}_{\mathcal{U}}; \mathbf{X}_{\mathcal{U}}, \boldsymbol{\psi})\right] \qquad (6.21)$$

とおきました．後はこれを通常の変分自己符号化器と同様の手続きで変分パ

ラメータ $\boldsymbol{\xi}$ および $\boldsymbol{\psi}$ に関して最大化すればモデルを学習させることができます.

　ところで, 式 (6.18) の $\mathcal{F}(\boldsymbol{\xi}, \boldsymbol{\psi})$ の最大化で学習させると, 推論ネットワーク $q(\mathbf{Y}; \mathbf{X}, \boldsymbol{\psi})$ の変分パラメータ $\boldsymbol{\psi}$ がラベルなしの入力データ $\mathbf{X}_{\mathcal{U}}$ と対応する $\mathbf{Y}_{\mathcal{U}}$ の期待値のみしか利用していないことがわかります. 理想としてはラベル付きデータ $\mathcal{D}_{\mathcal{A}} = \{\mathbf{X}_{\mathcal{A}}, \mathbf{Y}_{\mathcal{A}}\}$ を直接活用して推論ネットワークを学習させたほうが良いでしょう. 例えば, $\mathcal{F}(\boldsymbol{\xi}, \boldsymbol{\psi})$ の代わりに次のような目的関数 $\mathcal{F}_{\beta}(\boldsymbol{\xi}, \boldsymbol{\psi})$ の最大化が提案されています [59].

$$\mathcal{F}_{\beta}(\boldsymbol{\xi}, \boldsymbol{\psi}) = \mathcal{F}(\boldsymbol{\xi}, \boldsymbol{\psi}) - \beta \ln q(\mathbf{Y}_{\mathcal{A}}; \mathbf{X}_{\mathcal{A}}, \boldsymbol{\psi}). \tag{6.22}$$

ここで $\beta > 0$ は推論ネットワークの学習の強さを決定する重みパラメータです. 後は, ミニバッチを使って式 (6.22) の勾配を評価すれば学習させることができます.

　図 6.3 は, M2 モデルによって得られる潜在変数の学習結果を図示したものです. 一番左の列はテスト用に与えた画像で, 以降の列は生成モデルによって生成された画像です. それぞれの行における潜在変数のとる値は, テスト用の画像から推論ネットワークによって推定されたものが与えられています. それぞれの列はラベル $\mathbf{y}$ の値に対応します. テスト画像から推定された潜在変数が, 各ラベルの文字の書体を表現としてもっていることがわかります.

6.1.3　応用と拡張

　変分自己符号化器は確率的な生成モデルに基づいているため, ほかの確率モデルやドメイン知識の活用できる応用分野と組み合わせやすいことが大きな特徴です. したがって, 応用領域は画像処理だけではなく, 推薦エンジン, テキスト解析, 対話応答システム, 分子構造の探索などにも使われています [37,68,81,113].

6.1.3.1　モデルの拡張

　DRAW (deep recurrent attention writer) は, 変分自己符号化器に対して再帰型ニューラルネットワークの構造と**アテンション (attention)** の機能を導入した画像生成モデルです [41]. DRAW では, 再帰型ニューラル

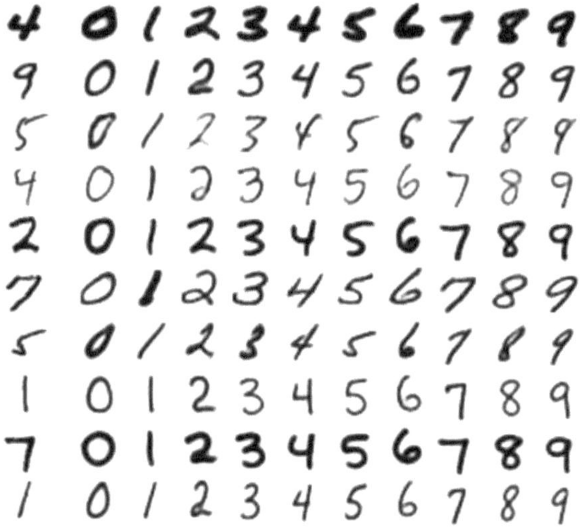

図 6.3　半教師あり学習で得られた潜在変数（文献 [59] より引用）

ネットワークを使って空間的な注視領域の遷移を行うことにより，人間の視線の移動を模倣します．また，変分自己符号化器が画像の領域全体を一度に再構成するのに対して，DRAW では部分的に画像を書き加えていくことによって学習データを再構成する仕組みを取り入れており，より画像のもつ構造に基づいた自然な生成過程を学習できます．

　また，変分自己符号化器と畳み込みニューラルネットワークを組み合わせたモデルもいくつか提案されています．文献 [63] では，畳み込み層を推論ネットワークに，逆畳み込み層を生成ネットワークに取り入れ，潜在空間によって顔画像の光の方向や姿勢などの表現を抽出することに成功しています．文献 [94] では，さらに再帰型ニューラルネットワークも導入して潜在空間を共有することによって説明文の生成も同時に行っています．さらに，半教師あり学習の枠組みで教師データとして説明文が与えられていないデータも学習に取り込むことができます．

6.1.3.2　重要度重み付け自己符号化器

　変分自己符号化器の理論的な拡張としては**重要度重み付け自己符号化器**

(importance weighted auto encoder, **IWAE**) があります [11]. 変分
自己符号化器では，推論ネットワークを用いることによって効率的に潜在変
数の事後分布を近似的に求めています. 一方で，依然として式 (6.7) のよう
な平均場近似に基づく分布が仮定されていたり，推論ネットワークで表現可
能な分布に限られてしまうなど，事後分布の近似能力は非常に制限されたも
のになっています. 重要度重み付け自己符号化器では，変分自己符号化器の
構造自体は同じものを用いますが，ELBO よりも厳密に大きな下界を最大化
することによって，より複雑な事後分布を近似できるようにします. 重要度
重み付け自己符号化器では推論ネットワークから T 個のサンプリングされた
潜在変数の値を使うことによって，次のような新しい下界を最大化します.

$$\mathcal{L}_T = \mathbb{E}_{\mathbf{z}^{(1)},\ldots,\mathbf{z}^{(T)} \sim q(\mathbf{z};\mathbf{x})} \left[\ln \frac{1}{T} \sum_{t=1}^{T} \frac{p(\mathbf{x}, \mathbf{z}^{(t)})}{q(\mathbf{z}^{(t)};\mathbf{x})} \right]. \tag{6.23}$$

この下界は，$T = 1$ のときは元の変分自己符号化器における下界と一致し，
次のように T を増やすにしたがって真の対数周辺尤度に近づくことを示す
ことができます.

$$\ln p(\mathbf{x}) \geq \mathcal{L}_{T+1} \geq \mathcal{L}_T \geq \mathcal{L}_1 = \mathcal{L}. \tag{6.24}$$

一方で，変分自己符号化器のように，生成ネットワークの潜在変数を推論ネッ
トワークで償却推論するような枠組みにおいては，下界を大きく設定するこ
とによって推論ネットワークの学習効率が低下することが指摘されていま
す [96].

6.2　変分モデル

変分推論法を用いた事後分布の近似推論では，近似分布 q に対してどのよ
うな分布のクラスを設計するかがアルゴリズムの性能を左右します. 特に，
下記のような点が重要になります.

1. q を使った期待値計算やサンプリングが行いやすくなっていること
2. q が KL ダイバージェンスなどの指標のもとで最適化しやすくなって
   いること

3. q が複雑な真の事後分布を精度良く近似できるような柔軟さをもっていること

4.2.1 節では最もシンプルな変分推論法として平均場近似を紹介しました. 平均場近似では, 指数型分布族などの特性のよく知られた分布を近似として用いるため, 上記要件 1 を満たしています. また, 事前分布と同じ形式を近似事後分布として選ぶことで ELBO の計算を解析的にしているため, 要件 2 も満たされます. しかし, 近似する個々の確率変数に対してシンプルな独立性の仮定をおいているため, 要件 3 の観点では近似能力が低くなる傾向があります. 変分自己符号化器においても, 潜在変数の近似事後分布として単純なガウス分布を仮定するため, 分布の近似能力はかなり制限されます.

通常の観測データの生成過程を表現する確率分布を生成モデルと呼ぶのに対して, 変分推論法の近似分布 q に使用する確率分布の族を**変分モデル (variational model)** と呼びます. 平均場近似や推論ネットワークなども変分モデルの一種と考えることができます. ここでは, 特に上記の要件 3 を満たす変分モデルとして, **正規化流 (normalizing flow)** を用いた手法と, **階層変分モデル (hierarchical variational model)** と呼ばれる事後分布の近似法を紹介します. また, 変分推論法をより自由度の高いモデルや近似分布が取り扱えるように拡張した**暗黙的モデル (implicit model)** も解説します. なお, 本節では変分自己符号化器などの深層生成モデルの近似推論を変分モデルの主要な応用対象として考えますが, ほとんどの手法は回帰や分類などの教師あり学習モデルのパラメータに対する近似推論にも適用できます.

6.2.1 正規化流

平均場近似に基づく変分自己符号化器の学習の問題点は, 式 (6.7) で表される近似分布に対角ガウス分布などの単純な分布を仮定してしまっていることです. 一般的に, 深層生成モデルをはじめとした複雑なモデルにおいては, 潜在変数の真の事後分布は単純なガウス分布では表現できないような複雑なものになっています. したがって, 潜在変数 $\mathbf{Z}$ の真の事後分布をよく近似するためには, より複雑な表現能力をもつ近似分布を考える必要があります. **正規化流 (normalizing flow)** は, ガウス分布などの簡単な確率分布からの

サンプル $\mathbf{z}_0$ に対して，複数回の可逆かつ微分可能な関数 $\mathbf{f}_1, \ldots, \mathbf{f}_K$ による変換を適用することによって，より複雑な分布からのサンプル $\mathbf{z}_K$ を得る手法です [102]．

6.2.1.1 可逆な関数による変換

正規化流は 3.1.4 節で解説した確率密度関数の変換に基づいています．ここでは可逆で連続な関数 $\mathbf{f} : \mathbb{R}^D \to \mathbb{R}^D$ を考えます．この変換 $\hat{\mathbf{z}} = \mathbf{f}(\mathbf{z})$ を用いれば，確率密度関数 $q(\mathbf{z})$ に対して $q(\hat{\mathbf{z}})$ は

$$q(\hat{\mathbf{z}}) = q(\mathbf{z}) \left| \det \left(\frac{\partial \mathbf{f}^{-1}}{\partial \hat{\mathbf{z}}} \right) \right| = q(\mathbf{z}) \left| \det \left(\frac{\partial \mathbf{f}}{\partial \mathbf{z}} \right) \right|^{-1} \tag{6.25}$$

となります．ここで，$\partial \mathbf{f}^{-1} / \partial \hat{\mathbf{z}}$ および $\partial \mathbf{f} / \partial \hat{\mathbf{z}}$ はヤコビ行列で，$\det(\cdot)$ は行列式を表します．このような変換を $\mathbf{z}_0$ から K 回適用することを考えます．つまり，

$$\mathbf{z}_K = \mathbf{f}_K \circ \ldots \circ \mathbf{f}_1(\mathbf{z}_0) \tag{6.26}$$

と変換を重ねたとき，最終的な確率変数 $\mathbf{z}_K$ の密度関数は

$$q_K(\mathbf{z}_K) = q_0(\mathbf{z}_0) \prod_{k=1}^{K} \left| \det \left(\frac{\partial \mathbf{f}_k}{\partial \mathbf{z}_{k-1}} \right) \right|^{-1} \tag{6.27}$$

と計算できます．K を増やすことにより計算量は増加しますが，より複雑な分布を表現できるようになります．

6.2.1.2 変換の例

具体的な関数 $\mathbf{f}$ をいくつか挙げてみましょう．**平面流 (planar flow)** は関数 $\mathbf{f}$ に関して次のような形をとります．

$$\mathbf{f}(\mathbf{z}) = \mathbf{z} + \mathbf{u}h(\mathbf{w}^\top \mathbf{z} + b). \tag{6.28}$$

ここで h は微分可能な非線形関数です．$\boldsymbol{\lambda} = \{\mathbf{w} \in \mathbb{R}^D, \mathbf{u} \in \mathbb{R}^D, b \in \mathbb{R}\}$ は変換を決めるパラメータです．変分推論法を行う際には $\boldsymbol{\lambda}$ は変分パラメータの役割を果たし，ELBO を最大化するように決定されます．平面流によって得られる分布の密度計算に必要なヤコビ行列は $\mathcal{O}(D)$ で計算でき，次のようになります．

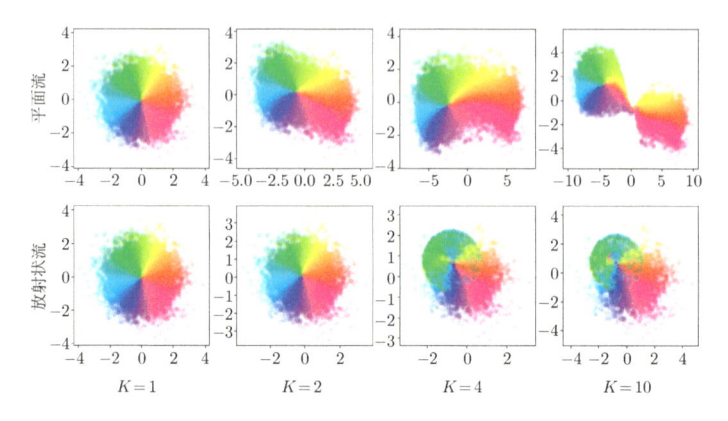

図 6.4　平面流（上段）と放射状流（下段）によるサンプルの例

$$\left| \det\left(\frac{\partial \mathbf{f}}{\partial \mathbf{z}} \right) \right| = |1 + \mathbf{u}^\top \boldsymbol{\psi}(\mathbf{z})|. \tag{6.29}$$

ただし h の導関数を $\boldsymbol{\psi}(\mathbf{z}) = h'(\mathbf{w}^\top \mathbf{z} + b)\mathbf{w}$ とおきました．式 (6.28) を $\mathbf{z}_0$ に対して繰り返し適用することによって得られる密度関数は，超平面 $\mathbf{w}^\top \mathbf{z} + b = 0$ に垂直な方向に収縮と拡大を繰り返していき，最終的に得られる $\mathbf{z}_K$ は複雑な分布を形成します．図 6.4 の上段では，次元を $D = 2$ とし，初期のサンプルを $\mathbf{z}_0 \sim \mathcal{N}(\mathbf{0}, \mathbf{I})$，非線形変換を $h(\cdot) = \mathrm{Tanh}(\cdot)$ として，複数回の変換を適用した様子を表しています．

放射状流 (**radial flow**) は，基準となる点 $\hat{\mathbf{z}}$ の周辺で確率変数を変換していく方法です．

$$\mathbf{f}(\mathbf{z}) = \mathbf{z} + \beta h(\alpha, r)(\mathbf{z} - \hat{\mathbf{z}}). \tag{6.30}$$

ここで $r = |\mathbf{z} - \bar{\mathbf{z}}|$，$h(\alpha, r) = 1/(\alpha + r)$ とおきました．パラメータは $\boldsymbol{\lambda} = \{\bar{\mathbf{z}} \in \mathbb{R}^D, \alpha \in \mathbb{R}^+, \beta \in \mathbb{R}\}$ です．放射状流のヤコビ行列も簡単に計算でき，

$$\left| \det\left(\frac{\partial \mathbf{f}}{\partial \mathbf{z}} \right) \right| = \{1 + \beta h(\alpha, r)\}^{D-1}\{1 + \beta h(\alpha, r) + \beta h'(\alpha, r)r\} \tag{6.31}$$

となります．初期のサンプルを $\mathbf{z}_0 \sim \mathcal{N}(\mathbf{0}, \mathbf{I})$ とした場合の変換の例は図 6.4 の下段のようになります．

6.2.1.3 変分推論法への適用

正規化流は変分推論法と組み合わせることによって，単純な平均場近似による推論よりもはるかに精度の高い事後分布の近似を行えます．潜在変数の集合 $\mathbf{Z}$ をもつ生成モデル $p(\mathbf{X}, \mathbf{Z}) = \prod_{n=1}^{N} p(\mathbf{x}_n | \mathbf{z}_n) p(\mathbf{z}_n)$ に対して，式 (6.27) を適用した場合の ELBO を計算することを考えます[*5]．あるデータ点 $\mathbf{x}$ に対する ELBO は

$$
\begin{aligned}
\mathcal{L}[q] =& \mathbb{E}_{q(\mathbf{z})} \left[\ln p(\mathbf{x}, \mathbf{z}) - \ln q(\mathbf{z}) \right] \\
=& \mathbb{E}_{q_0(\mathbf{z}_0)} \left[\ln p(\mathbf{x}, \mathbf{z}_K) - \ln q_K(\mathbf{z}_K) \right] \\
=& \mathbb{E}_{q_0(\mathbf{z}_0)} \left[\ln p(\mathbf{x}, \mathbf{z}_K) \right] - \mathbb{E}_{q_0(\mathbf{z}_0)} \left[\ln q_0(\mathbf{z}_0) \right] \\
& + \mathbb{E}_{q_0(\mathbf{z}_0)} \left[\sum_{k=1}^{K} \ln \left| \det \left(\frac{\partial \mathbf{f}_k}{\partial \mathbf{z}_{k-1}} \right) \right| \right]
\end{aligned} \tag{6.32}
$$

となります．

正規化流を変分自己符号化器などに使われている推論ネットワークに適用する際には，初期分布として

$$
q_0(\mathbf{z}_0) = \mathcal{N}(\mathbf{z} | \mathbf{m}(\mathbf{x}; \boldsymbol{\psi}), \mathrm{diagm}(\mathbf{v}(\mathbf{x}; \boldsymbol{\psi}))) \tag{6.33}
$$

としたうえで正規化流による変換を適用します．ここで $\mathbf{m}(\mathbf{x}; \boldsymbol{\psi})$ および $\mathbf{v}(\mathbf{x}; \boldsymbol{\psi})$ は式 (6.8) のようにニューラルネットワークの出力として定義されているとします．また，正規化流の各パラメータもニューラルネットワークの出力を用いることができます．推論ネットワークにより潜在変数の初期の近似分布 $q_0(\mathbf{z}_0)$ を対角ガウス分布として計算し，さらに正規化流によって対角ガウス分布よりも複雑な分布に変換します．このようにして推論ネットワークを使って効率的に潜在変数全体の近似分布を学習し，さらに正規化流による K 回の変換によって，対角ガウス分布のみを使う場合よりも精度の高い近似を行います．

6.2.1.4 スタイン変分勾配降下法

正規化流のほかに，逐次的な変数変換を利用した変分推論法としてはスタ

[*5] モデルのパラメータは簡単のため固定値とし，表記からは省略しています．

イン変分勾配降下法 (**Stein variational gradient descent method**) が
あります[70]. この手法では, **再生核ヒルベルト空間** (**reproducing kernel
Hilbert space**) 上での汎関数微分を利用した勾配降下法を適用することに
よって, 真の事後分布に対する KL ダイバージェンスを最小化します. 近似
事後分布は, 初期分布から得られる有限個のサンプルによって表現され, 最
適化によって真の事後分布からのサンプルに変換されます. 正規化流や後で
紹介する変分ガウス過程と異なり, 行列式や逆行列の計算が不要であるとい
う利点をもっており, ベイズニューラルネットワークの学習や変分自己符号
化器の潜在変数の推論にも利用されています[93].

6.2.2 階層変分モデル

階層変分モデル (**hierarchical variational model**) または**補助潜在変
数法** (**auxiliary latent variables method**) と呼ばれている手法も変分
モデルの一種で, 近似分布を階層化することにより, 複雑な近似分布を表現
できるように拡張したものです[99].

6.2.2.1 近似分布のモデル

通常の平均場近似を用いた潜在変数 $\mathbf{Z} = \{\mathbf{z}_1, \ldots, \mathbf{z}_M\}$ の近似分布 q_{MF}
は, $\boldsymbol{\lambda}$ を変分パラメータの集合とすれば

$$q_{\mathrm{MF}}(\mathbf{Z}; \boldsymbol{\lambda}) = \prod_{m=1}^{M} q(\mathbf{z}_m; \boldsymbol{\lambda}_m) \tag{6.34}$$

として書けます. ここでは, M 個の潜在変数 $\mathbf{z}_1, \ldots, \mathbf{z}_M$ の間には独立性が
仮定されています. 一方で, 階層変分モデルによる近似分布 q_{HVC} は次のよ
うな形式をとることにより, 近似分布を階層化します.

$$q_{\mathrm{HVC}}(\mathbf{Z}; \boldsymbol{\xi}) = \int q(\boldsymbol{\lambda}; \boldsymbol{\xi}) \prod_{m=1}^{M} q(\mathbf{z}_m | \boldsymbol{\lambda}_m) \mathrm{d}\boldsymbol{\lambda}. \tag{6.35}$$

ここでは, 変分パラメータ $\boldsymbol{\lambda}$ に対して**変分事前分布** (**variational prior**) と
呼ばれる分布 $q(\boldsymbol{\lambda}; \boldsymbol{\xi})$ が与えられています. 同様に, $q(\mathbf{z}_m | \boldsymbol{\lambda}_m)$ は**変分尤度**
(**variational likelihood**) と呼ぶことができます. $\boldsymbol{\lambda}$ に関して周辺化する
ことにより, 近似分布はある種の混合分布になります. **図 6.5** では, 変分事

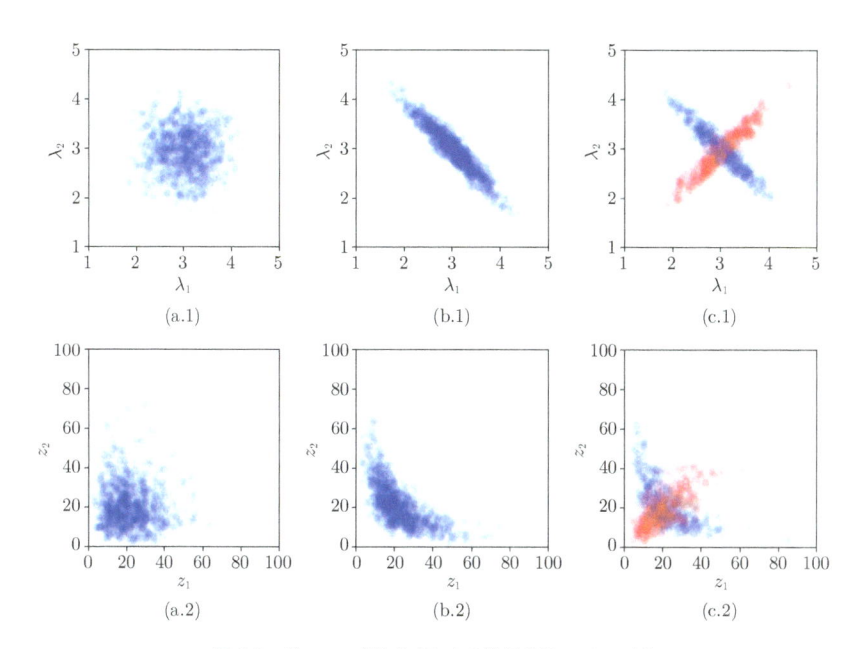

図 6.5 ポアソン変分尤度による階層変分モデルの例

前分布に 2 次元のガウス分布，変分尤度にポアソン分布を使った場合の変分モデルの例を示しています．(a.1) では独立なガウス分布を使うことによって λ_1, λ_2 が生成されており，結果として (a.2) の潜在変数 z_1, z_2 も独立になっていることがわかります．一方で，(b.1) では強い相関をもつガウス分布によって λ_1, λ_2 を生成しているため，(b.2) の潜在変数は複雑な関係性をもつことがわかります．このように，従来の変分パラメータの生成に独立ではない分布を仮定することによって，式 (6.34) の近似分布では捉えることのできないような潜在変数間の相関を捉えることができるようになります．式 (6.35) の階層変分モデルは，新しく導入された**変分ハイパーパラメータ (variational hypterparameter)** $\boldsymbol{\xi}$ に関して ELBO を最大化することにより，通常の変分推論法の枠組みで学習させることができます．

6.2.2.2 変分事前分布の例

ここで，式 (6.35) における変分事前分布 $q(\boldsymbol{\lambda}; \boldsymbol{\xi})$ を選択することで得ら

れる有用な変分モデルをいくつか紹介します．シンプルな方法の 1 つは，4.2.2 節で紹介した離散の潜在変数をもつ混合モデルのアイデアを適用することです．K を混合要素数，π を K 次元のカテゴリ分布のパラメータ，$\xi = \{\mu_k, \Sigma_k\}_{k=1}^{K}$ を M 次元ガウス分布のパラメータの集合とすれば

$$q(\lambda; \xi) = \sum_{k=1}^{K} \pi_k \mathcal{N}(\lambda | \mu_k, \Sigma_k) \tag{6.36}$$

となります．混合モデルを変分事前分布として設定することにより，$\mathbf{Z}$ の変数間のより詳細な相関を捉えることができます．図 6.5(c) では，要素数を $K = 2$，潜在変数の数を $M = 2$ とした場合の例を示しています．点の色を分けることによって，どちらの混合要素から λ や $\mathbf{Z}$ が決定されたかを表しています．このように，混合モデルを変分事前分布として利用すれば，λ_1 と λ_2 の間で 2 つの異なる相関（正の相関と負の相関）を表現することができるようになります．

変分事前分布に正規化流を用いることもできます．

$$q(\lambda; \xi) = q(\lambda_0) \prod_{k=1}^{K} \left| \det \left(\frac{\partial \mathbf{f}_k}{\partial \lambda_{k-1}} \right) \right|^{-1}. \tag{6.37}$$

例えば，各 $\mathbf{z}_m$ が離散のカテゴリ値をもつような場合，ソフトマックス関数 $\pi(\cdot)$ を使って変分尤度を $q(\mathbf{z}_m | \lambda_m) = \mathrm{Cat}(\mathbf{z}_m | \pi(\lambda_m))$ のように設計することによって，離散変数の事後分布の近似に正規化流による柔軟性の高い推論手法を適用できるようになります．

最後に，変分モデルとして 7 章で紹介するガウス過程を用いることもできます [129]．この手法は**変分ガウス過程 (variational Gaussian process)** と呼ばれています [*6]．

$$q_{\mathrm{VGP}}(\mathbf{Z}; \theta, \mathcal{V}) = \iint \prod_{m=1}^{M} q(\mathbf{z}_m | \mathbf{F}_m(\xi)) \mathcal{N}(\mathbf{F}_m; \mathbf{0}, \mathbf{K}_{\xi,\xi}) \mathcal{N}(\xi; \mathbf{0}, \mathbf{I}) \mathrm{d}\mathbf{F} \mathrm{d}\xi. \tag{6.38}$$

ここで $\mathcal{V}$ は**変分データ (variational data)** と呼ばれている変分ガウス過

---

*6　7.3.1 節では，変分推論法を用いたガウス過程モデルの学習手法を紹介していますが，本章の変分ガウス過程は変分推論法を補助するためにガウス過程を用いる手法であるため，目的が本質的に異なることに注意してください．

程のための擬似的な入出力データです.変分データと**共分散関数** (covariance function) のパラメータ $\boldsymbol{\theta}$ が変分ガウス過程における変分パラメータであり,これらは ELBO に基づいて最適化されます.ガウス過程に従う関数 $\mathbf{F}_m$ によって,潜在入力 $\boldsymbol{\xi}$ が $\mathbf{F}_m(\boldsymbol{\xi})$ にマッピングされ,さらに変分尤度 $q(\mathbf{z}_m|\mathbf{F}_m(\boldsymbol{\xi}))$ によって推論したい潜在変数 $\mathbf{z}_m$ の分布が決まります.

これらの変分モデルは,**ブラックボックス変分推論法** (black box variational inference method) と呼ばれる手法などを用いて ELBO の最大化に使うことができます [97].ブラックボックス変分推論法はスコア関数推定に基づく ELBO の勾配近似手法であり,モデルの設計に依存したアルゴリズムの導出を必要としない手法です.

6.2.3 非明示的モデルと尤度なし変分推論法

指数型分布族をはじめとした確率分布は,組み合わせて使用することによって多彩なデータの生成過程をモデリングできます.ここで使用される個々の確率分布は,一般的に密度が計算できるような分布に限定されます.一方で,密度を計算することはできないものの,データの生成は行えるようなモデルは**非明示的モデル** (implicit model) と呼ばれており,このようなモデルの取り扱いは**近似ベイズ計算** (approximate Bayesian computation, ABC) として長く研究されています [6].非明示的モデルはデータ生成のシミュレータであるといえます.ここでは,生成モデルや近似分布が非明示的モデルとして構成されている状況を想定した,**尤度なし変分推論法** (likelihood-free variational inference method) による推論アルゴリズムを紹介します [128].また,このような尤度を用いない生成モデルの学習方法は,6.4.3 節で紹介する**敵対的生成ネットワーク** (generative adversarial network, GAN) でも利用されており,近年注目を集めています.

伝統的なコイン投げの例を考えてみましょう.複数回コインを試投することによって,表の出る確率を見積もりたいとします.ベイズ推論を使った解き方としては,コインの面を決定する確率分布としてベルヌーイ分布を用います.ベルヌーイ分布のパラメータに対しては,共役事前分布であるベータ分布を用いるのが一般的です.この場合,事後分布は事前分布と同じベータ分布となり,コインの傾向を分布として見積もることができます.しかし,このような尤度が計算できることを前提としたベータ分布とベルヌーイ分布

によるモデルは，コイン投げの現象を表すのに適したものでしょうか．実際のコイン投げの結果は，投げる前のコインの初期状態（投げ出される角度や速さなど）から決定される物理的な過程を通じて決まります．つまり，初期状態に対する不確実性，あるいは情報の不足により，最終的な結果の見積もりにも不確実性が伴ってくると考えたほうが自然でしょう．コイン投げに関して現実に近い物理モデルをシミュレータとして記述できれば，極端に単純化されたベータ・ベルヌーイ分布よりも優れたデータの生成過程になることが期待できます．

6.2.3.1　非明示的モデル

ここでは次のような潜在変数 $\mathbf{Z}$ と，すべてのデータで共有されるパラメータの集合 $\boldsymbol{\theta}$ で構成されるような観測データ $\mathbf{X}$ の階層的な生成モデルを考えます．

$$p(\mathbf{X}, \mathbf{Z}, \boldsymbol{\theta}) = p(\boldsymbol{\theta}) \prod_{n=1}^{N} p(\mathbf{x}_n|\mathbf{z}_n, \boldsymbol{\theta}) p(\mathbf{z}_n|\boldsymbol{\theta}). \tag{6.39}$$

さらに，ここでは密度関数 $p(\mathbf{x}_n|\mathbf{z}_n, \boldsymbol{\theta})$ は明示的に定義されず，潜在変数 $\mathbf{z}_n$ およびパラメータ $\boldsymbol{\theta}$ が与えられたもとでのデータ $\mathbf{x}_n$ の生成手段だけをもっているとします．すなわち，ある関数 $\mathbf{g}$ とノイズ $\boldsymbol{\epsilon}_n \sim p(\boldsymbol{\epsilon})$ によって

$$\mathbf{x}_n = \mathbf{g}(\boldsymbol{\epsilon}_n, \mathbf{z}_n, \boldsymbol{\theta}) \tag{6.40}$$

のように $\mathbf{x}_n$ が生成されるとすれば，尤度は

$$p(\mathbf{x}_n \in A|\mathbf{z}_n, \boldsymbol{\theta}) = \int_{\mathbf{x}_n \in A} p(\boldsymbol{\epsilon}_n) \mathrm{d}\boldsymbol{\epsilon}_n \tag{6.41}$$

となります．ここでは式 (6.41) の積分は解析的に実行できず，効率的に尤度計算ができないことを仮定します．なお，パラメータの事前分布 $p(\boldsymbol{\theta})$ はサンプリングも密度計算も容易にできるとします．

6.2.3.2　尤度なし変分推論法

式 (6.39) の非明示的モデルの事後分布は

$$p(\mathbf{Z}, \boldsymbol{\theta}|\mathbf{X}) = \frac{p(\mathbf{X}, \mathbf{Z}, \boldsymbol{\theta})}{p(\mathbf{X})} \tag{6.42}$$

となりますが，これは解析的に計算できないため，ここでも変分推論法の枠組みで事後分布を近似します．非明示的モデルは一般的に事後分布も複雑になるため，仮定する近似分布も表現力の高いものが望まれます．尤度なし変分推論法では，従来の平均場近似で使われていたような単純な指数型分布族の組み合わせではなく，近似分布に仮定する制約を弱め，より広いクラスの近似分布を設定できるようにします．具体的には，潜在変数の近似分布に対しても変分パラメータを $\boldsymbol{\psi}$ とした非明示的な分布を仮定します．ここで，各潜在変数 $\mathbf{z}_n$ は，変分パラメータ $\boldsymbol{\psi}$ をもつ分布から

$$\mathbf{z}_n \sim q_{\boldsymbol{\psi}}(\mathbf{z}_n|\mathbf{x}_n, \boldsymbol{\theta}) \tag{6.43}$$

のようにサンプルは簡単に得ることはできる一方で，変分尤度 $q_{\boldsymbol{\psi}}(\mathbf{z}_n|\mathbf{x}_n, \boldsymbol{\theta})$ の値自体は必ずしも計算できなくても良いとします．明示的な密度関数をもたず，サンプル $\mathbf{z}_n$ を得られることだけを利用して変分推論法を実行できるようにするのが目的です．

　式 (6.43) の非明示的な変分尤度と，変分パラメータ $\boldsymbol{\xi}$ をもつ $\boldsymbol{\theta}$ の近似分布 $q_{\boldsymbol{\xi}}(\boldsymbol{\theta})$ を用いて，近似事後分布全体を

$$q_{\boldsymbol{\psi}, \boldsymbol{\xi}}(\mathbf{Z}, \boldsymbol{\theta}|\mathbf{X}) = q_{\boldsymbol{\xi}}(\boldsymbol{\theta}) \prod_{n=1}^{N} q_{\boldsymbol{\psi}}(\mathbf{z}_n|\mathbf{x}_n, \boldsymbol{\theta}) \tag{6.44}$$

とします．変分事前分布 $q_{\boldsymbol{\xi}}(\boldsymbol{\theta})$ は，$\boldsymbol{\theta}$ のサンプリングも密度計算も容易に実行できるガウス分布などを指定します．式 (6.44) を用いれば対数周辺尤度の下界は次のように書けます．

$$\begin{aligned}
\mathcal{L}(\boldsymbol{\psi}, \boldsymbol{\xi}) &= \mathbb{E}_{q_{\boldsymbol{\psi}, \boldsymbol{\xi}}(\mathbf{Z}, \boldsymbol{\theta}|\mathbf{X})} \left[\ln p(\mathbf{X}, \mathbf{Z}, \boldsymbol{\theta}) - \ln q_{\boldsymbol{\psi}, \boldsymbol{\xi}}(\mathbf{Z}, \boldsymbol{\theta}|\mathbf{X}) \right] \\
&= \mathbb{E}_{q_{\boldsymbol{\xi}}(\boldsymbol{\theta})} \left[\ln p(\boldsymbol{\theta}) - \ln q_{\boldsymbol{\xi}}(\boldsymbol{\theta}) \right] \\
&\quad + \sum_{n=1}^{N} \mathbb{E}_{q_{\boldsymbol{\xi}}(\boldsymbol{\theta}) q_{\boldsymbol{\psi}}(\mathbf{z}_n|\mathbf{x}_n, \boldsymbol{\theta})} \left[\ln p(\mathbf{x}_n, \mathbf{z}_n|\boldsymbol{\theta}) - \ln q_{\boldsymbol{\psi}}(\mathbf{z}_n|\mathbf{x}_n, \boldsymbol{\theta}) \right].
\end{aligned} \tag{6.45}$$

ここでは $p(\mathbf{x}_n, \mathbf{z}_n|\boldsymbol{\theta})$ および $q_{\boldsymbol{\psi}}(\mathbf{z}_n|\mathbf{x}_n, \boldsymbol{\theta})$ がともに密度の計算できない非明示的な分布になっているため，$\mathcal{L}(\boldsymbol{\psi}, \boldsymbol{\xi})$ を勾配降下法などで最大化することはできなくなっています．これを解決するために，尤度なし変分推論法ではデータの経験分布 $q_{\mathcal{D}}(\mathbf{x}_n)$ を利用します．式 (6.45) の下界 $\mathcal{L}(\boldsymbol{\psi}, \boldsymbol{\xi})$ に

$-\ln q_{\mathcal{D}}(\mathbf{x}_n)$ を加えると,

$$\mathcal{L}(\boldsymbol{\psi}, \boldsymbol{\xi}) = \mathbb{E}_{q_{\boldsymbol{\xi}}(\boldsymbol{\theta})} \left[\ln p(\boldsymbol{\theta}) - \ln q_{\boldsymbol{\xi}}(\boldsymbol{\theta}) \right]$$
$$+ \sum_{n=1}^{N} \mathbb{E}_{q_{\boldsymbol{\xi}}(\boldsymbol{\theta}) q_{\boldsymbol{\psi}}(\mathbf{z}_n | \mathbf{x}_n, \boldsymbol{\theta})} \left[\ln \frac{p(\mathbf{x}_n, \mathbf{z}_n | \boldsymbol{\theta})}{q_{\boldsymbol{\psi}, \mathcal{D}}(\mathbf{x}_n, \mathbf{z}_n | \boldsymbol{\theta})} \right] + c \qquad (6.46)$$

となります. ここで新たに定数項 c が加わっているのは, $-\ln q_{\mathcal{D}}(\mathbf{x}_n)$ を加えても下界 $\mathcal{L}(\boldsymbol{\psi}, \boldsymbol{\xi})$ の変分パラメータに関する最大化問題は変わらないためです. 尤度なし変分推論法では, 式 (6.45) における密度計算が不能な $p(\mathbf{x}_n, \mathbf{z}_n | \boldsymbol{\theta})$ および $q_{\boldsymbol{\psi}}(\mathbf{z}_n | \mathbf{x}_n, \boldsymbol{\theta})$ を直接扱う代わりに, 式 (6.46) に現れる**密度比 (density ratio)** の対数

$$r_{\mathrm{opt.}}(\mathbf{x}_n, \mathbf{z}_n, \boldsymbol{\theta}; \boldsymbol{\eta}) = \ln \frac{p(\mathbf{x}_n, \mathbf{z}_n | \boldsymbol{\theta})}{q_{\boldsymbol{\psi}, \mathcal{D}}(\mathbf{x}_n, \mathbf{z}_n | \boldsymbol{\theta})} \qquad (6.47)$$

を直接推定することによって下界の計算を行います [121, 130]. 密度比推定器 $r(\mathbf{x}_n, \mathbf{z}_n, \boldsymbol{\theta}; \boldsymbol{\eta})$ の選択としては, 例えば $\boldsymbol{\eta}$ をパラメータとした微分可能なニューラルネットワークなどの回帰モデルを使用します. 密度比推定器 r の学習にはさまざまな方法が考えられますが, ここでは例として, 次のような**適正スコア規則 (proper scoring rule)** に基づいた損失関数を使います [36].

$$J(\boldsymbol{\eta}) = \mathbb{E}_{p(\mathbf{x}_n, \mathbf{z}_n | \boldsymbol{\theta})} \left[-\ln \mathrm{Sig}(r(\mathbf{x}_n, \mathbf{z}_n, \boldsymbol{\theta}; \boldsymbol{\eta})) \right]$$
$$+ \mathbb{E}_{q_{\boldsymbol{\psi}}(\mathbf{x}_n, \mathbf{z}_n | \boldsymbol{\theta})} \left[-\ln\{1 - \mathrm{Sig}(r(\mathbf{x}_n, \mathbf{z}_n, \boldsymbol{\theta}; \boldsymbol{\eta}))\} \right]. \qquad (6.48)$$

シグモイド関数 $\mathrm{Sig}(r(\mathbf{x}_n, \mathbf{z}_n, \boldsymbol{\theta}; \boldsymbol{\eta}))$ が分布 p からのサンプルに対して 1 を返し, かつ分布 q からのサンプルに対して 0 を返すとき, 式 (6.48) は最小値 $J(\boldsymbol{\eta}) = 0$ をとります. 密度比推定器 $r(\mathbf{x}_n, \mathbf{z}_n, \boldsymbol{\theta}; \boldsymbol{\eta})$ の学習は, $\mathbf{x}_n$ および $\mathbf{z}_n$ のサンプルのみを使い, 式 (6.48) の $\boldsymbol{\eta}$ の勾配に関する不偏推定量を得ることによって行えます.

式 (6.47) の密度比推定器を用いれば, 最大化する目的関数は

$$\mathcal{L}_r(\boldsymbol{\psi}, \boldsymbol{\xi}) = \mathbb{E}_{q_{\boldsymbol{\xi}}(\boldsymbol{\theta})} \left[\ln p(\boldsymbol{\theta}) - \ln q_{\boldsymbol{\xi}}(\boldsymbol{\theta}) \right]$$
$$+ \sum_{n=1}^{N} \mathbb{E}_{q_{\boldsymbol{\xi}}(\boldsymbol{\theta}) q_{\boldsymbol{\psi}}(\mathbf{z}_n | \mathbf{x}_n, \boldsymbol{\theta})} \left[r(\mathbf{x}_n, \mathbf{z}_n, \boldsymbol{\theta}; \boldsymbol{\eta}) \right] \qquad (6.49)$$

と書けます. ここでは密度比が微分可能な関数 $r(\mathbf{x}_n, \mathbf{z}_n, \boldsymbol{\theta}; \boldsymbol{\eta})$ に置き換わっ

ているため，再パラメータ化勾配を使って $\mathbf{z}_n$ および $\boldsymbol{\theta}$ をサンプリングし，変分パラメータ ψ および ξ に関する勾配の近似が得られます．以上をまとめると，尤度なし変分推論法は**アルゴリズム 6.2** のようになります．

アルゴリズム 6.2 尤度なし変分推論法

- 入力：非明示的モデル $p(\mathbf{x}_n, \mathbf{z}_n | \boldsymbol{\theta})$，事前分布 $p(\boldsymbol{\theta})$，非明示的変分尤度関数 $q_\psi(\mathbf{z}_n | \mathbf{x}_n, \boldsymbol{\theta})$，変分事前分布 $q_\xi(\boldsymbol{\theta})$，密度比推定器 $r(\mathbf{x}_n, \mathbf{z}_n, \boldsymbol{\theta}; \boldsymbol{\eta})$
- 出力：変分パラメータ ψ, ξ
- パラメータ $\boldsymbol{\eta}$, ψ, ξ の初期化する．
- 下記を収束するまで繰り返す．
  1. 勾配 $\nabla_{\boldsymbol{\eta}} J(\boldsymbol{\eta})$, $\nabla_\psi \mathcal{L}(\psi, \xi)$, $\nabla_\xi \mathcal{L}(\psi, \xi)$ の不偏推定量を計算
  2. $\boldsymbol{\eta}$, ψ, ξ を更新する．

6.3 生成ネットワークの構造学習

　深層学習モデルの学習の困難性の 1 つとして挙げられるのがハイパーパラメータの調整です．特に，多くの深層学習モデルではネットワークの構造をあらかじめ決める必要があり，性能の良い構造を発見するために膨大な試行錯誤を要します．ここでは，**インド料理過程 (Indian buffet process)** と呼ばれる無限の列数をもつバイナリ行列を生成する確率モデルを使うことによって，データから有向グラフの構造を推定する方法を紹介します [2,42]．これにより，ネットワークの重みやバイアス，潜在変数だけでなく，ネットワークの幅や深さもベイズ推論の枠組みで同時学習できるようになります．

6.3.1 インド料理過程

　インド料理過程を用いれば，列数に上限が存在しないような行列の生成モデルが構築できます．これを応用すれば，主成分分析や因子分析といった次

元削減モデルの潜在変数の次元なども自動決定できます.

6.3.1.1　無限行列の生成

　ここではまず, サイズが $N \times H$ のバイナリ行列 $\mathbf{M}$ を考え, $H \to \infty$ となる場合の $\mathbf{M}$ の生成過程を構築します. ここでは各要素 $m_{n,h} \in \{0,1\}$ はベルヌーイ分布 $\mathrm{Bern}(\pi_h)$ から生成されているとします. また, $\alpha > 0$ および $\beta > 0$ をハイパーパラメータとし, パラメータ π_h がベータ分布 $\mathrm{Beta}(\alpha\beta/H, \beta)$ から生成されているとすれば, 行列 $\mathbf{M}$ の分布は

$$
\begin{aligned}
p(\mathbf{M}) &= \prod_{h=1}^{H} \int p(\pi_h) \left\{ \prod_{n=1}^{N} p(m_{n,h}|\pi_h) \right\} \mathrm{d}\pi_h \\
&= \prod_{h=1}^{H} \int \frac{\Gamma\left(\frac{\alpha\beta}{H} + \beta\right)}{\Gamma\left(\frac{\alpha\beta}{H}\right)\Gamma(\beta)} \pi_h^{\frac{\alpha\beta}{H}-1} (1-\pi_h)^{\beta-1} \prod_{n=1}^{N} \pi_h^{m_{n,h}} (1-\pi_h)^{1-m_{n,h}} \mathrm{d}\pi_h \\
&= \prod_{h=1}^{H} \frac{\Gamma\left(\frac{\alpha\beta}{H} + \beta\right)}{\Gamma\left(\frac{\alpha\beta}{H}\right)\Gamma(\beta)} \int \pi_h^{N_h + \frac{\alpha\beta}{H}-1} (1-\pi_h)^{N-N_h+\beta-1} \mathrm{d}\pi_h \\
&= \prod_{h=1}^{H} \frac{\Gamma\left(\frac{\alpha\beta}{H} + \beta\right)}{\Gamma\left(\frac{\alpha\beta}{H}\right)\Gamma(\beta)} \frac{\Gamma\left(N_h + \frac{\alpha\beta}{H}\right)\Gamma(N-N_h+\beta)}{\Gamma\left(\frac{\alpha\beta}{H} + \beta + N\right)} \quad (6.50)
\end{aligned}
$$

と書けます. ただし, $N_h = \sum_{n=1}^{N} m_{n,h}$ です. 式 (6.50) で列数を $H \to \infty$ とすると, $p(\mathbf{M}) \to 0$ となり, すべてのバイナリ行列の生成確率は 0 になってしまいます. これを防ぐために, まず $\mathbf{M}$ の列を並び替えることによって同じになるような行列の同値類を $[\mathbf{M}]$ とおきます *7. 詳細な計算に関しては文献 [42] に譲りますが, $p([\mathbf{M}])$ に対して $H \to \infty$ とすれば,

---

*7　例えば, $\mathbf{M}$ の各列を 2 進数とみなし, 大きい順に左から並べる操作 $\mathrm{lof}(\cdot)$ を考えることによって $[\mathbf{M}] = \mathrm{lof}(\mathbf{M})$ と同値類を構成できます.

$$
p([\mathbf{M}]) = \sum_{\mathbf{M} \in [\mathbf{M}]} p(\mathbf{M})
$$

$$
= \frac{H!}{\prod_{i \geq 1} H_i!} \prod_{h=1}^{H} \frac{\Gamma\left(\frac{\alpha\beta}{H} + \beta\right)}{\Gamma\left(\frac{\alpha\beta}{H}\right)\Gamma(\beta)} \frac{\Gamma\left(N_h + \frac{\alpha\beta}{H}\right)\Gamma(N - N_h + \beta)}{\Gamma\left(\frac{\alpha\beta}{H} + \beta + N\right)}
$$

$$
\rightarrow \frac{(\alpha\beta)^{H_+}}{\prod_{i \geq 1} H_i!} \exp(-\bar{H}_+) \prod_{h=1}^{H_+} \frac{\Gamma(N_h)\Gamma(N - N_h + \beta)}{\Gamma(N + \beta)} \tag{6.51}
$$

となります. ここで, H_i は $\mathbf{Z}$ 中のあるバイナリ列 i の個数で, 同じバイナリ列 i の並び替えによる重複をキャンセルするために割られています. H_+ は $N_h > 0$ となるような列 h の個数, $\bar{H}_+ = \alpha \sum_{n=1}^{N} \frac{\beta}{n + \beta - 1}$ は H_+ の期待値です. 式 (6.51) の分布は, $\mathbf{M}$ の行を交換しても確率が変わらないため, **交換可能性 (exchangeablity)** をもつことになります.

式 (6.51) で表されるような無限列をもつバイナリ行列の生成は, 次のような**インド料理過程 (Indian buffet process)** と呼ばれる手続きによって行えます.

1. 最初に料理店に来客した客は, 式 (3.40) で定義されるポアソン分布 $\mathrm{Poi}(\alpha)$ にしたがって料理をとる
2. n 番目に来た客は, 確率 $\frac{N_h}{n + \beta - 1}$ に従って各料理 h をとり, 最後に $\mathrm{Poi}\left(\frac{\alpha\beta}{n + \beta - 1}\right)$ に従って新しい料理をとる

生成されるバイナリ行列 $\mathbf{M} \in \{0,1\}^{N \times \infty}$ は下記のような特性があります[42].

- 客 1 人あたりの料理の数は $\mathrm{Poi}(\alpha)$ に従う
- とられる料理の総数の期待値は $N\alpha$
- 客にとられる料理の種類の総計は $\bar{H}_+ = \alpha \sum_{n=1}^{N} \frac{\beta}{n + \beta - 1}$
- $\lim_{\beta \to 0} \bar{H}_+ = \alpha$ （客全員が同じ料理を選ぶ）

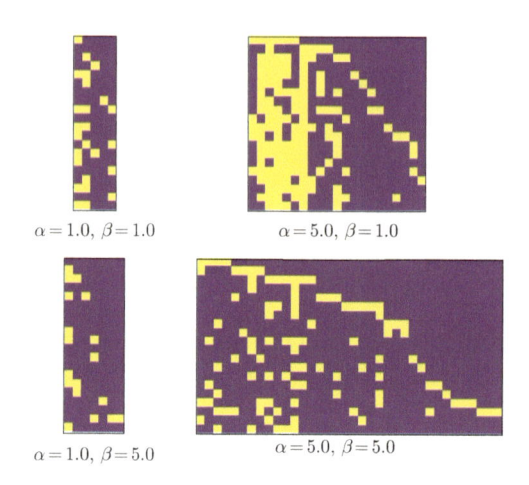

$\alpha = 1.0,\ \beta = 1.0$　　　　$\alpha = 5.0,\ \beta = 1.0$

$\alpha = 1.0,\ \beta = 5.0$　　　　$\alpha = 5.0,\ \beta = 5.0$

図 6.6　バイナリ行列 $\mathbf{M}$ のサンプル例

- $\lim_{\beta \to \infty} \bar{H}_+ = N\alpha$　（客同士が同じ料理を選ばなくなる）

図 6.6 はハイパーパラメータ α および β を変えた場合の $N = 20$ のバイナリ行列のサンプル例を示しています.

6.3.1.2　ギブスサンプリング

インド料理過程を使って無限の潜在変数をもつような生成モデルを構成できます. 例えば, データ $\mathbf{X}$ を無限次元のパラメータ $\boldsymbol{\theta}$ とバイナリ行列 $\mathbf{M}$ によって次のようにモデル化したとします.

$$p(\mathbf{X}, \mathbf{M}, \boldsymbol{\theta}) = p(\mathbf{X}|\mathbf{M}, \boldsymbol{\theta})p(\mathbf{M})p(\boldsymbol{\theta}). \tag{6.52}$$

$\boldsymbol{\theta}$ が $p(\mathbf{X}|\mathbf{M}) = \int p(\mathbf{X}|\mathbf{M}, \boldsymbol{\theta})p(\boldsymbol{\theta})\mathrm{d}\boldsymbol{\theta}$ のように解析的に積分除去できると仮定すれば, ギブスサンプリングを使って事後分布 $p(\mathbf{M}|\mathbf{X})$ から各 $m_{n,h}$ を次のようにサンプリングできます.

$$p(m_{n,h} = 1|\mathbf{M}_{\backslash (n,h)}, \mathbf{X}) \propto p(\mathbf{X}|\mathbf{M})p(m_{n,h} = 1|\mathbf{M}_{\backslash (n,h)}). \tag{6.53}$$

ここで, $\mathbf{M}_{\backslash (n,h)}$ は集合 $\mathbf{M}$ から $m_{n,h}$ のみを除いたものです. $p(m_{n,h}|\mathbf{M}_{\backslash (n,h)})$ から $m_{n,h} = 1$ がサンプリングされる確率は, インド料理過程において $n-1$

人が料理をとった後に最後の n 番目の客が h 番目の料理をとることに対応します. したがって, $N_{\backslash n,h} = \sum_{n' \neq n} m_{n',h} > 0$ となるある h 個目の値 $m_{n,h}$ は, ギブスサンプリングを用いて, 確率 $\dfrac{N_{\backslash n,h}}{n + \beta - 1}$ と式 (6.53) の尤度の項 $p(\mathbf{X}|\mathbf{M})$ を計算することによりサンプリングできます. 同様に, $N_{\backslash n,h} = 0$ となるような新規のバイナリ列の生成は, 新規に生成される列の数 H^{new} の確率が $\text{Poi}\left(\dfrac{\alpha\beta}{N + \beta - 1}\right)$ と尤度 $p(\mathbf{X}|\mathbf{M})$ により計算できます. 新規に追加される列数は加算無限個存在するため, 厳密には $p(\mathbf{X}|\mathbf{M})$ を無限回評価する必要があります. 単純な近似方法としては, $H^{\text{new}} \leq 10$ のようにある有限の候補数で計算を打ち切るやり方がよく行われています *8.

6.3.2 無限のニューラルネットワークモデル

ここでは, 文献 [2] の実装法に基づき, 非線形ガウス信念ネットワーク (non-linear Gaussian belief network) と呼ばれる生成モデルを使って多層の深層ネットワークを構成します. さらに, インド料理過程を繰り返し適用することによって, 無限のネットワークを構成する方法を示します.

6.3.2.1 非線形ガウス信念ネットワーク

インド料理過程による無限ネットワークを構築する前に, まずは有限の L 層をもつネットワークを考えます. また, 各 l 層目のユニット数を H_l とし, レイヤー l 上の h 番目のユニットを $z_h^{(l)}$ とおきます. $\mathbf{M}^{(l)}$ はサイズが $H_{l-1} \times H_l$ のバイナリ行列で, レイヤー l から $l-1$ に向かう矢印がユニット $z_{h'}^{(l)}$ とユニット $z_h^{(l-1)}$ の間に存在する場合には $m_{h,h'}^{(l)} = 1$ とします. さらに, l 層目の重みパラメータを $\mathbf{W}^{(l)} \in \mathbb{R}^{H_{l-1} \times H_l}$, バイアスパラメータを $\mathbf{b}^{(l)} \in \mathbb{R}^{H_l}$ とし, l 層目の活性を

$$\mathbf{a}^{(l)} = (\mathbf{W}^{(l+1)} \odot \mathbf{M}^{(l+1)})\mathbf{z}^{(l+1)} + \mathbf{b}^{(l)} \tag{6.54}$$

とします. ここで, 活性 $a_h^{(l)}$ には次のようにガウス分布からのノイズ $\epsilon \sim \mathcal{N}(0, \nu_h^{(l)})$ が加わっているとします.

$$\tilde{a}_h^{(l)} = a_h^{(l)} + \epsilon. \tag{6.55}$$

---

*8 打ち切りを行わない方法も提案されています [80,122].

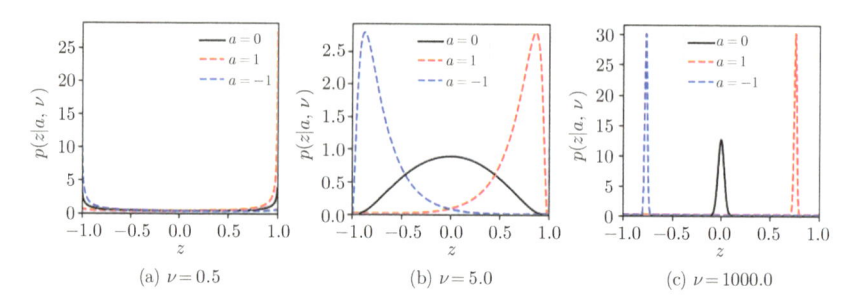

図 6.7　非線形変換のサンプル

隠れユニット $z_h^{(l)}$ は，双曲線正接関数 $\phi(\cdot) = \mathrm{Tanh}(\cdot)$ によって

$$z_h^{(l)} = \phi(\tilde{a}_h^{(l)}) \tag{6.56}$$

と変換されているとすれば，$z_h^{(l)}$ の分布は，

$$
p(z_h^{(l)}|a_h^{(l)}, \nu_h^{(l)}) = \mathcal{N}(\phi^{-1}(z_h^{(l)})|a_h^{(l)}, \nu_h^{(l)}) \left| \det\left(\frac{\partial \tilde{a}_h^{(l)}}{\partial z_h^{(l)}} \right) \right|
$$

$$
= \frac{\mathcal{N}(\phi^{-1}(z_h^{(l)})|a_h^{(l)}, \nu_h^{(l)})}{\phi'(\phi^{-1}(z_h^{(l)}))} \tag{6.57}
$$

となります．ただし，$\phi'(a) = \dfrac{\mathrm{d}}{\mathrm{d}a}\phi(a)$ です．また，$\mathbf{M}$ や隠れユニット $\mathbf{Z}$ が与えられたもとでの条件付き共役性から，重みパラメータ $\mathbf{W}^{(l)}$ とバイアスパラメータ $\mathbf{b}^{(l)}$ にはガウス事前分布を，精度パラメータ $\nu_h^{(l)}$ にはガンマ事前分布を与えることにします．**図 6.7** に示すように，$\nu_h^{(l)}$ はとる値によって隠れユニットが出力する傾向をコントロールする役割をもっています．図の (a) のように精度パラメータ $\nu_h^{(l)}$ が小さい場合は，出力 $z_h^{(l)}$ が 2 値の極端な値をとりやすくなります．(b) の場合では，出力はガウス分布に近い広い分布になります．(c) のように精度が高い場合には，入力された値 $a_h^{(l)}$ からほとんど決定的に出力が決まります．

　最後に，観測データはネットワークの最低層 $\mathbf{z}^{(0)} = \mathbf{x}$ にのみ与えられているとします．すなわち，ある 1 つの観測データの h 次元目は $z_h^{(0)} = x_h \in (-1, 1)$ となります．モデル全体の同時分布は

$$p(\mathbf{X}, \mathbf{Z}, \mathbf{M}, \mathbf{W}, \mathbf{b}, \boldsymbol{\nu})$$

$$= p(\mathbf{W})p(\mathbf{b})p(\boldsymbol{\nu})p(\mathbf{M}) \prod_{n=1}^{N} p(\mathbf{x}_n|\mathbf{z}_n, \mathbf{M}, \mathbf{W}, \mathbf{b}, \boldsymbol{\nu})p(\mathbf{z}_n|\mathbf{M}, \mathbf{W}, \mathbf{b}, \boldsymbol{\nu}) \tag{6.58}$$

となります.

6.3.2.2　直列インド料理過程

次に, 式 (6.58) で表されるネットワークモデルの無限版をインド料理過程を使って構築してみましょう [*9]. まず, $\mathbf{M}^{(1)}$ は行数がデータ $\mathbf{x}$ の次元 H_0 で固定されている必要があります. H_0 はインド料理過程における客数に一致します. したがって, 最初のバイナリ行列は通常通りインド料理過程から $\mathbf{M}^{(1)} \sim \mathrm{IBP}(\alpha, \beta)$ として生成できます. 生成された $\mathbf{M}^{(1)}$ の列数 H_1 は最初の層の隠れユニット数になるので, 次の層における行列 $\mathbf{M}^{(2)}$ の行数は H_1 である必要があります. したがって, $\mathbf{M}^{(2)}$ は客数を H_1 としたインド料理過程からサンプリングします. このようにして各層の間の入出力の数が一致するように逐次的に $\mathbf{M}^{(1)}, \mathbf{M}^{(2)}, \mathbf{M}^{(3)}, \ldots$ をサンプリングしていくことによって, 各層のユニット数に上限がなく, かつ深さも上限がないようなネットワークが生成されます. このような無限の列数をもつバイナリ行列の連鎖を生成していく過程を**直列インド料理過程** (cascade Indian buffet process) と呼びます. なお, 直列インド料理過程によって生成されるネットワークは必ず有限の深さで停止することが示せます [2]. 図 6.8 に, 生成されたバイナリ行列と対応するネットワークの例を示しています. 左図の隣り合う行列の行数と列数が一致していることと, 行列で明るい色になっている点が, 右図のネットワークの矢印に対応していることを確認してください.

直列インド料理過程で構成される無限ネットワークもマルコフ連鎖モンテカルロ法で近似的に推論できます. 変数を隠れユニットの集合 $\mathbf{Z}$, バイナリ行列の集合 $\mathbf{M}$, パラメータの集合 $\{\mathbf{W}, \mathbf{b}, \boldsymbol{\nu}\}$ の 3 つのブロックに分けて, ギブスサンプリングに基づく交互サンプリングを行います. 特に, バイナリ行

[*9]　ここでの "無限" とは, 層数や隠れユニット数に事前に固定された有限値を与えないこと (unbounded) を意味します. なお, 無限個の隠れユニットを並べた極限のモデルは 7 章で紹介するガウス過程と呼ばれる別のノンパラメトリックモデルに一致します.

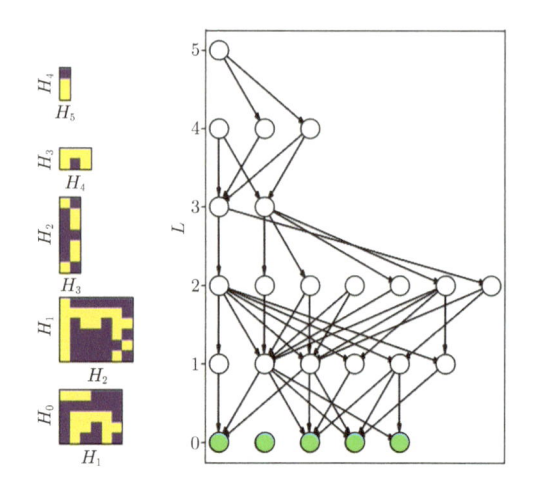

図 6.8　生成されたバイナリ行列とネットワーク構造

列 $\mathbf{M}$ のサンプルが与えられたもとでは，ネットワークの構造は固定される
ので，有限のユニット数をもつ生成ネットワークの推論問題に帰着します．
さらに，このモデルではパラメータの事前分布を共役事前分布から選択して
いるので，隠れユニット $\mathbf{Z}$ がサンプルとして与えられたもとではパラメータ
$\{\mathbf{W}, \mathbf{b}, \boldsymbol{\nu}\}$ のサンプリングは容易に行えます．隠れユニットやバイナリ行列
のサンプリングは複雑ですが，メトロポリス・ヘイスティングス法を使うこ
とによって実施できます．

6.4　その他の深層生成モデル

　ニューラルネットワークや，より一般的な多層構造をもつ確率モデルによ
る生成モデルの研究は非常に多岐にわたります．ここでは，特に確率推論と
かかわり合いが深いモデルを中心に紹介します．

6.4.1　深層指数型分布族

　深層指数型分布族 (**deep exponential family**) は，指数型分布族を階
層的に組み合わせることによって構成される潜在変数モデルです [98]．4.2.2

節で紹介したような従来の潜在変数モデルを何層も重ねることにより，潜在変数の線形和で表せないような複雑なデータに対する解釈性や予測性能が向上することが確認されています．また，深層指数型分布族はシグモイド信念ネットワーク (sigmoid belief network) や，非負値行列因子分解 (non-negative matrix factorization)，6.1.1 節で解説した変分自己符号化器などの一般化になっています．

6.4.1.1　モデル

深層指数型分布族では，次のような指数型分布族 p_{EF} が各層の基本パーツになります．

$$p_{\mathrm{EF}}(\mathbf{x}|\boldsymbol{\eta}) = h(\mathbf{x})\exp(\boldsymbol{\eta}^\top \mathbf{t}(\mathbf{x}) - a(\boldsymbol{\eta})). \tag{6.59}$$

入力データ集合を $\mathbf{X}$，潜在変数集合を $\mathbf{Z}$，重みパラメータ集合を $\mathbf{W} = \{\mathbf{W}^{(1)}, \ldots, \mathbf{W}^{(L)}\}$ とすれば，L 層の深層指数型分布族は次のような同時分布になります．

$$p(\mathbf{X}, \mathbf{Z}, \mathbf{W}) = p(\mathbf{W}) \prod_{n=1}^{N} p(\mathbf{x}_n|\mathbf{z}_n^{(1)}, \mathbf{W}^{(1)}) p(\mathbf{z}_n^{(L)}) \prod_{l=1}^{L-1} p(\mathbf{z}_n^{(l)}|\mathbf{z}_n^{(l+1)}, \mathbf{W}^{(l+1)}). \tag{6.60}$$

図 6.9 にはグラフィカルモデルを示しています．最上位の層では，H_L 次元ベクトルの潜在変数 $\mathbf{z}_n^{(L)}$ は次のような事前分布から生成されます．

$$p(\mathbf{z}_n^{(L)}) = \prod_{h=1}^{H_L} p_{\mathrm{EF}}^{(L)}(z_{n,h}^{(L)}|\boldsymbol{\eta}). \tag{6.61}$$

ここで自然パラメータ $\boldsymbol{\eta}$ はモデルのハイパーパラメータになります．以降の層では，1 つ上の層の潜在変数 $\mathbf{z}_n^{(l+1)}$ と重みパラメータ $\mathbf{W}^{(l+1)}$，非線形変換 $\mathbf{g}^{(l)}(\cdot)$ を用いて次の潜在変数 $\mathbf{z}_n^{(l)}$ が生成されます．

$$p(\mathbf{z}_n^{(l)}|\mathbf{z}_n^{(l+1)}, \mathbf{W}^{(l+1)}) = \prod_{h=1}^{H_l} p_{\mathrm{EF}}^{(l)}(z_{n,h}^{(l)}|g^{(l)}(\mathbf{w}_h^{(l+1)\top}\mathbf{z}_n^{(l+1)})). \tag{6.62}$$

ここで非線形変換 $g^{(l)}(\cdot)$ は，前の層の潜在変数と重みパラメータの内積の値から，l 層目の指数型分布族の自然パラメータに変換する役割をもっていま

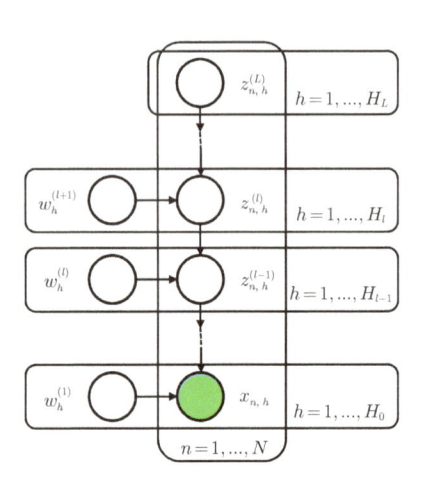

図 6.9   深層指数型分布族のグラフィカルモデル

す. 最下層 $l = 0$ はデータ $\mathbf{x}_n$ に対する尤度関数 $p(\mathbf{x}_n|\mathbf{z}_n^{(1)}, \mathbf{W}^{(1)})$ であり, こちらも目的に合わせて適切な分布を設定します.

6.4.1.2   具体的な例

深層指数型分布族を構成する各確率分布を具体的に選ぶことによって, さまざまなモデルを定義できます. 例えば, シグモイド信念ネットワークは, 深層構造をもつ生成モデルとしてよく利用されています.

$$p(z_{n,h}^{(l)}|\mathbf{z}_n^{(l+1)}, \mathbf{w}_h^{(l+1)})$$
$$= \mathrm{Sig}(\mathbf{w}_h^{(l+1)\top}\mathbf{z}_n^{(l+1)})^{z_{n,h}^{(l)}}\{1 - \mathrm{Sig}(\mathbf{w}_h^{(l+1)\top}\mathbf{z}_n^{(l+1)})\}^{1-z_{n,h}^{(l)}}. \qquad (6.63)$$

深層指数型分布族では, このモデルはベルヌーイ分布に従う潜在ユニットと, ガウス分布に従う重みによって構成できます. 自然パラメータによる表現で確率分布を書くと,

$$p(z_{n,h}^{(l)}|\mathbf{z}_n^{(l+1)}, \mathbf{w}_h^{(l+1)}) = \mathrm{Bern}_\eta(z_{n,h}^{(l)}|\eta), \qquad (6.64)$$

$$\eta = \mathbf{w}_h^{(l+1)\top}\mathbf{z}_n^{(l+1)} \qquad (6.65)$$

となります.

深層指数型分布族を複数組み合わせることによって，4.2.2 節の線形次元削減などの行列分解モデルも深層化できます．例えば，観測データ $\mathbf{x}_n$ に対して，尤度関数を

$$p(x_{n,d}|\mathbf{w}_n^{(1)}, \mathbf{z}_d^{(1)}) = \mathcal{N}(x_{n,d}|\mathbf{w}_n^{(1)\top}\mathbf{z}_d^{(1)}, \sigma_x^2) \tag{6.66}$$

のように定義します．ここで，各 $\mathbf{w}_n^{(1)}$ および $\mathbf{z}_d^{(1)}$ はそれぞれ別に用意した深層指数型分布族の 1 層目の隠れユニットを表します．行列分解の手法は商品の推薦アルゴリズムなどに用いられますが，深層化された行列分解モデルを利用して解析することによって，購買者と商品のそれぞれの特徴に対して階層的な表現を得ることができます．

6.4.1.3 事後分布の推論

深層指数型分布族は一般的なニューラルネットワークモデルと同様，解析的な事後分布の計算を行えないため，ここでもマルコフ連鎖モンテカルロ法や変分推論法といった近似手法を用いることになります．最もシンプルな方法の 1 つは平均場近似による事後分布の近似です．

$$q(\mathbf{Z}, \mathbf{W}) = \prod_{l=1}^{L} q(\mathbf{W}^{(l)}) \prod_{n=1}^{N} q(\mathbf{z}_n^{(l)}). \tag{6.67}$$

潜在変数の近似分布は生成モデルで設定した分布と同じ指数型分布族を用います．

$$q(\mathbf{z}_n^{(l)}; \hat{\boldsymbol{\eta}}_n^{(l)}) = \prod_{h=1}^{H_l} p_{\mathrm{EF}}^{(l)}(z_{n,h}^{(l)}|\hat{\boldsymbol{\eta}}_{n,h}^{(l)}). \tag{6.68}$$

ここで $\hat{\boldsymbol{\eta}}_n^{(l)}$ は変分パラメータです．重みパラメータに関しても同様に，$p(\mathbf{W})$ として設定したものと同じ分布を近似分布 $q(\mathbf{W})$ に対して用います．平均場近似を用いる代わりに，より複雑な変分モデルを使って精緻な事後分布の近似を行うこともできます．データ数 N が大きい場合は，ミニバッチを使った確率的変分推論法によって ELBO を最適化します．

6.4.2 ボルツマンマシン

ボルツマンマシン (**Boltzmann machine**) は D 次元の 2 値のベクト

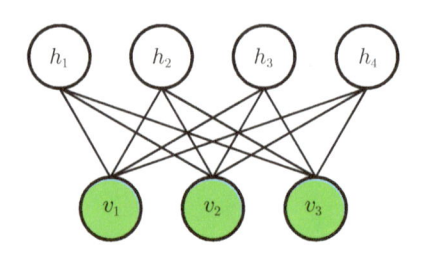

図 6.10　制限付きボルツマンマシンの無向グラフィカルモデル

ル $\mathbf{x} \in \{0,1\}^D$ 上の任意の確率分布を学習させるために提案された手法です [1]．標準的なボルツマンマシンでは，次のような**エネルギー関数 (energy function)**$\mathcal{E}(\cdot)$ を使ったデータの同時分布を考えます．

$$p(\mathbf{x}) = \frac{\exp(-\mathcal{E}(\mathbf{x}))}{Z}. \tag{6.69}$$

ここで Z は確率分布が $\sum_{\mathbf{x}} p(\mathbf{x}) = 1$ のように正規化されることを保証するための定数です．ボルツマンマシンでは，エネルギー関数は

$$\mathcal{E}(\mathbf{x}) = -\mathbf{x}^\top \mathbf{U} \mathbf{x} - \mathbf{b}^\top \mathbf{x} \tag{6.70}$$

のように定義されます．$\mathbf{U}, \mathbf{b}$ はそれぞれ重みとバイアスのパラメータです．通常，確率変数 $\mathbf{x}$ は**可視ユニット (visible unit)** $\mathbf{v}$ と**隠れユニット (hidden unit)** $\mathbf{h}$ に分解され，エネルギー関数は

$$\mathcal{E}(\mathbf{v}, \mathbf{h}) = -\mathbf{v}^\top \mathbf{R} \mathbf{v} - \mathbf{v}^\top \mathbf{W} \mathbf{h} - \mathbf{h}^\top \mathbf{S} \mathbf{h} - \mathbf{b}^\top \mathbf{v} - \mathbf{c}^\top \mathbf{h} \tag{6.71}$$

のようになります．$\mathbf{R}, \mathbf{W}, \mathbf{S}, \mathbf{b}, \mathbf{c}$ はこのモデルのパラメータです．

　制限付きボルツマンマシン (restricted Boltzmann machine) は深層学習でよく使われる確率モデルで，エネルギー関数は次のように定義されます [49]．

$$\mathcal{E}(\mathbf{v}, \mathbf{h}) = -\mathbf{v}^\top \mathbf{W} \mathbf{h} - \mathbf{b}^\top \mathbf{v} - \mathbf{c}^\top \mathbf{h}. \tag{6.72}$$

対応するグラフィカルモデルは図 6.10 のような無向の**二部グラフ (biparate graph)** になります．式 (6.72) や図 6.10 からもわかるように，制約付きボルツマンマシンでは同じユニット間の接続が存在しません．

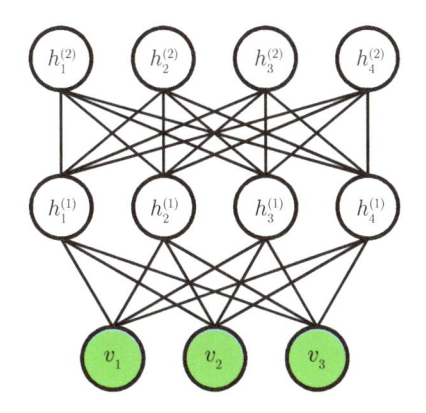

図 6.11 深層ボルツマンマシンの無向グラフィカルモデル

さらに，図 6.11 のように，制限付きボルツマンマシンの隠れユニットの層を複数重ねたものは**深層ボルツマンマシン (deep Boltzmann machine)** と呼ばれています [110]．例えば，2 層の隠れ層をもつ深層ボルツマンマシンのエネルギー関数は次のようになります．

$$\mathcal{E}(\mathbf{v}, \mathbf{h}) = -\mathbf{v}^{\top}\mathbf{W}^{(1)}\mathbf{h}^{(1)} - \mathbf{h}^{(1)}{}^{\top}\mathbf{W}^{(2)}\mathbf{h}^{(2)} - \mathbf{h}^{(2)}{}^{\top}\mathbf{W}^{(3)}\mathbf{h}^{(3)}. \quad (6.73)$$

ここでも，同じ層に属するユニット間の接続は存在していません．深層ボルツマンマシンの事後分布は平均場近似を使うことによって近似できます．

$$p(\mathbf{h}^{(1)}, \mathbf{h}^{(2)}|\mathbf{v}) \approx \prod_i q(h_i^{(1)}) \prod_j q(h_j^{(2)}). \quad (6.74)$$

学習は，KL ダイバージェンス $D_{\mathrm{KL}}\left[q(\mathbf{h}^{(1)}, \mathbf{h}^{(2)})||p(\mathbf{h}^{(1)}, \mathbf{h}^{(2)}|\mathbf{v})\right]$ を最小化することによって行えます．

6.4.3 敵対的生成ネットワーク

敵対的生成ネットワーク (**generative adversarial network, GAN**) は微分可能なネットワークを利用した生成モデルの学習方法の 1 つです [39]．敵対的生成ネットワークでは，生成ネットワーク $\mathbf{g}$ と識別ネットワーク d を互いに競わせながら学習させていくというアプローチをとります．生成ネットワーク $\mathbf{g}$ はノイズ $\mathbf{z}$ とパラメータ $\boldsymbol{\theta}_g$ により仮想的なデータ $\mathbf{x} = \mathbf{g}(\mathbf{z}; \boldsymbol{\theta}_g)$

を生成します．一方，識別ネットワーク d はデータ $\mathbf{x}$ に対してそれが本物である確率 $d(\mathbf{x};\boldsymbol{\theta}_d)$ を出力します．代表的な学習手段では，次のようにゼロサムゲームに基づいて $\mathbf{g}$ および d を最適化させます．

$$\min_{\mathbf{g}} \max_{d} \left\{ \mathbb{E}_{q_{\mathcal{D}}(\mathbf{x})} \left[\ln d(\mathbf{x})\right] + \mathbb{E}_{p(\mathbf{z})} \left[\ln(1 - d(\mathbf{g}(\mathbf{z})))\right] \right\}. \tag{6.75}$$

ここで，$q_{\mathcal{D}}(\mathbf{x})$ はデータの経験分布です．直観的には，識別ネットワーク d は式 (6.75) の第 1 項の最大化によって学習データからのデータが本物であると判定する確率を最大化するように学習し，さらに第 2 項によって生成ネットワーク $\mathbf{g}$ からの生成されたデータを偽物であると判定する確率 $1 - d(\mathbf{g}(\mathbf{z}))$ も同時に最大化します．一方で，生成ネットワーク $\mathbf{g}$ は自身が生成したデータを識別ネットワーク d が本物だと誤認識するように学習します．学習が収束するころには，生成ネットワーク $\mathbf{g}$ の出力するデータが識別ネットワーク d にとって見分けがつかない（確率が 0.5）になることが期待されます．敵対的生成ネットワークの利点は，式 (6.75) の最適化の過程で変分自己符号化器のような潜在変数の近似推論が必要なく，尤度関数が定義されていなくても利用できる点です．一方で敵対的生成ネットワークの最適化は安定性が低く，特に**モード崩壊 (mode-collapse)** と呼ばれる，生成ネットワークが特定のデータしか生成せず，多様性を失ってしまう現象が起こることが知られています．

　モード崩壊を防ぐための手段の 1 つとして，6.1.1 節の変分自己符号化器を組み合わせるアイデアも提案されています [105]．変分自己符号化器の ELBO における対数尤度の期待値の項や，潜在変数の KL ダイバージェンスの項を，6.2.3 節の尤度なし変分推論でも紹介した密度比推定の技術を使うことにより推定します．このようにして新しく設計された目的関数では，敵対的生成ネットワークにおけるモード崩壊の問題と，変分自己符号化器における生成画像がぼやけてしまう問題を同時に緩和できることが示されています．

ベイズ統計ではすべてが生成モデル？

　一般的な機械学習の用語の使い方としては，入力 $\mathbf{x}$ からラベル $\mathbf{y}$ を予測するモデル $p(\mathbf{y}|\mathbf{x})$ を回帰あるいは分類モデルと呼び，観測されていない潜在変数 $\mathbf{z}$ から観測データ $\mathbf{x}$ をシミュレートすることのできるモデル $p(\mathbf{x}|\mathbf{z})p(\mathbf{z})$ を生成モデルと呼びます．しかし，図 3.4 のベイズ線形回帰モデルからのサンプリングの例で示したように，確率モデルでは事前分布から関数の重みパラメータをサンプリングできるため，回帰モデルは関数を生成しているモデルと考えることができます．したがって，ベイズ統計の枠組みではすべてのモデルが生成モデルであるといったほうが本来の意味に近いかもしれません．ベイズ統計では，データや関数をモデルから生成することによって，モデルのもつ仮定や挙動を設計者が確認できるのが大きな強みです．すなわち，ある確率分布をはじめて利用する際にいくつかサンプルを得ることによってその分布の挙動を理解しようとすることとまったく同じ感覚で，構築したモデルの妥当性をサンプルを取得することによって簡易的に確認できます．言い換えれば，ベイズ統計において "モデルによって仮説を与える" ということは "（データや関数などの）具体的な例を示せること" と密接にかかわっていることがわかります．なお，$p(\mathbf{y}|\mathbf{x})$ で表される回帰モデルや分類モデルを使った予測に関して，重みパラメータなどの存在自体はそれほど重要ではありません．7 章で解説するガウス過程では，重みパラメータの存在を仮定することなく，生成される関数に直接仮定を与えて予測を行うことができます．

深層学習とガウス過程

深層学習は数々のタスクで高い予測性能を発揮することが実験的に示されている一方で，理論面からの解析も進んできています．本章では，ノンパラメトリックベイズモデルであるガウス過程 (Gaussian process) を紹介し，さらに無限数の隠れユニットをもつ多層の順伝播型ニューラルネットワークがガウス過程と等価になることを示します．深層学習モデルをガウス過程として解釈することにより，数学的により単純な解析が可能になるだけでなく，深層学習の問題点とされていた過剰適合の防止や，予測に対する不確実性の評価も行えるようになります．また，ガウス過程を利用する際の最大の問題点は計算コストですが，ここでは今までの章でも紹介した変分推論法などの近似アルゴリズムを使い，深層学習と同様に大規模のデータを効率的に学習できる方法を紹介します．最後に，ガウス過程を使った教師なし学習モデルであるガウス過程潜在変数モデル (Gaussian process latent variable model, GPLVM) を導入し，さらにそれを階層的に組み合わせた深層ガウス過程 (deep Gaussian process) を紹介します．

7.1 ガウス過程の基礎

　ガウス過程を機械学習のモデルとして導入する方法はいくつかありますが，ここでは 3.3.6 節で紹介したベイズ線形回帰モデルのカーネル表現を用

いることでガウス過程を使う動機づけを行うこととします．また，ガウス過程を設計するうえで最も重要となる共分散関数の構築方法や，周辺尤度を用いたモデル選択やハイパーパラメータの最適化方法に関しても簡単に解説します．

7.1.1　関数空間上での確率分布

3 章で取り扱ったベイズ線形回帰モデルは，パラメータ $\mathbf{w}$ に事前分布を与え，基底関数の重み付き和によって表現される関数を確率的に生成するようなモデルでした．一方で，ガウス過程は関数空間上の事前分布を直接定義し，データを観測した後の事後分布や予測分布などの推論計算も関数空間上で直接行われます．機械学習の文脈では，ガウス過程は次のような確率変数の集合として定義されます [100]．

> **定義 7.1（ガウス過程）**
>
> ある確率変数の集合を $\mathbf{F}$ とする．任意の自然数 N に対して，$\mathbf{F}$ から選んだ N 個の確率変数 $\{f(\mathbf{x}_1), \ldots, f(\mathbf{x}_N)\}$ がガウス分布に従うとき，$\mathbf{F}$ をガウス過程と呼ぶ．

ガウス分布に従う変数が平均パラメータと共分散行列パラメータを与えることによって決定されたように，ガウス過程では，**平均関数** (mean function) $m(\mathbf{x})$ と，**共分散関数** (covariance function) または**カーネル関数** (kernel function) $k(\mathbf{x}, \mathbf{x}')$ によって生成される関数 f の性質が決定されます．本書ではこれを

$$f \sim \mathrm{GP}(m, k) \tag{7.1}$$

と表記します．

具体例として，3.3.6 節では線形回帰モデルがガウス過程表現として次のような共分散関数をもつことを示しました．

$$k(\mathbf{x}, \mathbf{x}') = \phi(\mathbf{x})^\top \mathbf{\Lambda}^{-1} \phi(\mathbf{x}'). \tag{7.2}$$

線形回帰の例では，まずパラメータ $\mathbf{w}$ をサンプリングすることによって具体的に関数を描画していましたが，ガウス過程の場合は明示的なパラメー

タは存在しません．式 (7.2) の共分散関数から直接サンプリングされる関数を可視化するためには，まず具体的な入力値の集合 $\mathbf{X} = \{\mathbf{x}_1, \ldots, \mathbf{x}_N\}$ を用意します．これらの入力値を用いて，式 (7.2) から次のような**共分散行列** (**covariance matrix**)

$$\mathbf{K} = \begin{bmatrix} k(\mathbf{x}_1, \mathbf{x}_1) & \cdots & k(\mathbf{x}_1, \mathbf{x}_N) \\ \vdots & \ddots & \vdots \\ k(\mathbf{x}_N, \mathbf{x}_1) & \cdots & k(\mathbf{x}_N, \mathbf{x}_N) \end{bmatrix} \tag{7.3}$$

を計算し，N 次元の多次元ガウス分布 $\mathcal{N}(\mathbf{0}, \mathbf{K})$ から N 次元ベクトルをサンプリングし，曲線としてプロットすることによって図 3.4 と同様の関数の可視化を行えます[*1].

　ガウス過程の強力な点は，式 (7.2) のような有限次元の特徴量変換 ϕ の内積計算を明示的に行わなくても，共分散関数自体を直接定義することによって関数に与える事前分布を決めることができる点にあります．これによって，より表現力が豊かで複雑な関数を回帰に用いることができます．実践でよく利用される共分散関数の例に関しては後ほど紹介します．

7.1.2　ノイズを付加した回帰モデル

　ガウス過程では共分散関数を定義することによって生成される関数の特性が決定されます．実際に N 組の学習データ $\mathcal{D} = \{\mathbf{X}, \mathbf{Y}\}$ を利用して回帰などを行う際には，次のように各関数の出力 $f_n = f(\mathbf{x}_n)$ に対して独立なノイズが付加されることによってデータ $y_n \in \mathbb{R}$ が観測されていると仮定するほうがより現実的なモデリングになります．

$$y_n = f_n + \epsilon_n. \tag{7.4}$$

ただし，$\epsilon_n \sim \mathcal{N}(0, \beta^{-1})$ とします．この場合，各 f_n は**潜在関数** (**latent function**) と呼ばれることもあります．これは，f_n 自体は直接データとして観測されることはなく，$\mathbf{X}$ が与えられたもとでの $\mathbf{Y}$ の生成を潜在的に決定しているダイナミクスであると考えることができるためです．

　また，式 (7.4) は次のような尤度関数を定義していることと等価になります．

[*1]　簡単のため，本書を通してガウス過程による事前分布では平均関数 $m(\mathbf{x}) = 0$ とします．

$$p(y_n|f_n) = \mathcal{N}(y_n|f_n, \beta^{-1}). \tag{7.5}$$

さらに，各潜在関数 f_n を積分除去すれば，観測データも次のような共分散関数をもつガウス過程として表現できます．

$$y \sim \mathrm{GP}(0, k(\mathbf{x}_i, \mathbf{x}_j) + \delta_{i,j}\beta^{-1}). \tag{7.6}$$

ガウス過程回帰モデルでは，学習データを与えた後の新規テスト入力に対する予測分布は，単純な多次元のガウス分布における条件付き分布の計算を用いることによって得られます．学習データを $\mathcal{D} = \{\mathbf{X}, \mathbf{Y}\}$，新規の入力値の集合を $\mathbf{X}_*$ とし，対応する予測値の集合を $\mathbf{Y}_*$ とおけば，出力値の同時分布は，

$$p(\mathbf{Y}_*, \mathbf{Y}|\mathbf{X}_*, \mathbf{X}) = \mathcal{N}\left(\begin{bmatrix} \mathbf{Y}_* \\ \mathbf{Y} \end{bmatrix} \middle| \mathbf{0}, \begin{bmatrix} \mathbf{K}_{\mathbf{X}_*\mathbf{X}_*} + \beta^{-1}\mathbf{I} & \mathbf{K}_{\mathbf{X}_*\mathbf{X}} \\ \mathbf{K}_{\mathbf{X}\mathbf{X}_*} & \mathbf{K}_{\mathbf{X}\mathbf{X}} + \beta^{-1}\mathbf{I} \end{bmatrix}\right) \tag{7.7}$$

とガウス分布として表せます．ここで，各共分散行列の添え字は共分散関数を計算する際の入力値を表しており，例えば共分散行列 $\mathbf{K}_{\mathbf{X}_*\mathbf{X}}$ は各要素が $k(\mathbf{x}_*, \mathbf{x})$ で得られることを示しています ($\mathbf{x} \in \mathbf{X}$, $\mathbf{x}_* \in \mathbf{X}_*$)．付録 A.1 のガウス分布の条件付き分布の計算式 (A.7) および逆行列の計算式 (A.3) から，予測分布は

$$p(\mathbf{Y}_*|\mathbf{Y}, \mathbf{X}_*, \mathbf{X}) = \mathcal{N}(\mathbf{Y}_*|\boldsymbol{\mu}_*, \boldsymbol{\Sigma}_*) \tag{7.8}$$

となります．ただし，

$$\begin{aligned} \boldsymbol{\mu}_* &= \mathbf{K}_{\mathbf{X}_*\mathbf{X}}(\mathbf{K}_{\mathbf{X}\mathbf{X}} + \beta^{-1}\mathbf{I})^{-1}\mathbf{Y}, \\ \boldsymbol{\Sigma}_* &= \mathbf{K}_{\mathbf{X}_*\mathbf{X}_*} + \beta^{-1}\mathbf{I} - \mathbf{K}_{\mathbf{X}_*\mathbf{X}}(\mathbf{K}_{\mathbf{X}\mathbf{X}} + \beta^{-1}\mathbf{I})^{-1}\mathbf{K}_{\mathbf{X}\mathbf{X}_*} \end{aligned} \tag{7.9}$$

とおきました．

ガウス過程の最大の問題点として計算量が挙げられます．式 (7.8) の予測分布の計算には $N \times N$ サイズの行列の逆行列の計算が含まれており，これは一般に $\mathcal{O}(N^3)$ の計算オーダーとなります．これはデータ数 N が数千レベルになってしまうと現実的な計算量にならなくなっていきます．そのため，計算オーダーを削減しつついかに厳密計算を行った場合との差を少なくする

かといった，近似推論の考え方が必要になります．後半の章では，変分推論法を使った近似計算の技術を紹介します．

7.1.3 共分散関数

ガウス過程を使った予測は共分散関数の設計によって特性が決まります．共分散関数 $k(\mathbf{x}, \mathbf{x}')$ は，2 つの入力 $\mathbf{x}$ および $\mathbf{x}'$ をとる関数ですが，利用可能な条件として任意の実数列 $\{\mathbf{x}_1, \ldots, \mathbf{x}_N\}$ に関して式 (7.3) の共分散行列が半正定値である必要があります．

7.1.3.1 指数二次共分散関数

よく使われている共分散関数として次のような**指数二次共分散関数 (exponentiated quadratic covariance function)** があります [*2]．

$$k_{\mathrm{EQ}}(\mathbf{x}, \mathbf{x}') = \sigma^2 \exp\left(-\frac{1}{2l^2}\sum_{i=1}^{H_0}(x_i - x_i')^2\right). \tag{7.10}$$

この共分散関数は **RBF カーネル (radial basis function kernel)**，**二乗指数カーネル (squared exponential kernel)** とも呼ばれています．また，式 (7.10) の共分散関数も 2 つの入力ベクトル $\mathbf{x}$ および $\mathbf{x}'$ に対する特徴量変換 ϕ の内積として書き直すことができますが，このとき ϕ は無限次元のベクトルになります [7]．図 7.1(a.1) は，式 (7.10) の共分散関数から関数 f を 10 回サンプリングしたものを示しています．指数二次の共分散関数は，入力データ点 $\mathbf{x}$ および $\mathbf{x}'$ が近いほど強い相関をもつような設計になっているので，結果として生成される関数は変化の緩やかなものになっています．これらの傾向は，式 (7.10) における σ や l などの共分散関数のパラメータによってコントロールできます．また，対応する左下の図は，指数二次の共分散関数に対して，$N = 10$ 個のデータの組 $\{\mathbf{x}_n, y_n\}_{n=1}^N$ を学習させた結果です．

式 (7.10) の指数二次共分散関数に対して次元ごとの重み $w_i > 0$ を設定した共分散関数

$$k_{\mathrm{ARD}}(\mathbf{x}, \mathbf{x}') = \sigma^2 \exp\left(-\frac{1}{2}\sum_{i=1}^{H_0} w_i(x_i - x_i')^2\right) \tag{7.11}$$

[*2] ここでは $\mathbf{x} \in \mathbb{R}^{H_0}$ です．$\mathbf{x}$ の次元を H_0 としているのは，後ほどニューラルネットワークとの対応をとるためです．

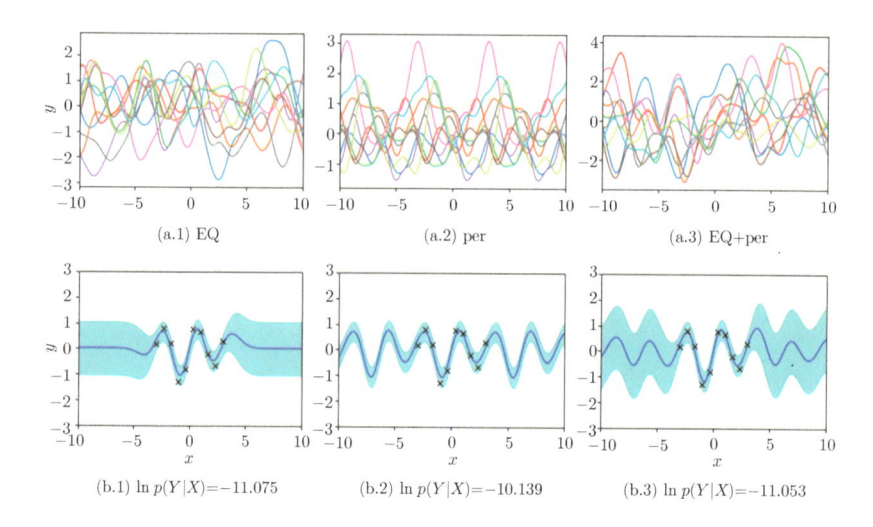

図 7.1　ガウス過程の事前分布と予測分布

もよく利用されます. これは**自動関連度決定 (automatic relevance determination, ARD)** と呼ばれる入力次元削減のテクニックに用いられる共分散関数です. 各ハイパーパラメータ w_i を周辺尤度の最大化などに基づいて最適化することにより, 予測に貢献しない入力次元 i の重み w_i は 0 に縮退していきます[7].

7.1.3.2　共分散関数の設計

便利な応用として, 既存の共分散関数を組み合わせることによって新しい共分散関数を作り出すこともできます[24]. 例えば, 2 つの共分散関数 k_1, k_2 から下記のような操作を行うことにより新しい共分散関数を作ることができます.

$$k_{\mathrm{add}}(\mathbf{x}, \mathbf{x}') = k_1(\mathbf{x}, \mathbf{x}') + k_2(\mathbf{x}, \mathbf{x}'), \tag{7.12}$$

$$k_{\mathrm{prod}}(\mathbf{x}, \mathbf{x}') = k_1(\mathbf{x}, \mathbf{x}')k_2(\mathbf{x}, \mathbf{x}'). \tag{7.13}$$

また, 次のようにある関数 ϕ で入力を変換した後で別の共分散関数 k を適用することにより, 入力に対する新しい共分散関数も作ることができます.

$$k_\phi(\mathbf{x}, \mathbf{x}') = k(\phi(\mathbf{x}), \phi(\mathbf{x}')). \tag{7.14}$$

例えば，データに現れる周期的な傾向をモデリングしたい場合には，1次元の入力 $x \in \mathbb{R}$ に対して $\phi(x) = (\sin(x), \cos(x))^\top$ のような2次元の円への写像を適用したうえで式 (7.10) の指数二次共分散関数に代入することにより，次のような周期共分散関数を作ることができます．

$$k_{\mathrm{per}}(x, x') = \sigma^2 \exp\left(-\frac{2}{l^2}\sin\left(\frac{\pi}{T}(x - x')^2\right)\right). \tag{7.15}$$

図 7.1(a.2) では，式 (7.15) の周期共分散関数によって生成される関数の例を表しています．ここでは共分散関数のハイパーパラメータを $T = 2\pi$ と設定しているため，2π の周期をデータから抽出できるようなモデルになっています．この周期パラメータ T に関しても，周辺尤度の最大化などでデータから決定することもできます．

さらに，式 (7.12) の和の操作によって新しい共分散関数

$$k_{\mathrm{EQ+per}}(x, x') = k_{\mathrm{EQ}}(x, x') + k_{\mathrm{per}}(x, x') \tag{7.16}$$

を定義すれば，2つの共分散関数の特性を併せもつ新しいモデルが得られます．図 7.1(a.3) のように，この共分散関数から生成される関数は粗い周期性が現れるような特性をもっていることがわかります．本章では他にも共分散関数を組み合わせてモデルを構築する例として，**畳み込みガウス過程 (convolutional Gaussian process)** を紹介します．これらの例からわかるように，ガウス過程では生成される回帰関数の特性を共分散関数を介して直観的に設計ができ，かつ予測分布も解析的に求められるため，ニューラルネットワークと比べて解釈性や解析結果の透明性が非常に高いモデルになっています．

また，共分散関数の興味深い理論的結果として，本章では無限の数の重みパラメータをもつようなニューラルネットワークがガウス過程として表現できることを示し，対応する共分散関数を導出します．

7.1.4 周辺尤度

ガウス過程においても，データ $\mathcal{D} = \{\mathbf{X}, \mathbf{Y}\}$ が与えられたもとでの周辺尤度は重要な意味をもち，特に共分散関数の選択やハイパーパラメータの最適

化によく利用されます．ガウス過程の対数周辺尤度は多次元ガウス分布の定義から簡単に計算でき，

$$\ln p(\mathbf{Y}|\mathbf{X}, \boldsymbol{\theta}) = -\frac{1}{2}\mathbf{Y}^\top \mathbf{K}_{\boldsymbol{\theta}}^{-1}\mathbf{Y} - \frac{1}{2}\ln|\mathbf{K}_{\boldsymbol{\theta}}| - \frac{N}{2}\ln 2\pi \tag{7.17}$$

と書けます．$\boldsymbol{\theta}$ はハイパーパラメータの集合で，共分散関数のパラメータや観測データのノイズパラメータなどをまとめたものです．式 (7.17) を使ってデータに対するモデルの当てはまり具合を評価できます．また，式 (7.17) をハイパーパラメータ $\boldsymbol{\theta}$ に関して最適化することによって，関数の変化率や周期性などを自動調整し，データに対する当てはまりをよくできます．具体的には，周辺尤度をハイパーパラメータに関して偏微分し，勾配降下法などの最適化手法を使って最大化します．式 (7.17) をあるハイパーパラメータ $\theta_i \in \boldsymbol{\theta}$ で偏微分すれば，

$$\frac{\partial}{\partial \theta_i}\ln p(\mathbf{Y}|\mathbf{X}, \boldsymbol{\theta}) = \frac{1}{2}\mathbf{Y}^\top \mathbf{K}_{\boldsymbol{\theta}}^{-1}\frac{\partial \mathbf{K}_{\boldsymbol{\theta}}}{\partial \theta_i}\mathbf{K}_{\boldsymbol{\theta}}^{-1}\mathbf{Y} - \frac{1}{2}\mathrm{Tr}\left(\mathbf{K}_{\boldsymbol{\theta}}^{-1}\frac{\partial \mathbf{K}_{\boldsymbol{\theta}}}{\partial \theta_i}\right)$$
$$= \frac{1}{2}\mathrm{Tr}\left((\boldsymbol{\alpha}\boldsymbol{\alpha}^\top - \mathbf{K}_{\boldsymbol{\theta}}^{-1})\frac{\partial \mathbf{K}_{\boldsymbol{\theta}}}{\partial \theta_i}\right) \tag{7.18}$$

となります*3．ただし，$\boldsymbol{\alpha} = \mathbf{K}_{\boldsymbol{\theta}}^{-1}\mathbf{Y}$ としました．$\mathbf{K}_{\boldsymbol{\theta}}^{-1}$ の計算には $\mathcal{O}(N^3)$ の時間がかかりますが，$\mathbf{K}_{\boldsymbol{\theta}}^{-1}$ が得られた後の偏微分の計算は 1 つのハイパーパラメータに対して $\mathcal{O}(N^2)$ の時間で実行できます．

　注意点として，ハイパーパラメータの最適化は最尤推定の考え方に基づくため，ハイパーパラメータの数が多い場合などはデータに過剰適合を起こす可能性があります．そのような場合は，ハイパーパラメータに対しても事前分布を設定し，事後分布を確率的に推論するような枠組みを考えることによって過剰適合を抑制できます．

　図 7.1 には指数二次共分散関数 (EQ)，周期的共分散関数 (per)，およびそれらの和の共分散関数 (EP+per) を使って回帰を行っており，下段にはそれぞれの対数周辺尤度 $\ln p(\mathbf{Y}|\mathbf{X})$ の評価結果も示しています．結果からわかるように，与えられたデータは正弦関数のような振る舞いを示しているため，指数二次よりも周期性をもつ共分散関数のほうがデータを説明しやすくなっ

---

*3　$\partial \mathbf{K}_{\boldsymbol{\theta}}/\partial \theta_i$ は $\mathbf{K}_{\boldsymbol{\theta}}$ の各要素を θ_i で偏微分したものを $\mathbf{K}_{\boldsymbol{\theta}}$ と同サイズの行列で並べたものです．行列の微分に関しては文献 [90] を参照してください．

ており，実際に対数周辺尤度の値も高くなっていることがわかります[*4].

7.2 ガウス過程による分類

ガウス過程は分類問題にも適用できます．回帰モデルにおける尤度関数を変更することにより分類モデルが実現できますが，推論に関しては残念ながら事後分布が複雑になるため解析的計算が実行できません．このような問題に対処する手段として，ラプラス近似や期待値伝播法による近似推論手法を解説します．

7.2.1 ベルヌーイ分布による分類モデル

ここでは，ベルヌーイ分布とガウス過程を組み合わせた分類モデルを構築します．回帰モデルでは尤度関数にガウス分布を使いましたが，分類ではシグモイド関数を通して関数の値を $\mu(\mathbf{x}_n) \in (0, 1)$ に制限したうえで，ベルヌーイ分布によって2値のラベル $y_n \in \{0, 1\}$ を生成するようなモデルを考えます．つまり，尤度関数を

$$p(y_n|\mathbf{x}_n) = \mathrm{Bern}(y_n|\mu(\mathbf{x}_n)) \tag{7.19}$$

とし，ベルヌーイ分布のパラメータ $\mu(\mathbf{x}_n)$ を

$$\mu(\mathbf{x}_n) = \mathrm{Sig}(f(\mathbf{x}_n)) \tag{7.20}$$

のように設計します．ここで，潜在関数 f は共分散関数 $k_\beta(\mathbf{x}_i, \mathbf{x}_j) = k(\mathbf{x}_i, \mathbf{x}_j) + \delta_{i,j}\beta^{-1}$ をもつガウス過程による事前分布に従ってサンプリングされると仮定します．これは，各 $f_n = f(\mathbf{x}_n)$ の生成に対して精度 β^{-1} を入れ込むことによって，データ点ごとに独立に起こるラベル付けミスなどをモデルに加味していることになります．**図7.2** には，このモデルからサンプリングされた潜在関数 $f(\mathbf{x}_n)$ およびシグモイド関数によって変換された後の平均値 $\mu(\mathbf{x}_n)$ と，$\mu(\mathbf{x}_n)$ から生成される2値のデータ点の例を示しています．線形なロジスティック回帰モデルでは取り扱うことのできない複雑な分

[*4] ただし，データが少ない状況などにおいては対数周辺尤度の値はハイパーパラメータやデータの分布に対して敏感に変動するため，モデルの定量的な評価は非常に難しくなります．

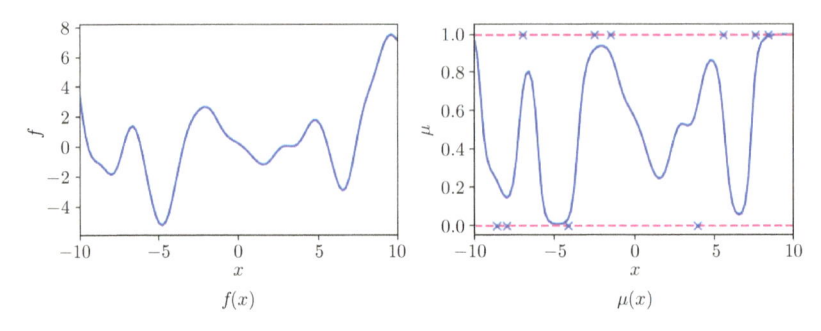

図 7.2　ガウス過程分類モデルからのサンプル

類をガウス過程を用いれば表現できることがわかります[*5].

このモデルを使った予測は次のように行えます. まず, 学習データ $\mathcal{D} = \{\mathbf{X}, \mathbf{Y}\}$ を観測した後のテスト入力 $\mathbf{x}_*$ における潜在関数の予測 $f_* = f(\mathbf{x}_*)$ を計算します.

$$p(f_*|\mathbf{Y}, \mathbf{X}, \mathbf{x}_*) = \int p(f_*|\mathbf{X}, \mathbf{x}_*, \mathbf{F})p(\mathbf{F}|\mathbf{Y}, \mathbf{X})\mathrm{d}\mathbf{F}. \qquad (7.21)$$

ただし, $\mathbf{F} = \{f_1, \ldots, f_N\}$ です. 次に, 式 (7.21) を使って尤度関数から f_* を周辺化することにより, y_* の予測分布を得ます.

$$p(y_*|\mathbf{Y}, \mathbf{X}, \mathbf{x}_*) = \int p(y_*|f_*)p(f_*|\mathbf{Y}, \mathbf{X}, \mathbf{x}_*)\mathrm{d}f_*. \qquad (7.22)$$

ガウス過程による回帰モデルは予測分布が解析的に計算できましたが, 分類モデルの場合は, シグモイド関数およびベルヌーイ分布を導入したことによる非共役性により, 予測分布が解析的に計算できなくなってしまいます. したがって, ここでも近似ベイズ推論手法を適用する必要があります. 近似手法はいくつか提案されており, ラプラス近似, 期待値伝播法, 変分推論法, マルコフ連鎖モンテカルロ法などのアルゴリズムを適用できます. なお, 近似推論手法はガウス過程分類モデルなどのような非共役性をもつモデルの学習に用いられるだけでなく, 解析計算が可能なガウス過程回帰に対しても計算量の削減を目的として用いられます.

[*5]　多クラス分類への拡張は, シグモイド関数とベルヌーイ分布の代わりにソフトマックス関数とカテゴリ分布を用いることによって実現できます.

7.2.2 ラプラス近似

ガウス過程による分類の困難な点は，式 (7.21) および式 (7.22) の計算が解析的に行えないことです．ここでは 4.2.3 節で紹介したラプラス近似を使ってこの問題に対する近似解を与えることを考えます．

7.2.2.1 事後分布の近似

ラプラス近似では，潜在関数 $\mathbf{F}$ の近似事後分布 q として次のようなガウス分布を設定します．

$$q(\mathbf{F}|\mathbf{Y}, \mathbf{X}) = \mathcal{N}(\mathbf{F}|\hat{\mathbf{F}}, \boldsymbol{\Lambda}^{-1}). \tag{7.23}$$

ここで，$\hat{\mathbf{F}}$ は次のような対数事後分布の最大値をとるような点です（MAP 推定）．

$$
\begin{aligned}
\hat{\mathbf{F}} &= \underset{\mathbf{F}}{\operatorname{argmax}} \ln p(\mathbf{F}|\mathbf{Y}, \mathbf{X}) \\
&= \underset{\mathbf{F}}{\operatorname{argmax}} \{\ln p(\mathbf{Y}|\mathbf{F}) + \ln p(\mathbf{F}|\mathbf{X})\}.
\end{aligned} \tag{7.24}
$$

また，行列 $\boldsymbol{\Lambda}$ は点 $\hat{\mathbf{F}}$ における負の対数事後分布のヘッセ行列です．

$$\boldsymbol{\Lambda} = -\nabla_{\mathbf{F}}^2 \ln p(\mathbf{F}|\mathbf{Y}, \mathbf{X})|_{\mathbf{F}=\hat{\mathbf{F}}}. \tag{7.25}$$

式 (7.24) における目的関数を $\Psi(\mathbf{F})$ とおくと，

$$
\begin{aligned}
\Psi(\mathbf{F}) &= \ln p(\mathbf{Y}|\mathbf{F}) + \ln p(\mathbf{F}|\mathbf{X}) \\
&= \ln p(\mathbf{Y}|\mathbf{F}) - \frac{1}{2}\mathbf{F}^\top \mathbf{K}_\beta^{-1}\mathbf{F} + c
\end{aligned} \tag{7.26}
$$

となります．ここで $\mathbf{K}_\beta = \mathbf{K}_{\mathbf{XX}} + \beta^{-1}\mathbf{I}$ です．$\mathbf{F}$ に関する勾配をとることにより

$$\nabla_{\mathbf{F}}\Psi(\mathbf{F}) = \nabla_{\mathbf{F}} \ln p(\mathbf{Y}|\mathbf{F}) - \mathbf{K}_\beta^{-1}\mathbf{F}, \tag{7.27}$$

$$\nabla_{\mathbf{F}}^2\Psi(\mathbf{F}) = \nabla_{\mathbf{F}}^2 \ln p(\mathbf{Y}|\mathbf{F}) - \mathbf{K}_\beta^{-1} \tag{7.28}$$

を得ます．式 (7.19) で定義されたベルヌーイ分布による尤度関数の場合では，式 (7.27) および式 (7.28) の計算に必要な微分は，それぞれ

$$\frac{\partial}{\partial f_i} \ln p(\mathbf{Y}|\mathbf{F}) = y_i - \operatorname{Sig}(f_i) \tag{7.29}$$

および

$$\frac{\partial^2}{\partial f_i \partial f_j} \ln p(\mathbf{Y}|\mathbf{F}) = \begin{cases} -\mathrm{Sig}(f_i)\{1 - \mathrm{Sig}(f_i)\}, & \text{if } i = j \\ 0, & \text{if } i \neq j \end{cases} \qquad (7.30)$$

となります.

7.2.2.2 予測分布の近似

勾配降下法やニュートン・ラフソン法を使った最適化を行うことによって MAP 推定値 $\hat{\mathbf{F}}$ を得た後は, 式 (7.23) の近似事後分布を利用することによって予測分布の近似も得られます. 式 (7.21) の潜在関数 f_* の予測分布は, 式 (7.23) の近似分布を用いることによって,

$$p(f_*|\mathbf{Y}, \mathbf{X}, \mathbf{x}_*) \approx q(f_*|\mathbf{Y}, \mathbf{X}, \mathbf{x}_*)$$
$$= \int p(f_*|\mathbf{X}, \mathbf{x}_*, \mathbf{F})q(\mathbf{F}|\mathbf{Y}, \mathbf{X})\mathrm{d}\mathbf{F} \qquad (7.31)$$

となります. これは 2 つのガウス分布による積分計算となるので, 解析的に実行でき, 平均 μ_* と分散 σ_*^2 はそれぞれ

$$\mu_* = \mathbf{k}_*^\top \mathbf{K}_\beta^{-1} \hat{\mathbf{f}}, \qquad (7.32)$$
$$\sigma_*^2 = k_\beta(\mathbf{x}_*, \mathbf{x}_*) - \mathbf{k}_*^\top (\mathbf{K}_\beta + \mathbf{\Lambda}^{-1})^{-1} \mathbf{k}_* \qquad (7.33)$$

となります. ただし $\mathbf{k}_* = (k_\beta(\mathbf{x}_*, \mathbf{x}_1), \dots, k_\beta(\mathbf{x}_*, \mathbf{x}_N))^\top$ です. この結果を用いれば, 式 (7.22) の予測分布は,

$$p(y_*|\mathbf{Y}, \mathbf{X}, \mathbf{x}_*) \approx \int p(y_*|f_*)q(f_*|\mathbf{Y}, \mathbf{X}, \mathbf{x}_*)\mathrm{d}f_* \qquad (7.34)$$

から近似的に求められます. 式 (7.34) の右辺は, シグモイド関数を導入したことによる $p(y_*|f_*)$ の非線形性によって解析的に積分を実行できませんが, 実用上はガウス分布 $q(f_*|\mathbf{Y}, \mathbf{X}, \mathbf{x}_*)$ からサンプルをいくつか取得するなどして積分を近似できます. また, シグモイド関数を式 (2.26) の累積分布関数 Φ に置き換えることによって解析的に積分を実行することもでき, この場合は

$$p(y_*|\mathbf{Y}, \mathbf{X}, \mathbf{x}_*) \approx \int \Phi(y_i f_*)q(f_*|\mathbf{Y}, \mathbf{X}, \mathbf{x}_*)\mathrm{d}f_* = \Phi\left(\frac{y_* \mu_*}{\sqrt{1 + \sigma_*^2}}\right) \quad (7.35)$$

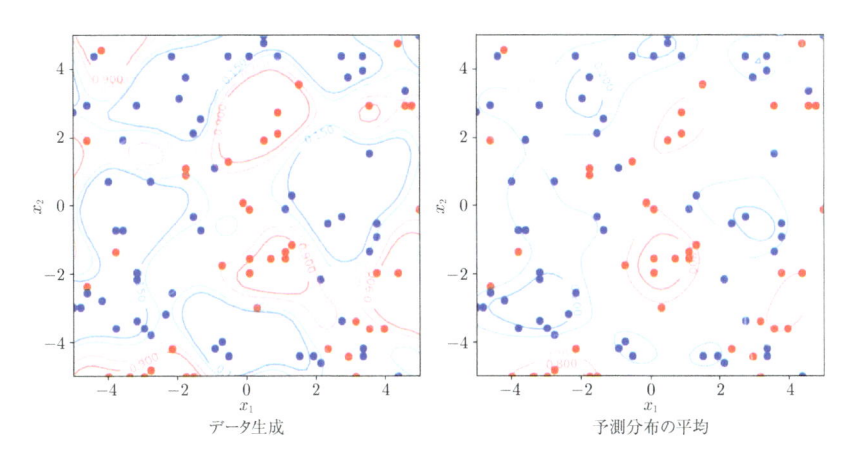

データ生成 　　　　　　　　　　 予測分布の平均

図 7.3　ガウス過程分類モデルによる予測結果

となります. この結果の導出は付録 A.3 を参考にしてください.

　図 7.3 には, 入力を 2 次元とした場合の分類の結果を表しています. 左は, いくつかの観測データ点と, データを生成する真の分布の平均値を等高線で示しています. 右はラプラス近似によってガウス過程分類モデルを学習し, 式 (7.34) の予測平均を等高線として描いた結果です. 共分散関数には式 (7.10) で表される指数二次共分散関数を用いているため, 隣同士が同じ分類結果になりやすくなるような滑らかな結果になります.

7.2.3　期待値伝播法

　ガウス過程分類モデルの近似推論の手法としては, ラプラス近似のほかにも期待値伝播法がよく用いられています [100]. ここでは, 出力ラベルを $y_n \in \{-1, 1\}$ とした分類問題を考え, 4.2.5 節のプロビット回帰モデルで用いた累積密度関数 Φ を利用して次のように尤度関数を構成することにします.

$$p(y_n|f_n) = \Phi(y_n f_n). \tag{7.36}$$

各関数値 f_n は, 共分散関数 k_β をもつガウス過程に従って生成されているとします. このモデルの潜在関数の事後分布は,

$$p(\mathbf{F}|\mathbf{Y}, \mathbf{X}) \propto p(\mathbf{F}|\mathbf{X}) \prod_{n=1}^{N} p(y_n|f_n) \tag{7.37}$$

となりますが，右辺の正規化計算が困難であることから，事後分布は解析的に得られません．そこで，期待値伝播法の枠組みで式 (7.37) を次のように近似します．

$$p(\mathbf{F}|\mathbf{Y}, \mathbf{X}) \approx q(\mathbf{F}|\mathbf{Y}, \mathbf{X}) = \frac{1}{Z} p(\mathbf{F}|\mathbf{X}) \prod_{n=1}^{N} t(f_n|\tilde{\mu}_n, \tilde{\sigma}_n^2). \tag{7.38}$$

ただし，$t(f_n|\tilde{\mu}_n, \tilde{\sigma}_n^2)$ は近似因子であり，次のようにガウス分布の確率密度関数

$$t(f_n|\tilde{\mu}_n, \tilde{\sigma}_n^2) = \mathcal{N}(f_n|\tilde{\mu}_n, \tilde{\sigma}_n^2) \tag{7.39}$$

を仮定します．近似因子のパラメータ $\tilde{\mu}_n$ および $\tilde{\sigma}_n^2$ はアルゴリズムを実行する前にあらかじめランダムに初期化しておきます．各近似因子にガウス分布を用いたので，式 (7.38) の近似分布も

$$q(\mathbf{F}|\mathbf{Y}, \mathbf{X}) = \mathcal{N}(\mathbf{F}|\boldsymbol{\mu}, \boldsymbol{\Sigma}), \tag{7.40}$$

$$\boldsymbol{\Sigma} = (\mathbf{K}_\beta^{-1} + \tilde{\boldsymbol{\Sigma}}^{-1})^{-1}, \tag{7.41}$$

$$\boldsymbol{\mu} = \boldsymbol{\Sigma} \tilde{\boldsymbol{\Sigma}}^{-1} \tilde{\boldsymbol{\mu}} \tag{7.42}$$

のようにガウス分布で表されることになります．ただし $\tilde{\boldsymbol{\mu}} = (\tilde{\mu}_1, \dots, \tilde{\mu}_N)^\top$ であり，$\tilde{\boldsymbol{\Sigma}}$ は対角成分に $\tilde{\sigma}_1^2, \dots, \tilde{\sigma}_N^2$ をもち，非対角成分がすべてゼロであるような $N \times N$ の行列です．

　ここで，i 番目の近似因子 $t(f_i|\tilde{\mu}_i, \tilde{\sigma}_i^2)$ を更新する手続きを考えてみましょう．近似分布 $q(\mathbf{F})$ における i 番目の潜在関数の周辺分布は，式 (3.31) の一般的な多次元ガウス分布の周辺化の結果から

$$q(f_i|\mathbf{Y}, \mathbf{X}) = \mathcal{N}(f_i|\mu_i, \sigma_i^2) \tag{7.43}$$

となります．ここで，μ_i および σ_i^2 は，それぞれ $\boldsymbol{\mu}$ の i 番目の要素および $\boldsymbol{\Sigma}$ の (i, i) 番目の要素です．ここからまず，現在の近似因子 $t(f_i|\tilde{\mu}_i, \tilde{\sigma}_i^2)$ を取り除いて正規化し直したものを $q_{\backslash i}(f_i)$ とおくと，

$$q_{\setminus i}(f_i) = \mathcal{N}(f_i|\mu_{\setminus i}, \sigma_{\setminus i}^2), \tag{7.44}$$

$$\sigma_{\setminus i}^2 = (\sigma_i^{-2} - \tilde{\sigma}_i^{-2})^{-1}, \tag{7.45}$$

$$\mu_{\setminus i} = \sigma_{\setminus i}^2(\sigma_i^{-2}\mu_i - \tilde{\sigma}_i^{-2}\tilde{\mu}_i) \tag{7.46}$$

となります．さらに，尤度の因子 $p(y_i|f_i)$ を追加して正規化したものを

$$r(f_i) = \frac{1}{Z_i}p(y_i|f_i)q_{\setminus i}(f_i) \tag{7.47}$$

とおけます．式 (4.65) および式 (4.66) のガウス分布を使ったモーメントマッチングの一般的な結果から，$r(f_i)$ の平均および分散は，

$$\hat{\mu}_i = \mu_{\setminus i} + \frac{y_i\sigma_{\setminus i}^2\mathcal{N}(a_i|0,1)}{\Phi(a_i)\sqrt{1+\sigma_{\setminus i}^2}}, \tag{7.48}$$

$$\hat{\sigma}_i^2 = \sigma_{\setminus i}^2 - \frac{\sigma_{\setminus i}^4\mathcal{N}(a_i|0,1)}{(1+\sigma_{\setminus i}^2)\Phi(a_i)}\left(a_i + \frac{\mathcal{N}(a_i|0,1)}{\Phi(a_i)}\right) \tag{7.49}$$

と求められます．ただし，

$$a_i = \frac{y_i\mu_{\setminus i}}{\sqrt{1+\sigma_{\setminus i}^2}} \tag{7.50}$$

とおいています．モーメントマッチングにより，式 (7.48) および式 (7.49) の統計量を新たな近似ガウス分布 $q_{\text{new}}(f_i)$ のパラメータとします．最後に，ガウス分布 $q_{\text{new}}(f_i)$ から $q_{\setminus i}(f_i)$ を取り除いて正規化すれば，近似因子 $t(f_i|\tilde{\mu}_i,\tilde{\sigma}_i^2)$ のパラメータは次のように更新できます．

$$\tilde{\sigma}_i^2 \leftarrow (\hat{\sigma}_i^{-2} - \sigma_{\setminus i}^{-2})^{-1}, \tag{7.51}$$

$$\tilde{\mu}_i \leftarrow \tilde{\sigma}_i^2(\hat{\sigma}_i^{-2}\hat{\mu}_i - \sigma_{\setminus i}^{-2}\mu_{\setminus i}). \tag{7.52}$$

期待値伝播法では，ここまでの近似因子の更新を各 $i = 1, 2, \ldots, N$ に関して繰り返していくことによって，潜在関数の近似事後分布 $q(\mathbf{F})$ を修正していきます．十分な回数の更新を繰り返した後，得られた近似分布を利用して新規データ $\mathbf{x}_*$ に対する y_* の予測を行えます．予測分布の計算に関してはラプラス近似で行った場合と同様です．

期待値伝播法は分類問題における解析計算不可能な事後分布を近似する目的だけではなく，大量データに対する近似推論計算を効率化するためにも使われており，代表的なアルゴリズムとしては **IVM (informative vector machine)** があります[65]．

7.3　ガウス過程のスパース近似

ガウス過程の最大の問題点はその計算量にあります．しかし，深層学習モデルが確率的勾配降下法などの手法を用いることによって大量データを学習に利用できたことと同様に，ガウス過程においても大量データの時代に適した効率的な学習方法がいくつか提案されています．

7.3.1　誘導点を用いた変分推論法

ここでは変分推論法と誘導点 **(inducing points)** あるいは擬似入力 **(pseudo input)** に基づいたガウス過程のスパース近似 **(sparse approximation)** の手法を紹介します[115, 126]．誘導点を用いたスパース近似では，逆行列の計算が困難な $N \times N$ サイズの共分散行列 $\mathbf{K}$ を，$M(< N)$ となるような $M \times M$ サイズのより小さな行列を使って低ランク近似します．

$$\mathbf{K} = \mathbf{K_{XX}} \approx \mathbf{Q} = \mathbf{K_{XZ}K_{ZZ}^{-1}K_{ZX}}. \tag{7.53}$$

ここで $\mathbf{K_{ZZ}}$ は，M 個の誘導点 $\mathbf{z}_1, ..., \mathbf{z}_M \in \mathbb{R}^{H_0}$ によって計算される共分散行列です[*6]．$\mathbf{K_{XZ}}$ は $N \times M$ の行列で，各 (i, j) 番目の要素が $k(\mathbf{x}_i, \mathbf{z}_j)$ となっています．$\mathbf{K_{ZX}} = \mathbf{K_{XZ}^\top}$ も同様です．後ほどわかるように，この近似手法と変分推論法を組み合わせた場合，各誘導点は変分パラメータの役割を果たします．

7.3.1.1　変分推論法による事後分布の近似

ガウス過程のための誘導点を用いた変分推論法を導くために，ここでは簡単のため，有限個の入力点集合 $\mathbf{X}_{\mathrm{all}}$ を考えます[*7]．そのうち，観測データの集合を $\mathbf{X} \subset \mathbf{X}_{\mathrm{all}}$，誘導点の集合を $\mathbf{Z} \subset \mathbf{X}_{\mathrm{all}}$ とし，さらに集合

---

*6　ここでは誘導点 $\mathbf{z}$ は観測データ点 $\mathbf{x}$ と同じ空間上に存在するとします．

*7　確率測度による一般的な無限集合のための解説に関しては文献[76] を参考にしてください．

$* = \mathbf{X}_{\text{all}} \setminus (\mathbf{X} \bigcup \mathbf{Z})$ を新たに定義します．ここでは議論を単純にするため $\mathbf{X} \cap \mathbf{Z} = \emptyset$ とします [8]．ガウス過程の近似推論の目標は，観測データ $\mathcal{D} = \{\mathbf{X}, \mathbf{Y}\}$ が与えられたもとでの関数値の集合 $\mathbf{F}_{\text{all}} = \{\mathbf{F}_*, \mathbf{F}_{\mathbf{X}}, \mathbf{F}_{\mathbf{Z}}\}$ の真の事後分布

$$p(\mathbf{F}_{\text{all}}|\mathbf{Y}) = p(\mathbf{F}_*, \mathbf{F}_{\mathbf{X}}, \mathbf{F}_{\mathbf{Z}}|\mathbf{Y}) \tag{7.54}$$

を計算可能な形で近似をすることです [9]．ここでは，近似事後分布として

$$q(\mathbf{F}_{\text{all}}) = p(\mathbf{F}_*, \mathbf{F}_{\mathbf{X}}|\mathbf{F}_{\mathbf{Z}})q(\mathbf{F}_{\mathbf{Z}}) \tag{7.55}$$

のような分解を考えます．データ数 N に対して $M(< N)$ となる少数の誘導点に対する分布 $q(\mathbf{F}_{\mathbf{Z}})$ をおき，さらに残りの関数値に関しては条件付き分布 $p(\mathbf{F}_*, \mathbf{F}_{\mathbf{X}}|\mathbf{F}_{\mathbf{Z}})$ を考えることによって，表現力が制限された形で式 (7.54) の真の事後分布を近似します．ここでは $q(\mathbf{F}_{\mathbf{Z}})$ に対して具体的な分布の仮定はおいていないことに注意してください．一般的な変分推論法の方法に従い，式 (7.54) および式 (7.55) の間の KL ダイバージェンス

$$D_{\text{KL}}\left[q(\mathbf{F}_{\text{all}})||p(\mathbf{F}_{\text{all}}|\mathbf{Y})\right] = -\int q(\mathbf{F}_{\text{all}}) \ln \frac{p(\mathbf{F}_{\text{all}}|\mathbf{Y})}{q(\mathbf{F}_{\text{all}})} d\mathbf{F}_{\text{all}} \tag{7.56}$$

を最小化することを考えます．モデルの事後分布は，

$$p(\mathbf{F}_{\text{all}}|\mathbf{Y}) = \frac{p(\mathbf{Y}|\mathbf{F}_{\mathbf{X}})p(\mathbf{F}_*|\mathbf{F}_{\mathbf{X}}, \mathbf{F}_{\mathbf{Z}})p(\mathbf{F}_{\mathbf{X}}, \mathbf{F}_{\mathbf{Z}})}{p(\mathbf{Y})} \tag{7.57}$$

となるので，この結果と式 (7.55) の近似分布を式 (7.56) に代入して計算をすれば，

$$\begin{aligned}
&D_{\text{KL}}\left[q(\mathbf{F}_{\text{all}})||p(\mathbf{F}_{\text{all}}|\mathbf{Y})\right] \\
&= -\int p(\mathbf{F}_*, \mathbf{F}_{\mathbf{X}}|\mathbf{F}_{\mathbf{Z}})q(\mathbf{F}_{\mathbf{Z}}) \\
&\quad\quad \ln \frac{p(\mathbf{Y}|\mathbf{F}_{\mathbf{X}})p(\mathbf{F}_*|\mathbf{F}_{\mathbf{X}}, \mathbf{F}_{\mathbf{Z}})p(\mathbf{F}_{\mathbf{X}}, \mathbf{F}_{\mathbf{Z}})}{p(\mathbf{F}_*, \mathbf{F}_{\mathbf{X}}|\mathbf{F}_{\mathbf{Z}})q(\mathbf{F}_{\mathbf{Z}})p(\mathbf{Y})} d\mathbf{F}_* d\mathbf{F}_{\mathbf{X}} d\mathbf{F}_{\mathbf{Z}} \\
&= -\int p(\mathbf{F}_{\mathbf{X}}|\mathbf{F}_{\mathbf{Z}})q(\mathbf{F}_{\mathbf{Z}}) \ln \frac{p(\mathbf{F}_{\mathbf{X}}, \mathbf{F}_{\mathbf{Z}}|\mathbf{Y})}{p(\mathbf{F}_{\mathbf{X}}|\mathbf{F}_{\mathbf{Z}})q(\mathbf{F}_{\mathbf{Z}})} d\mathbf{F}_{\mathbf{X}} d\mathbf{F}_{\mathbf{Z}}
\end{aligned} \tag{7.58}$$

---

[8]　実際は観測データ点の一部を誘導点として選ぶこともできます．
[9]　ここでは確率分布の条件部分に現れる $\mathbf{X}$, $\mathbf{Z}$, $*$ などの入力集合は表記から省いています．

となります．ここでは，対数の中身の分数で $\mathbf{F}_*$ に関する共通項を約分し，さらに $\mathbf{F}_*$ の周辺化を行いました．結果として得られた式 (7.58) ではデータ点と誘導点を除いた関数の値 $\mathbf{F}_*$ が式から消えていることがわかります．まとめ直すと，式 (7.56) の KL ダイバージェンスは次のように $q(\mathbf{F_X}, \mathbf{F_Z}) = p(\mathbf{F_X}|\mathbf{F_Z})q(\mathbf{F_Z})$ と $p(\mathbf{F_X}, \mathbf{F_Z}|\mathbf{Y})$ の間の KL ダイバージェンスと等価であることがわかります．

$$D_{\mathrm{KL}}\left[q(\mathbf{F}_{\mathrm{all}})||p(\mathbf{F}_{\mathrm{all}}|\mathbf{Y})\right] = D_{\mathrm{KL}}\left[q(\mathbf{F_X}, \mathbf{F_Z})||p(\mathbf{F_X}, \mathbf{F_Z}|\mathbf{Y})\right]. \qquad (7.59)$$

結果として，ガウス過程の誘導点を用いた近似では，式 (7.59) の右辺を最小化するような近似分布 $q(\mathbf{F_X}, \mathbf{F_Z})$ を求めることによって，対応する観測ラベルのない $\mathbf{F}_*$ を含む関数の値全体 $\mathbf{F}_{\mathrm{all}} = \{\mathbf{F}_*, \mathbf{F_X}, \mathbf{F_Z}\}$ を考慮した事後分布の近似を行っていることになります．

ここでも，4.2.1 節で解説した対数周辺尤度や ELBO，事後分布の KL ダイバージェンスの関係性が成り立ちます．

$$\ln p(\mathbf{Y}) = \mathcal{L}[q] + D_{\mathrm{KL}}\left[q(\mathbf{F_X}, \mathbf{F_Z})||p(\mathbf{F_X}, \mathbf{F_Z}|\mathbf{Y})\right]. \qquad (7.60)$$

ただし，

$$\mathcal{L}[q] = \int q(\mathbf{F_X}, \mathbf{F_Z}) \ln \frac{p(\mathbf{Y}, \mathbf{F_X}, \mathbf{F_Z})}{q(\mathbf{F_X}, \mathbf{F_Z})} \mathrm{d}\mathbf{F_X}\mathrm{d}\mathbf{F_Z} \qquad (7.61)$$

です．したがって，対数周辺尤度 $\ln p(\mathbf{Y})$ が定数であることを考慮すれば，式 (7.59) の事後分布に関する KL ダイバージェンスを最小化することは，式 (7.61) の ELBO を最大化することと等価になることがわかります．

詳細は付録 A.2 に譲りますが，式 (7.59) の最小化または式 (7.61) の最大化は厳密に行え，近似分布は次の形式をとります．

$$q_{\mathrm{opt.}}(\mathbf{F_X}, \mathbf{F_Z}) = p(\mathbf{F_X}|\mathbf{F_Z})q_{\mathrm{opt.}}(\mathbf{F_Z}), \qquad (7.62)$$

$$q_{\mathrm{opt.}}(\mathbf{F_Z}) = \mathcal{N}(\mathbf{F_Z}|\boldsymbol{\mu}, \boldsymbol{\Sigma}). \qquad (7.63)$$

ただし

$$\boldsymbol{\mu} = \sigma^{-2}\mathbf{K_{ZZ}}(\mathbf{K_{ZZ}} + \sigma^{-2}\mathbf{K_{ZX}}\mathbf{K_{XZ}})^{-1}\mathbf{K_{ZX}}\mathbf{Y}, \qquad (7.64)$$

$$\boldsymbol{\Sigma} = \mathbf{K_{ZZ}}(\mathbf{K_{ZZ}} + \sigma^{-2}\mathbf{K_{ZX}}\mathbf{K_{XZ}})^{-1}\mathbf{K_{ZZ}} \qquad (7.65)$$

です．このとき，最大化された ELBO は

$$\mathcal{L}[q_{\mathrm{opt.}}] = \ln \mathcal{N}(\mathbf{Y}|\mathbf{0}, \sigma^2 \mathbf{I} + \mathbf{Q}) - \frac{1}{2\sigma^2} \mathrm{Tr}(\mathbf{K_{XX}} - \mathbf{Q}) \tag{7.66}$$

となります．ここで，$\mathbf{Q} = \mathbf{K_{XZ}} \mathbf{K_{ZZ}}^{-1} \mathbf{K_{ZX}}$ です．式 (7.66) の最大化された ELBO は対数周辺尤度の低ランク行列 $\mathbf{Q}$ による近似と見ることができます．

7.3.1.2 予測分布の近似

ある新規のテスト入力点 $\mathbf{x}_*$ が与えられたもとでの $y_* \in \mathbb{R}$ の予測分布は，近似分布を使うと次のようになります．

$$p(y_*|\mathbf{Y}) \approx \int p(y_*|f_*)q(f_*)\mathrm{d}f_*$$
$$= \mathcal{N}(y_*|\mu_q(\mathbf{x}_*), k_q(\mathbf{x}_*)). \tag{7.67}$$

ただし，

$$\mu_q(\mathbf{x}_*) = \mathbf{k_{x_*Z}} \mathbf{K_{ZZ}}^{-1} \boldsymbol{\mu}, \tag{7.68}$$
$$k_q(\mathbf{x}_*) = k(\mathbf{x}_*, \mathbf{x}_*) - \mathbf{k_{x_*Z}} \mathbf{K_{ZZ}}^{-1} \mathbf{k_{Zx_*}} + \mathbf{k_{x_*Z}} \mathbf{K_{ZZ}}^{-1} \boldsymbol{\Sigma} \mathbf{K_{ZZ}}^{-1} \mathbf{k_{Zx_*}} \tag{7.69}$$

であり，

$$\mathbf{k_{Zx_*}} = \mathbf{k_{x_*Z}}^\top = (k(\mathbf{x}_*, \mathbf{z}_1), \ldots, k(\mathbf{x}_*, \mathbf{z}_M))^\top \tag{7.70}$$

とおきました．

図 7.4 には誘導点を用いたガウス過程回帰モデルの予測分布の近似の例を示しています．ここでは誘導点 $\mathbf{z}$ は $\mathbf{x}$ と同じ空間（実数ベクトル）から適当にランダムに選んできています．誘導点の個数 M が増えるにしたがって，図の一番下の厳密推論を行った場合の予測分布に徐々に近づいていく様子がわかります．また，各図には近似を行った際の ELBO の値も併記していますが，誘導点の個数 M を増やしていくと，こちらの値も厳密に計算された対数周辺尤度の値に近づいていくことがわかります．なお，データ数 N に対する誘導点の数 M と近似精度の関係性については，文献 [12] で詳しく考察されています．

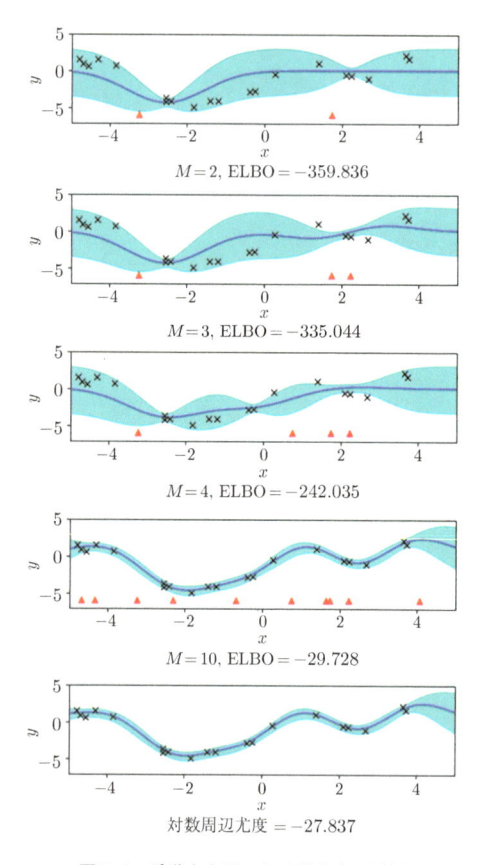

図 7.4　誘導点を用いた予測分布の近似

7.3.1.3　ハイパーパラメータの最適化

　共分散関数のもつハイパーパラメータを最適化し，ガウス過程のデータに対する当てはまりをよくしたい場合には，対数周辺尤度の代わりに式 (7.66) を偏微分することによって勾配降下法を適用することもできます．ただしこれは周辺尤度自体も変化させてしまうため，最尤推定などの手法と同様に過剰適合の危険性があります．一方で，式 (7.66) に対して誘導点の集合 $\mathbf{Z}$ に関する勾配降下法を適用すれば，より精度の高い事後分布の近似がで

きます．こちらに関しては，誘導点が変分パラメータであるため過剰適合の心配はありません．また，いくつかの誘導点の候補から貪欲的に誘導点を追加していく方法なども有効です．誘導点を用いた変分推論法の計算コストは $\mathcal{O}(NM^2)$ であるため，誘導点を増やしていくと計算コストも高くなりますが，この方法も ELBO のみ上昇させるため過剰適合の危険性はありません．

7.3.2 確率的変分推論法

ガウス過程の学習には $\mathcal{O}(N^3)$ の計算量がかかるため，動画像やソーシャルメディアのデータなど大量のデータを扱うためには近似手法が必須となります．1つの解決手段としては，7.3.1 節で紹介した $M(<N)$ 個の誘導点を用いたスパース近似の方法があります．これにより，計算量は $\mathcal{O}(NM^2)$ に削減されますが，依然としてデータ数 N が数百万レベルのオーダーになってくると現実的な計算量にはなりません．**確率的変分推論法 (stochastic variational inference method)** は，対数周辺尤度の下界の最大化に基づく変分推論法に対して，学習データをミニバッチに分けることによって学習の効率化を行う**確率的勾配降下法 (stochastic gradient descent method)** を組み合わせた手法です [52]．この手法を順伝播型ニューラルネットワークに利用する方法は 5.2.2 節で解説しましたが，ガウス過程に大規模データを学習させる際にも応用できます [45]．これにより，ガウス過程でも N が数百万規模になるようなデータを学習できるようになります．また，確率的変分推論法を使った学習はガウス過程分類モデルなど，共役でない観測分布をもったモデルに対しても利用できます [46,76]．なお，確率的勾配降下法を用いず，ガウス過程回帰モデルの対数周辺尤度の下界の項をデータごとに分割し，並列計算によって下界を解析的に最大化する方法も提案されています [29]．

7.4 深層学習のガウス過程解釈

教師あり学習の枠組みでは，ガウス過程は順伝播型ニューラルネットワークなどと同じく入力変数から出力変数への非線形な写像を学習するモデルとして広く用いられています．ここでは，両者の関係性を明らかにすることを目標にします．特に，全結合の順伝播型ニューラルネットワークにおける

各層の重みパラメータの数を無限大に増やした場合，モデルがガウス過程に近づいていくことを示します．このように深層学習のモデルをガウス過程を使って表現することはさまざまな利益があります．特に，

1. 推論が解析的に行えるため，モデルからの厳密な予測が得られる
2. 周辺尤度の計算が厳密に行えるため，ハイパーパラメータの最適化や層数の設定を含むモデル選択が定量的に行える
3. パラメータの空間ではなく，カーネル（共分散関数）によって関数の空間を直接設計できるため，回帰を行う関数の選択の幅が広がり，設計も直観的になる

などが挙げられます．

ここでは，主に次のような完全に結合された多層のニューラルネットワークを考えます．最初の層 $l = 1$ では

$$a_i^{(1)}(\mathbf{x}) = \sum_{j=1}^{H_0} w_{i,j}^{(1)} x_j + b_i^{(1)} \tag{7.71}$$

とし，以下は活性化関数 ϕ による非線形な変換を用いて階層的に次のように計算します．

$$z_i^{(l)}(\mathbf{x}) = \phi(a_i^{(l)}(\mathbf{x})), \tag{7.72}$$

$$a_i^{(l+1)}(\mathbf{x}) = \sum_{j=1}^{H_l} w_{i,j}^{(l+1)} z_j^{(l)}(\mathbf{x}) + b_i^{(l+1)}. \tag{7.73}$$

重みとバイアスはそれぞれゼロ平均のガウス事前分布に従うとします．

$$w_{i,j}^{(l)} \sim \mathcal{N}(0, v_w^{(l)}), \tag{7.74}$$

$$b_i^{(l)} \sim \mathcal{N}(0, v_b^{(l)}). \tag{7.75}$$

なお，7.4.4 節では畳み込みニューラルネットワークで使われるような疎な結合をもった構造をガウス過程の共分散関数に入れ込む手段に関しても説明します．

7.4.1 隠れ層が 1 つの場合

ここではまず文献 [86] で説明されている直観的な説明にしたがって、隠れ層が 1 つのニューラルネットワークの極限を考えます。すなわち、順伝播型ニューラルネットワークで $L = 2$ とし、$a_i^{(2)}(\mathbf{x})$ が出力になるようなネットワーク構造を考え、隠れユニットの数 $H_1 \to \infty$ とします。ここで、単一の入力データ $\mathbf{x}$ に対する出力の振る舞いを考えます。式 (7.74) および式 (7.75) で定義した通り、重みパラメータとバイアスパラメータはそれぞれ要素ごとに独立な事前分布に従って決定されます。したがって、最初の活性 $a_i^{(1)}(\mathbf{x})$ や隠れ層の値 $z_i^{(1)}(\mathbf{x})$ も各 $i = 1, \ldots, H_1$ の間で独立になります。さらに、続く $a_i^{(2)}(\mathbf{x})$ も式 (7.73) から独立な項の和になるので、隠れユニット数を $H_1 \to \infty$ としたとき、各 $z_i^{(1)}(\mathbf{x})$ が有限の分散をもっていると仮定すれば、中心極限定理により出力 $a_i^{(2)}(\mathbf{x})$ はガウス分布に従うことになります。

具体的に $a_i^{(2)}(\mathbf{x})$ の平均値と分散を調べてみましょう。パラメータの事前分布から平均値は、

$$
m_i^{(2)}(\mathbf{x}) = \mathbb{E}\left[a_i^{(2)}(\mathbf{x})\right]
$$

$$
= \sum_{j=1}^{H_1} \mathbb{E}\left[w_{i,j}^{(2)}\right] \mathbb{E}\left[z_j^{(1)}(\mathbf{x})\right] + \mathbb{E}\left[b_i^{(2)}\right] = 0 \qquad (7.76)
$$

となります。また、各パラメータの独立性を考慮すれば、分散は

$$
k_i^{(2)}(\mathbf{x}, \mathbf{x}) = \mathbb{E}\left[\{a_i^{(2)}(\mathbf{x}) - m_i^{(2)}(\mathbf{x})\}^2\right]
$$

$$
= \sum_{j=1}^{H_1} \mathbb{E}\left[\{w_{i,j}^{(2)}\}^2\right] \mathbb{E}\left[\{z_j^{(1)}(\mathbf{x})\}^2\right] + \mathbb{E}\left[\{b_i^{(2)}\}^2\right]
$$

$$
= H_1 v_w^{(2)} V(\mathbf{x}) + v_b^{(2)} \qquad (7.77)
$$

となります。ここでは、$z_j^{(1)}(\mathbf{x})$ は各 j で共通の有限の分散を仮定しているので、$\mathbb{E}\left[\{z_i^{(1)}(\mathbf{x})\}^2\right] = V(\mathbf{x})$ とおいています。式 (7.77) において $H_1 \to \infty$ とすると分散 $k_i^{(2)}(\mathbf{x}, \mathbf{x})$ が無限大に発散してしまいます。これを防ぐには、次のように重みパラメータの事前分布に固定値 $\hat{v}_w^{(2)}$ を与え、隠れユニット数 H_1 に応じてスケーリングさせます。

$$v_w^{(2)} = \frac{\hat{v}_w^{(2)}}{H_1}. \tag{7.78}$$

したがって,

$$\lim_{H_1 \to \infty} H_1 v_w^{(2)} V(\mathbf{x}) + v_b^{(2)} = \hat{v}_w^{(2)} V(\mathbf{x}) + v_b^{(2)} \tag{7.79}$$

となります.

同様にして, $a_i^{(2)}(\mathbf{x})$ の共分散を調べてみます. 2 つの入力値を $\mathbf{x}$, $\mathbf{x}'$ としたとき, 共分散は,

$$\begin{aligned}
k_i^{(2)}(\mathbf{x}, \mathbf{x}') &= \mathbb{E}\left[\{a_i^{(2)}(\mathbf{x}) - m_i^{(2)}(\mathbf{x})\}\{a_i^{(2)}(\mathbf{x}') - m_i^{(2)}(\mathbf{x}')\} \right] \\
&= \mathbb{E}\left[a_i^{(2)}(\mathbf{x}) a_i^{(2)}(\mathbf{x}') \right] \\
&= \sum_{j=1}^{H_1} \mathbb{E}\left[\{w_{i,j}^{(2)}\}^2 \right] \mathbb{E}\left[z_j^{(1)}(\mathbf{x}) z_j^{(1)}(\mathbf{x}') \right] + \mathbb{E}\left[\{b_i^{(2)}\}^2 \right] \\
&= H_1 v_w^{(2)} C(\mathbf{x}, \mathbf{x}') + v_b^{(2)} \to \hat{v}_w^{(2)} C(\mathbf{x}, \mathbf{x}') + v_b^{(2)} \tag{7.80}
\end{aligned}$$

となります. ここで各 j で共通に $C(\mathbf{x}, \mathbf{x}') = \mathbb{E}\left[z_j^{(1)}(\mathbf{x}) z_j^{(1)}(\mathbf{x}') \right]$ とおきました.

また, 各出力 $a_1^{(2)}, \ldots, a_{H_2}^{(2)}$ の共分散を調べることによって, 各出力が独立であることも同様にして示されます. $i \neq i'$ となる 2 つの出力 $a_i^{(2)}(\mathbf{x})$, $a_{i'}^{(2)}(\mathbf{x}')$ の積の期待値は,

$$\begin{aligned}
&\mathbb{E}\left[a_i^{(2)}(\mathbf{x}) a_{i'}^{(2)}(\mathbf{x}') \right] \\
&\quad = \mathbb{E}\left[\left(\sum_{j=1}^{H_1} w_{i,j}^{(2)} z_j^{(1)}(\mathbf{x}) + b_i^{(2)} \right) \left(\sum_{j'=1}^{H_1} w_{i',j'}^{(2)} z_{j'}^{(1)}(\mathbf{x}') + b_{i'}^{(2)} \right) \right] \\
&\quad = \sum_{j=1}^{H_1} \sum_{j'=1}^{H_1} \mathbb{E}\left[w_{i,j}^{(2)} \right] \mathbb{E}\left[w_{i',j'}^{(2)} \right] \mathbb{E}\left[z_j^{(1)}(\mathbf{x}) z_{j'}^{(1)}(\mathbf{x}') \right] \\
&\quad = 0 \tag{7.81}
\end{aligned}$$

であることから, 共分散は,

$$\mathbb{E}\left[(a_i^{(2)}(\mathbf{x}) - m_i(\mathbf{x}))(a_{i'}^{(2)}(\mathbf{x}') - m_{i'}(\mathbf{x}')) \right] = 0 \tag{7.82}$$

となります．各 $a_1^{(2)}, \ldots, a_{H_2}^{(2)}$ がガウス分布に従うことと，式 (7.82) から共分散がゼロであることから，各変数は独立となります．

7.4.2 多層の場合

ここでは，式 (7.72) および式 (7.73) を繰り返し適用して構築した深層モデルに対して各層の隠れユニット数 H_l を無限にすることを考えます．式 (7.82) より，各 $a_1^{(2)}, \ldots, a_{H_2}^{(2)}$ は独立であることがわかりました．したがって，非線形関数を適用した後の $z_1^{(2)}, \ldots, z_{H_2}^{(2)}$ も独立となります．同様の議論で次の層でも隠れユニット数 H_2 を無限大に増やせば，独立な各 $z_i^{(2)}$ の無限和をとることになるので，中心極限定理により $a_i^{(3)}$ もガウス分布に従うことになります．

以上の議論を一般的な L 層の場合でまとめます．l 番目層での各出力 $a_i^{(l)}$ が次のようなモーメントをもつガウス分布に従っていると仮定します．

$$\mathbb{E}\left[a_i^{(l)}(\mathbf{x})\right] = 0, \tag{7.83}$$

$$\mathbb{E}\left[a_i^{(l)}(\mathbf{x})a_j^{(l)}(\mathbf{x}')\right] = \delta_{i,j}k^{(l)}(\mathbf{x}, \mathbf{x}'). \tag{7.84}$$

このとき，隠れ層の数を $H_l \to \infty$ とすると，次の層の各出力 $a_i^{(l+1)}$ は次のようなモーメントをもつガウス分布に従います．

$$\mathbb{E}\left[a_i^{(l+1)}(\mathbf{x})\right] = 0, \tag{7.85}$$

$$\mathbb{E}\left[a_i^{(l+1)}(\mathbf{x})a_j^{(l+1)}(\mathbf{x}')\right] = \delta_{i,j}k^{(l+1)}(\mathbf{x}, \mathbf{x}'). \tag{7.86}$$

ただし，

$$k^{(l+1)}(\mathbf{x}, \mathbf{x}') = v_b^{(l+1)} + \hat{v}_w^{(l+1)}\mathbb{E}_{(a,a')^\top \sim \mathcal{N}(\mathbf{0}, \mathbf{K}^{(l-1)})}\left[\phi(a)\phi(a')\right], \tag{7.87}$$

$$k^{(1)}(\mathbf{x}, \mathbf{x}') = v_b^{(1)} + \hat{v}_w^{(1)}\frac{\mathbf{x}^\top \mathbf{x}'}{H_0} \tag{7.88}$$

です．ここで $\mathbf{K}^{(l-1)}$ はサイズが 2×2 の行列で，2 つの入力 $\mathbf{x}$, $\mathbf{x}'$ に対する共分散行列を表します．式 (7.87) では，非線形関数 ϕ の積をガウス分布で積分する必要がありますが，具体的な計算例は後ほど紹介します．

ここでは簡単のため，入力層から順番に隠れユニット数を無限にしました．また，収束性を保証するための非線形変換 ϕ に対する条件なども考慮し

ていません．各層の隠れユニット数を同時に無限大に増やした場合の弱収束に関する議論や，非線形変換に対する条件に関する考察など，より厳密な内容に関しては文献[77] を参照ください．また，ここでは重みは全結合であることを仮定しましたが，畳み込みネットワークや ResNet などの構造をもったネットワークに対してもガウス過程との関係性の解析が進められています[31,44,88]．

7.4.3　深層カーネル

　ここでは具体的な非線形関数 ϕ を利用した深層構造をもつ共分散関数を導出します．このような共分散関数は**深層カーネル** (**deep kernel**) と呼ばれています[24]*10．式 (7.87) の関係式を用いて深層構造をもつ共分散関数を構成するためには，非線形変換 ϕ に対して 2 次元ガウス分布 $\mathcal{N}(\mathbf{a}|\mathbf{0}, \boldsymbol{\Sigma})$ による期待値

$$\mathbb{E}_{\mathbf{a}\sim\mathcal{N}(\mathbf{0},\boldsymbol{\Sigma})}\left[\phi(a_1)\phi(a_2)\right] = \int \mathcal{N}(\mathbf{a}|\mathbf{0}, \boldsymbol{\Sigma})\phi(a_1)\phi(a_2)\mathrm{d}\mathbf{a} \qquad (7.89)$$

を計算する必要があります．ここで，2 つの入力値 $\mathbf{x}$, $\mathbf{x}'$ に対するある層の活性を $a_1 = a(\mathbf{x})$, $a_2 = a(\mathbf{x}')$ とおいています．

7.4.3.1　ガウスの誤差関数による共分散関数

　まず，非線形関数として**ガウスの誤差関数** (**Gauss error function**) を選んだ場合の再帰式を導いてみます．ガウスの誤差関数は次のように定義されます．

$$\mathrm{Erf}(a) = \frac{2}{\sqrt{\pi}} \int_0^a \exp(-t^2)\mathrm{d}t. \qquad (7.90)$$

式 (2.28) の関係式から，ガウスの誤差関数は累積分布関数をスケールしただけのものであるため，プロビット回帰モデルの学習を行ったときと同様，ガウス分布で積分する際に都合の良いものとなっています．また，**図 7.5** に示す通り，この関数は双曲線正接関数と非常に似た形状をもっています．この非線形関数の内積に対するガウス分布による期待値は次のように解析的に計

---

*10　深層学習の構造を共分散行列に取り込む手法として，ネットワークの出力同士の類似度を共分散関数として定義して構成する手法もあります[134]．この場合，ネットワークの出力層のみが無限数の隠れユニットをもつことになります．

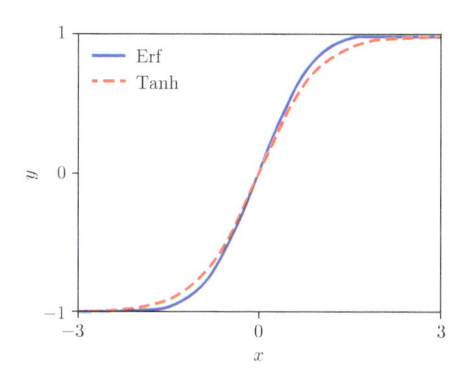

図 7.5 ガウスの誤差関数と双曲線正接関数

算できます[133]．詳しい導出に関しては付録 A.4.1 を参照してください．

$$\int \mathcal{N}(\mathbf{a}|\mathbf{0}, \boldsymbol{\Sigma})\mathrm{Erf}(a_1)\mathrm{Erf}(a_2)\mathrm{d}\mathbf{a} = \frac{2}{\pi}\arcsin\left(\frac{2\Sigma_{1,2}}{\sqrt{(1 + 2\Sigma_{1,1})(1 + 2\Sigma_{2,2})}}\right).$$
(7.91)

ただし，$\Sigma_{i,j}$ は 2×2 の共分散行列 $\boldsymbol{\Sigma}$ の (i,j) 成分を指します．また，arcsin は逆正弦関数です．式 (7.91) を式 (7.87) に適用することによって，次のような共分散関数の再帰的な定義を得られます．

$$k^{(l+1)}(\mathbf{x}, \mathbf{x}')$$
$$= v_b^{(l+1)} + \hat{v}_w^{(l+1)}\frac{2}{\pi}\arcsin\left(\frac{2k^{(l)}(\mathbf{x}, \mathbf{x}')}{\sqrt{(1 + 2k^{(l)}(\mathbf{x}, \mathbf{x}))(1 + 2k^{(l)}(\mathbf{x}', \mathbf{x}'))}}\right).$$
(7.92)

7.4.3.2　正規化線形関数による共分散関数

深層学習のモデルでよく用いられる正規化線形関数に関しても再帰的な構造をもつ共分散関数を導くことができます[14]．ここではより一般的な形式で，自然数 m をパラメータとした非線形変換を考えます．

$$\phi_m(a) = \Theta(a)a^m.$$
(7.93)

ここではステップ関数 $\Theta(a) = \frac{1}{2}(1 + \mathrm{sign}(a))$ を導入しました．図 7.6 に示

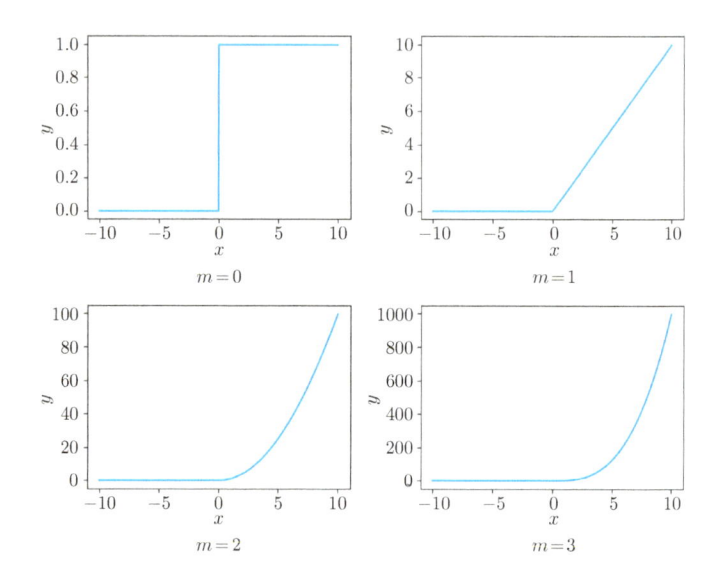

図 7.6　$\phi_m(a) = \Theta(a)a^m$ による非線形変換

すように，正規化線形関数は $m = 1$ の場合に一致します．ガウス分布による期待値計算は次のように解析的に求められます（付録 A.4.2 参照）．

$$\int \mathcal{N}(\mathbf{a}|\mathbf{0}, \boldsymbol{\Sigma})\phi_m(a_1)\phi_m(a_2)\mathrm{d}\mathbf{a} = \frac{1}{2\pi}(\Sigma_{1,1}\Sigma_{2,2})^{m/2}\mathcal{J}_m(\theta). \tag{7.94}$$

ただし，

$$\mathcal{J}_m(\theta) = (\sin\theta)^{2m+1}\left\{\frac{\partial^m}{\partial(\cos\theta)^m}\frac{\pi - \theta}{\sin\theta}\right\}, \tag{7.95}$$

$$\theta = \arccos\left(\frac{\Sigma_{1,2}}{\sqrt{\Sigma_{1,1}\Sigma_{2,2}}}\right) \tag{7.96}$$

です．ここで arccos は逆余弦関数です．関数 $\mathcal{J}_m(\theta)$ は，自然数 m が増加するにしたがって次のように複雑な関数となっていきます．

$$\mathcal{J}_0(\theta) = \pi - \theta, \tag{7.97}$$

$$\mathcal{J}_1(\theta) = \sin\theta + (\pi - \theta)\cos\theta, \tag{7.98}$$

$$\mathcal{J}_2(\theta) = 3\sin\theta\cos\theta + (\pi - \theta)(1 + 2\cos^2\theta). \tag{7.99}$$

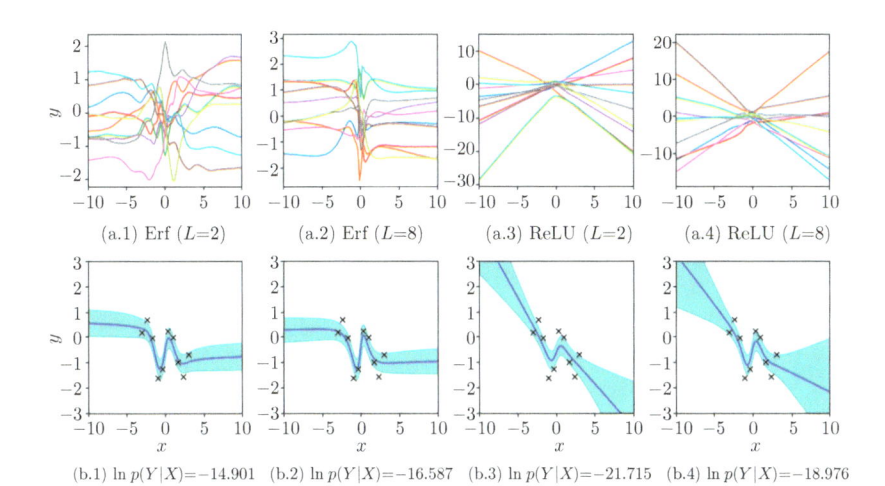

図 7.7　深層構造をもつ共分散関数を用いたガウス過程の例

式 (7.94) の結果から，再帰的な共分散関数は次のように構成できます．

$$k^{(l+1)}(\mathbf{x}, \mathbf{x}') = v_b^{(l+1)} + \hat{v}_w^{(l+1)} \frac{1}{2\pi} (k^{(l)}(\mathbf{x}, \mathbf{x}) k^{(l)}(\mathbf{x}', \mathbf{x}'))^{m/2} \mathcal{J}_m(\theta^{(l)}),$$

$$(7.100)$$

$$\theta^{(l)} = \arccos \left(\frac{k^{(l)}(\mathbf{x}, \mathbf{x}')}{\sqrt{k^{(l)}(\mathbf{x}, \mathbf{x}) k^{(l)}(\mathbf{x}', \mathbf{x}')}} \right). \qquad (7.101)$$

7.4.3.3　予測と周辺尤度

図 7.7 は，入出力をそれぞれ $x \in \mathbb{R}$, $y \in \mathbb{R}$ とし，再帰式 (7.92) および式 (7.101) で構成したさまざまな共分散関数によるガウス過程からの振る舞いの違いと，学習データを与えた後の予測分布を示しています．また，図には式 (7.17) によって計算できる対数周辺尤度も示しています．

7.4.4　畳み込みガウス過程

ガウス過程の利点の 1 つとして，共分散関数を設計することによって生成される関数に特定の性質が与えられることが挙げられます．ここでは，画像認識などで用いられる畳み込み構造を，ガウス過程の共分散関数に導入す

る畳み込みガウス過程 (**convolutional Gaussian process**) を紹介します[131]．これにより，既存のガウス過程ではモデル化のしにくかった多次元かつ位置的な構造をもった画像などのデータを効率よく学習できるようになります．また，既存の畳み込みニューラルネットワークと比べて，ベイズ推論に基づく不確実性の推定や，モデル構造やハイパーパラメータの自動選択などが行えるなどの利点があります．ここでも，変分推論法に基づくスパース近似を適用することによって，過剰適合を抑制しつつ，計算効率の高い学習を行えます．

7.4.4.1　モデル

ここでは，サイズが $W \times H$ の画像データを入力として，関数 $f : \mathbb{R}^{W \times H} \to \mathbb{R}$ となるような関数 f の事前分布を構築することを考えます．また，パッチサイズを $W_{\mathrm{patch}} \times H_{\mathrm{patch}}$ とし，**パッチ応答関数** (**patch-response function**) を $g : \mathbb{R}^{W_{\mathrm{patch}} \times H_{\mathrm{patch}}} \to \mathbb{R}$ とします．ストライドの大きさを 1 とすれば，画像中に合計で $P = (W - W_{\mathrm{patch}} + 1) \times (H - H_{\mathrm{patch}} + 1)$ 枚のパッチがあることになります．畳み込みガウス過程では，パッチ応答関数を利用して次のような関数 f の生成を行います．

$$g \sim \mathrm{GP}(0, k_g(\mathbf{z}, \mathbf{z}')), \tag{7.102}$$

$$f(\mathbf{x}) = \sum_{p=1}^{P} g(\mathbf{x}^{[p]}). \tag{7.103}$$

すなわち，関数 f は次のような事前分布をもつことになります．

$$f \sim \mathrm{GP}\left(0, \sum_{p=1}^{P} \sum_{p'=1}^{P} k_g(\mathbf{x}^{[p]}, \mathbf{x}'^{[p']})\right). \tag{7.104}$$

ただし，$\mathbf{x}^{[p]}$ は入力画像 $\mathbf{x}$ の p 番目のパッチを表します．このように，多次元の入力データの一部分を入力とする関数 g を考え，それらを複数個足し合わせて関数 f の事前分布を構築するモデルをガウス過程の**加法モデル** (**additive model**) と呼びます．共分散関数 k_g はパッチ p ごとに異なるように設計することもできますが，ここではパッチ間で同じ共分散関数を共有することによって，画像の位置に依存しないような値を抽出できるようにし

ています．このような特性は**平行移動不変 (translation invariant)** と呼ばれています．

　パッチごとに変換を適用していく点などは畳み込みニューラルネットワークと同様ですが，畳み込みニューラルネットワークでは複数の線形フィルターを適用した後に非線形関数を通すのに対して，畳み込みガウス過程では式 (7.103) のように各パッチに対してある非線形かつノンパラメトリックな関数 g を適用してからそれらを足し合わせる点が異なっています．

7.4.4.2　ドメイン間近似による学習

　式 (7.104) のモデルは誘導点を用いたスパース近似によって効率よく学習させることができます．誘導点を $\mathbf{z}$，対応する関数の値を u とすると，スパース近似を適用するためには共分散行列 $\mathbf{K_{XZ}}$ および $\mathbf{K_{ZZ}}$ の計算を新たに考える必要があります．ここで，誘導点 $\mathbf{z}$ をデータの空間ではなく，パッチの空間に配置することを考えます．すなわち，

$$u = g(\mathbf{z}) \tag{7.105}$$

のようにおきます．このように，誘導点 $\mathbf{z}$ を元の画像データ $\mathbf{x}$ の空間とは別の空間に配置して計算効率を高める手法は**ドメイン間近似 (inter-domain approximation)** の一例となっています [64]．このとき，式 (7.105) から各共分散関数は

$$
\begin{aligned}
k_{fu}(\mathbf{x}, \mathbf{z}) &= \mathbb{E}[f(\mathbf{x})g(\mathbf{z})] \\
&= \mathbb{E}\left[\sum_{p=1}^{P} g(\mathbf{x}^{[p]})g(\mathbf{z})\right] \\
&= \sum_{p=1}^{P} k_g(\mathbf{x}^{[p]}, \mathbf{z})
\end{aligned}
\tag{7.106}
$$

および

$$
\begin{aligned}
k_{uu}(\mathbf{z}, \mathbf{z}') &= \mathbb{E}\left[g(\mathbf{z})g(\mathbf{z}')\right] \\
&= k_g(\mathbf{z}, \mathbf{z}')
\end{aligned}
\tag{7.107}
$$

のようになります．ドメイン間近似を使うことによって，異なるパッチ同士

の組み合わせの計算が不要になるため，$\mathbf{K_{XZ}}$ の計算コストは $\mathcal{O}(NMP^2)$ から $\mathcal{O}(NMP)$，$\mathbf{K_{ZZ}}$ の計算コストは $\mathcal{O}(M^2P^2)$ から $\mathcal{O}(M^2P)$ にそれぞれ削減されます．$\mathbf{K_{XX}}$ の対角成分の計算コストは $\mathcal{O}(NP^2)$ ですが，データをミニバッチに分けて確率的変分推論法を利用すれば，原理的にはこの計算量は大幅に削減させることができます *11．実装上は，共分散関数 k_g の計算法さえ決めてしまえば，既存のスパース近似手法の枠組みを使ってモデルを学習させることができます．

7.4.4.3　共分散関数の改良

畳み込みガウス過程では平行移動不変な共分散関数を構築します．しかし，このような画像中の位置の異なるパッチ間で完全に不変な関数 g を仮定するのは制約が強すぎるため，実際の画像データを使った予測では良い性能を発揮しないことが報告されています．これを緩和するための方法の 1 つは，各パッチに対して固有の重みパラメータ w_p を設定することです．

$$f(\mathbf{x}) = \sum_{p=1}^{P} w_p g(\mathbf{x}^{[p]}). \tag{7.108}$$

この変更により，共分散関数 k_{ff} および k_{fu} は次のように修正されます．

$$k_{ff}(\mathbf{x}, \mathbf{x}') = \sum_{p=1}^{P} \sum_{p'=1}^{P} w_p w_{p'} k_g(\mathbf{x}^{[p]}, \mathbf{x}'^{[p']}), \tag{7.109}$$

$$k_{fu}(\mathbf{x}, \mathbf{z}) = \sum_{p=1}^{P} w_p k_g(\mathbf{x}^{[p]}, \mathbf{z}). \tag{7.110}$$

各重み w_p はハイパーパラメータとなるため，ELBO の最大化により調整できます．

式 (7.104) で表される畳み込みカーネルのもう 1 つの問題点は，近似できない関数が存在してしまうことです．任意の関数の生成確率に 0 を割り当てないようなカーネルは**普遍カーネル** (**universal kernel**) と呼ばれています．代表的なものとしては式 (7.10) の指数二次共分散関数 k_{EQ} などがあり，

---

*11　式 (7.66) の ELBO からわかるように，スパース近似においてはデータの共分散行列 $K_{\mathbf{XX}}$ は対角成分のみを必要とします．

畳み込みカーネルを k_{conv} としたとき，k_{EQ} を加えることによって普遍性を
もった新しいカーネル k を構成できます．

$$k = k_{\mathrm{conv}} + k_{\mathrm{EQ}}. \tag{7.111}$$

直観的な解釈としては，k_{conv} による畳み込み構造では説明しきれないデー
タの "残り" を k_{EQ} に担当させていることになります．

手書き数字の MNIST や物体認識の CIFAR-10 などのデータセットを使っ
た画像分類の実験では，畳み込みカーネルのみを利用したモデルよりも，式
(7.110) の重み学習と式 (7.111) の普遍性の導入によるモデルのほうが高い
予測性能を出すことが確認されています [131]．

7.5 ガウス過程による生成モデル

ガウス過程は主に入力変数と出力変数の間の関数を学習するような教師あ
り学習の枠組みの中で使われますが，入力変数を未観測の潜在変数として取
り扱うことにより，ノンパラメトリックな教師なし学習モデルを構成するこ
ともできます．このモデルは**ガウス過程潜在変数モデル (Gaussian pro-
cess latent variable model, GPLVM)** と呼ばれています [127]．ガウス
過程潜在変数モデルは線形次元削減モデルの非線形版と考えることができる
ため，主成分分析や因子分析などの線形モデルでは抽出できなかった複雑な
低次元部分空間を抽出できるようになります．また，ガウス過程潜在モデル
は，6.1.1 節で解説した変分自己符号化器の生成ネットワークの隠れユニッ
ト数を無限大にした場合のノンパラメトリックモデルであるともいえます．
7.5.2 節ではさらに興味深い拡張として，ガウス過程潜在変数モデルを複数
積み重ねた**深層ガウス過程 (deep Gaussian process)** も紹介します [18]．

7.5.1 ガウス過程潜在変数モデル

ガウス過程の入力 $\mathbf{X}$ を潜在変数として扱うことにより，ガウス過程を教
師なし学習のモデルにすることができます．ここでも，誘導点に基づく変分
推論法を使うことによって，効率的な近似推論を行うことができます．

7.5.1.1　モデル

ここでは D 次元の観測データ $\mathbf{y}_n \in \mathbb{R}^D$ の集合 $\mathbf{Y} \in \mathbb{R}^{N \times D}$ を考えます [*12]．観測モデルとして，次のように各次元 d に対して独立性を仮定し，通常のガウス過程回帰 $f_d \sim \mathrm{GP}(0, k(\mathbf{x}, \mathbf{x}'))$ を使ったモデル化を行います．

$$
\begin{aligned}
p(\mathbf{Y}|\mathbf{X}) &= \prod_{d=1}^{D} p(\mathbf{Y}_{:,d}|\mathbf{X}) \\
&= \prod_{d=1}^{D} \int p(\mathbf{Y}_{:,d}|\mathbf{F}_{:,d}) p(\mathbf{F}_{:,d}|\mathbf{X}) \mathrm{d}\mathbf{F}_{:,d}.
\end{aligned}
\tag{7.112}
$$

ただし，

$$
\begin{aligned}
p(\mathbf{Y}_{:,d}|\mathbf{X}) &= \int \mathcal{N}(\mathbf{Y}_{:,d}|\mathbf{F}_{:,d}, \beta^{-1}\mathbf{I}) p(\mathbf{F}_{:,d}|\mathbf{X}) \mathrm{d}\mathbf{F}_{:,d} \\
&= \mathcal{N}(\mathbf{0}, \beta^{-1}\mathbf{I} + \mathbf{K_{XX}})
\end{aligned}
\tag{7.113}
$$

とします．ここで $\mathbf{X} = \{\mathbf{x}_1, \ldots, \mathbf{x}_N\}$ は通常のガウス過程回帰モデルにおける入力データ集合に当たるもので，各入力は $\mathbf{x} \in \mathbb{R}^{H_0}$ とします．$\mathbf{Y}_{:,d}$ および $\mathbf{F}_{:,d}$ は，それぞれ行列 $\mathbf{Y}$ および $\mathbf{F}$ の d 列目のベクトルを表します．共分散関数は，ここでは次のような自動関連度決定を使います．

$$
k(\mathbf{x}, \mathbf{x}') = \sigma_f^2 \exp\left(-\frac{1}{2} \sum_{i=1}^{H_0} w_i (\mathbf{x}_i - \mathbf{x}_i')^2 \right).
\tag{7.114}
$$

この共分散関数を設定しておく理由は 2 つあり，ハイパーパラメータ $w_i > 0$ の最適化による低次元部分空間の圧縮推定が行えるためと，後ほど変分推論法を適用した際に必要となる潜在変数の集合 $\mathbf{X}$ に関する共分散関数の積分計算が解析的に行えるためです．ここでは潜在変数モデルを考えるので，ガウス過程回帰における入力 $\mathbf{X}$ は観測されず，次のようなガウス事前分布に従っていると仮定します．

$$
p(\mathbf{X}) = \prod_{n=1}^{N} \mathcal{N}(\mathbf{x}_n|\mathbf{0}, \mathbf{I}).
\tag{7.115}
$$

[*12]　本節では多次元の観測 $\mathbf{Y}$ を簡易表記する都合上，データや潜在変数を主に行列で表記することにします．

このモデルのハイパーパラメータ $\{\beta, \sigma_f^2, w_1, \ldots, w_{H_0}\}$ は，変分推論法の枠組みで ELBO を最大化することにより最適化を行えます．

7.5.1.2 変分推論法による近似

ここからはガウス過程潜在変数モデルに対して誘導点を用いた変分推論法を適用します．真の事後分布に対して，次のような近似分布を仮定します．

$$q(\mathbf{F}, \mathbf{U}, \mathbf{X}) = \left\{\prod_{d=1}^{D} p(\mathbf{F}_{:,d}|\mathbf{U}_{:,d}, \mathbf{X})q(\mathbf{U}_{:,d})\right\} q(\mathbf{X}). \qquad (7.116)$$

ここで $\mathbf{U} \in \mathbb{R}^{M \times D}$ は M 個の誘導点の集合 $\mathbf{Z} \in \mathbb{R}^{M \times H_0}$ に対する関数の値で，$\mathbf{U}_{:,d}$ はその d 列目のベクトルを表します [*13]．潜在変数に対する近似分布 $q(\mathbf{X})$ は，すべての潜在変数に対して次のような対角ガウス分布を仮定します．

$$q(\mathbf{X}) = \prod_{n=1}^{N} \mathcal{N}(\mathbf{x}_n|\boldsymbol{\mu}_n, \mathrm{diagm}(\boldsymbol{v}_n)). \qquad (7.117)$$

式 (7.116) の近似分布を用いれば，対数周辺尤度の下界は次のようになります．

$$\begin{aligned}
\ln p(\mathbf{Y}) &\geq \int q(\mathbf{F}, \mathbf{U}, \mathbf{X}) \ln \frac{p(\mathbf{Y}, \mathbf{F}, \mathbf{U}, \mathbf{X})}{q(\mathbf{F}, \mathbf{U}, \mathbf{X})} \mathrm{d}\mathbf{F}\mathrm{d}\mathbf{U}\mathrm{d}\mathbf{X} \\
&= \int q(\mathbf{U}) \left\{ \int q(\mathbf{X})p(\mathbf{F}|\mathbf{U}, \mathbf{X}) \ln p(\mathbf{Y}|\mathbf{F})\mathrm{d}\mathbf{F}\mathrm{d}\mathbf{X} + \ln \frac{p(\mathbf{U})}{q(\mathbf{U})} \right\} \mathrm{d}\mathbf{U} \\
&\quad - D_{\mathrm{KL}}\left[q(\mathbf{X})||p(\mathbf{X})\right] \\
&= \mathcal{L}[q]. \qquad (7.118)
\end{aligned}$$

ここで，$q(\mathbf{X})$ と $p(\mathbf{X})$ に関する KL ダイバージェンスの項は，分布がともにガウス分布であるため解析的に計算できます [138]．式 (7.118) で，対数尤度 $\ln p(\mathbf{Y}|\mathbf{F})$ の期待値の項に注目して計算すると，

[*13] ここでは簡単のため，出力の次元 $d = 1, \ldots, D$ に対して誘導点は共通のものを使用することを仮定しますが，次元ごとに異なる誘導点を与えることもできます．

$$\int q(\mathbf{X})p(\mathbf{F}|\mathbf{U},\mathbf{X})\ln p(\mathbf{Y}|\mathbf{F})\mathrm{d}\mathbf{F}\mathrm{d}\mathbf{X}$$

$$= \sum_{d=1}^{D}\int q(\mathbf{X})p(\mathbf{F}_{:,d}|\mathbf{U}_{:,d},\mathbf{X})\ln p(\mathbf{Y}_{:,d}|\mathbf{F}_{:,d})\mathrm{d}\mathbf{F}_{:,d}\mathrm{d}\mathbf{X}$$

$$= \sum_{d=1}^{D}\int q(\mathbf{X})\ln G_d(\mathbf{U}_{:,d},\mathbf{Y}_d,\mathbf{X})\mathrm{d}\mathbf{X}$$

$$= \sum_{d=1}^{D}\int q(\mathbf{X})\left\{\ln\mathcal{N}(\mathbf{Y}_d|\boldsymbol{\mu}_d,\beta^{-1}\mathbf{I}) - \frac{\beta}{2}\mathrm{Tr}\left[\mathbf{K_{XX}} - \mathbf{Q}\right]\right\}\mathrm{d}\mathbf{X}$$

$$= \sum_{d=1}^{D}\left\{\mathbb{E}_{q(\mathbf{X})}\left[\ln\mathcal{N}(\mathbf{Y}_{:,d}|\boldsymbol{\mu}_d,\beta^{-1}\mathbf{I})\right]\right.$$

$$\left. - \frac{\beta}{2}\mathrm{Tr}\left[\mathbb{E}_{q(\mathbf{X})}\left[\mathbf{K_{XX}}\right] - \mathbb{E}_{q(\mathbf{X})}\left[\mathbf{Q}\right]\right]\right\} \tag{7.119}$$

となります. ここでは $\ln G_d(\mathbf{U}_{:,d},\mathbf{Y}_d,\mathbf{X}) = \int p(\mathbf{F}_{:,d}|\mathbf{U}_{:,d},\mathbf{X})$ $\ln p(\mathbf{Y}_d|\mathbf{F}_{:,d})\mathrm{d}\mathbf{F}_{:,d}$ とおき, 付録 A.2 の計算を行いました. また, $\boldsymbol{\mu}_d = \mathbf{K_{XZ}}(\mathbf{K_{ZZ}})^{-1}\mathbf{U}_{:,d}$ および $\mathbf{Q} = \mathbf{K_{XZ}}(\mathbf{K_{ZZ}})^{-1}\mathbf{K_{ZX}}$ です. 式 (7.119) の結果を式 (7.118) に代入すると, 下界は次のようになります.

$$\mathcal{L}[q] = \sum_{d=1}^{D}\int\left\{q(\mathbf{U}_{:,d})\{\mathbb{E}_{q(\mathbf{X})}\left[\ln\mathcal{N}(\mathbf{Y}_{:,d}|\boldsymbol{\mu}_d,\beta^{-1}\mathbf{I})\right]\right.$$

$$\left. - \frac{\beta}{2}\mathrm{Tr}(\mathbb{E}_{q(\mathbf{X})}\left[\mathbf{K_{XX}}\right] - \mathbb{E}_{q(\mathbf{X})}\left[\mathbf{Q}\right])\} + \ln\frac{p(\mathbf{U}_{:,d})}{q(\mathbf{U}_{:,d})}\right\}\mathrm{d}\mathbf{U}$$

$$- D_{\mathrm{KL}}\left[q(\mathbf{X})||p(\mathbf{X})\right]. \tag{7.120}$$

付録 A.2 の計算と同じように, この下界を変分事後分布 $q(\mathbf{U})$ に関して最大化すると, 最適な $q_{\mathrm{opt.}}(\mathbf{U})$ は, 各次元 d で

$$q_{\mathrm{opt.}}(\mathbf{U}_{:,d}) = \frac{1}{Z_d}\exp\left(\mathbb{E}_{q(\mathbf{X})}\left[\ln\mathcal{N}(\mathbf{Y}_{:,d}|\boldsymbol{\mu}_d,\beta^{-1}\mathbf{I})\right]\right)p(\mathbf{U}_{:,d}) \tag{7.121}$$

となります. ただし Z_d は正規化定数で,

$$Z_d = \int \exp\left(\mathbb{E}_{q(\mathbf{X})}\left[\ln\mathcal{N}(\mathbf{Y}_{:,d}|\boldsymbol{\mu}_d, \beta^{-1}\mathbf{I})\right]\right)p(\mathbf{U}_{:,d})\mathrm{d}\mathbf{U}_{:,d} \tag{7.122}$$

です. また, 最大化された下界は

$$
\begin{aligned}
\mathcal{L}[q_{\mathrm{opt.}}] &= \sum_{d=1}^{D}\left\{\ln Z_d - \frac{\beta}{2}\mathrm{Tr}\left(\mathbb{E}_{q(\mathbf{X})}[\mathbf{K}_{\mathbf{XX}}] - \mathbb{E}_{q(\mathbf{X})}[\mathbf{Q}]\right)\right\} \\
&\quad - D_{\mathrm{KL}}\left[q(\mathbf{X})||p(\mathbf{X})\right] \\
&= \sum_{d=1}^{D}\ln\left\{\frac{\beta^{N/2}|\mathbf{K}_{\mathbf{ZZ}}|^{1/2}}{(2\pi)^{N/2}|\beta\boldsymbol{\Psi}_2 + \mathbf{K}_{\mathbf{ZZ}}|}\exp\left(-\frac{1}{2}\mathbf{Y}_{:,d}^{\top}\mathbf{W}\mathbf{Y}_{:,d}\right)\right\} - \frac{\beta\psi_0}{2} \\
&\quad + \frac{\beta}{2}\mathrm{Tr}\left[(\mathbf{K}_{\mathbf{ZZ}})^{-1}\boldsymbol{\Psi}_2\right] - D_{\mathrm{KL}}\left[q(\mathbf{X})||p(\mathbf{X})\right] \tag{7.123}
\end{aligned}
$$

となります. ここで,

$$\mathbf{W} = \beta\mathbf{I} - \beta^2\boldsymbol{\Psi}_1(\beta\boldsymbol{\Psi}_2 + \mathbf{K}_{M,M})^{-1}\boldsymbol{\Psi}_1^{\top} \tag{7.124}$$

とおきました. 各統計量 ψ_0, $\boldsymbol{\Psi}_1$ および $\boldsymbol{\Psi}_2$ は共分散関数に対する $q(\mathbf{X})$ の期待値計算が含まれています. $\psi_0 = \mathrm{Tr}(\mathbb{E}_{q(\mathbf{X})}[\mathbf{K}_{\mathbf{XX}}])$ は,

$$\psi_0 = \sum_{n=1}^{N}\int k(\mathbf{x}_n, \mathbf{x}_n)q(\mathbf{x}_n)\mathrm{d}\mathbf{x}_n \tag{7.125}$$

となります. $\boldsymbol{\Psi}_1 = \mathbb{E}_{q(\mathbf{X})}[\mathbf{K}_{\mathbf{XZ}}]$ は $N \times M$ の行列であり, (n, m) 番目の要素は,

$$[\boldsymbol{\Psi}_1]_{n,m} = \int k(\mathbf{x}_n, \mathbf{z}_m)q(\mathbf{x}_n)\mathrm{d}\mathbf{x}_n \tag{7.126}$$

となります. $\boldsymbol{\Psi}_2 = \mathbb{E}_{q(\mathbf{X})}[\mathbf{K}_{\mathbf{ZX}}\mathbf{K}_{\mathbf{XZ}}]$ は $M \times M$ の行列であり, (m, m') 番目の要素は,

$$[\boldsymbol{\Psi}_2]_{m,m'} = \sum_{n=1}^{N}\int k(\mathbf{x}_n, \mathbf{z}_m)k(\mathbf{z}_{m'}, \mathbf{x}_n)q(\mathbf{x}_n)\mathrm{d}\mathbf{x}_n \tag{7.127}$$

となります. ここでは式 (7.114) で表される共分散行列を使っているので, $q(\mathbf{x}_n)$ に関するこれらの積分は解析的に実行でき,

$$\psi_0 = N\sigma_f^2, \tag{7.128}$$

$$[\boldsymbol{\Psi}_1]_{n,m} = \sigma_f^2 \prod_{i=1}^{H_0} \frac{1}{\sqrt{w_i v_{n,i} + 1}} \exp\left(-\frac{w_i(\mu_{n,i} - z_{m,i})^2}{2(w_i v_{n,i} + 1)}\right), \tag{7.129}$$

$$[\boldsymbol{\Psi}_2]_{m,m'}$$

$$= \sigma_f^4 \prod_{i=1}^{H_0} \frac{1}{\sqrt{2w_i v_{n,i} + 1}} \exp\left(-\frac{w_i(z_{m,i} - z_{m',i})^2}{4} - \frac{w_i(\mu_{n,i} - \bar{z}_i)^2}{2w_i v_{n,i} + 1}\right) \tag{7.130}$$

となります. ただし, $\bar{z}_i = (z_{m,i} + z_{m',i})/2$ とおきました.

　以上で, ガウス過程潜在変数モデルの対数周辺尤度の下界の計算が解析的に計算できることがわかりました. 計算のポイントは, 誘導点を用いたスパース近似による変分推論法を用いることによって, 潜在関数の近似事後分布を解析的に最大化し, 下界から除去したことです. 特に, 誘導点を用いることによって, 共分散関数の逆行列に対する $q(\mathbf{X})$ の期待値 $\mathbb{E}_{q(\mathbf{X})}\left[\mathbf{K}_{\mathbf{X}\mathbf{X}}^{-1}\right]$ の複雑な計算を避けられることが重要です. 潜在変数 $\mathbf{X}$ を解析的に周辺化した後は, 勾配降下法などの一般的な最適化手法を用いることによって, 式 (7.123) の下界を変分パラメータ $\{\boldsymbol{\mu}_n, \mathbf{v}_n\}_{n=1}^N$ および（必要に応じて）ハイパーパラメータ $\{\beta, \sigma_f^2, w_1, \ldots, w_{H_0}\}$ に関して最大化することによりモデルを学習させることができます.

7.5.2　深層ガウス過程

　ガウス過程潜在変数モデルを階層的に組み合わせることによって, **深層ガウス過程 (deep Gaussian process)** と呼ばれる, よりデータの表現能力の高いモデルを構築できます [18].

7.5.2.1　モデル

　ガウス過程は共分散関数を設計することによって, 複雑な非線形関数に対する事前分布を表現できました. しかし, 得られる事前分布および事後分布はガウス分布に従うため, 複雑なノイズ傾向をもつデータを表すためには表現能力が依然として制限されています. 一方で, 複数の層を重ね合わせた深層学習モデルは, 多段の非線形変換を重ねることによって複雑な関数の空間

を形成できます. 深層ガウス過程のアイデアはこれら 2 つの特性を組み合わせたものです. 具体的には, 深層学習モデルの各層における活性化関数による非線形変換 ϕ を, ガウス過程 $f \sim \mathrm{GP}(m(\mathbf{x}), k(\mathbf{x}, \mathbf{x}'))$ による非線形変換で置き換えるような構成になっています. また, 深層学習モデルにおける隠れユニットに対応するものは, 深層ガウス過程においては潜在変数として扱われ, 変分推論法の枠組みを用いることによって解析的に積分除去されます.

ここでは簡単のために層数が $L = 2$ の構造を考えることにします. D 次元 N 個の観測データを $\mathbf{Y} \in \mathbb{R}^{N \times D}$ とし, H_1 個の隠れユニットの値を $\mathbf{X}^{(1)} \in \mathbb{R}^{N \times H_1}$ とします. H_0 次元の入力層も同様に $\mathbf{X}^{(0)} \in \mathbb{R}^{N \times H_0}$ としますが, この変数は入力データとして与えられているものとすれば回帰モデルになり, 与えられていなければ潜在変数モデルになります. ここでは一般的な議論を進めるために潜在変数モデルを考え, 入力層 $\mathbf{X}^{(0)}$ は未観測であるとします. 観測データおよび各層の潜在変数は次のように生成されると仮定します.

$$y_{n,d} \sim \mathcal{N}(f_d^{(1)}(\mathbf{x}_n^{(1)}), \beta_y^{-1}), \tag{7.131}$$

$$x_{n,i}^{(1)} \sim \mathcal{N}(f_i^{(0)}(\mathbf{x}_n^{(0)}), \beta_1^{-1}), \tag{7.132}$$

$$x_{n,j}^{(0)} \sim \mathcal{N}(0, \beta_0^{-1}). \tag{7.133}$$

ニューラルネットワークでは層の間にシグモイド関数や正規化線形関数などの非線形関数を導入しましたが, 深層ガウス過程では次のようにガウス過程を非線形変換として用います.

$$f^{(1)} \sim \mathrm{GP}(0, k^{(1)}(\mathbf{x}^{(1)}, \mathbf{x}^{(1)'})), \tag{7.134}$$

$$f^{(0)} \sim \mathrm{GP}(0, k^{(0)}(\mathbf{x}^{(0)}, \mathbf{x}^{(0)'})). \tag{7.135}$$

また, ガウス過程潜在変数モデルの場合と同様, 計算の簡便性のために式 (7.114) の自動関連度決定の共分散関数を使用することとします.

深層ガウス過程モデルの同時分布を書くと次のようになります.

$$p(\mathbf{Y}, \mathbf{F}^{(1)}, \mathbf{F}^{(0)}, \mathbf{X}^{(1)}, \mathbf{X}^{(0)})$$
$$= p(\mathbf{Y}|\mathbf{F}^{(1)})p(\mathbf{F}^{(1)}|\mathbf{X}^{(1)})p(\mathbf{X}^{(1)}|\mathbf{F}^{(0)})p(\mathbf{F}^{(0)}|\mathbf{X}^{(0)})p(\mathbf{X}^{(0)}). \tag{7.136}$$

一般的に用いられるパラメトリックな深層学習モデルと比べて, 深層ガウ

ス過程は完全な確率推論を通してデータの潜在構造を推定できるため、データが少ない場合でも過剰適合をしないという利点をもっています。また、変分推論法の枠組みによって周辺尤度の解析的な下界を求められ、これに基づいて層数の自動決定やハイパーパラメータの最適化を行えます。実際に元論文[19]では、解析的に得られる ELBO を評価することによって、$N = 150$ の少ない学習データに対して層数 $L = 5$ が必要であることを交差確認を行わずに示しています。さらに、深層ガウス過程の層数を $L = 1$ に設定することによって、既存のガウス過程やガウス過程潜在変数モデルを復元できます。層数が $L = 1$ のモデルと比べて、$L \geq 2$ の深層ガウス過程では単一のガウス過程では捉えることのできない複雑なデータの構造を捉えることができるようになります。例えば、今回のような層数を $L = 2$ に設定した場合の深層ガウス過程は**歪曲ガウス過程 (warped Gaussian process)** と呼ばれるモデルと一致しますが、このモデルではデータのもつ潜在的な構造と、データのスケールを分解して学習できるようになります[116]。また、通常のガウス過程回帰では、式 (7.82) の結果から多次元出力の相関を捉えることができないため、特にマルチタスク学習などにはそのままでは適用できないなどの欠点をもっています。一方で、複数のガウス過程を重ねた深層ガウス過程を回帰モデルとして使用する場合、モデル全体としてはガウス過程にはならず、多次元の出力に対して相関をもたせることもできるようになります。

7.5.2.2 変分推論法による近似

深層ガウス過程の学習は、ガウス過程潜在変数モデルと同様に、変分推論法による近似推論によって実行できます。したがって、ここでも潜在変数の周辺化とガウス過程のスパース近似によって対数周辺尤度の下界を得ることが目標になります。式 (7.136) のモデルの事後分布に対する近似分布を q とおくと、対数周辺尤度の下界は次のようになります。

$$\ln p(\mathbf{Y}) \geq \int q \ln \frac{p(\mathbf{Y}, \mathbf{F}^{(1)}, \mathbf{F}^{(0)}, \mathbf{X}^{(1)}, \mathbf{X}^{(0)})}{q} \mathrm{d}\mathbf{F}^{(1)} \mathrm{d}\mathbf{F}^{(0)} \mathrm{d}\mathbf{X}^{(1)} \mathrm{d}\mathbf{X}^{(0)}$$
$$= \mathcal{L}[q]. \tag{7.137}$$

ガウス過程潜在変数モデルの場合と同様に、潜在関数 $\mathbf{F}^{(1)}$ および $\mathbf{F}^{(0)}$ を誘導点を用いた変分推論法によって近似的に周辺化し、さらに $\mathbf{X}^{(1)}$ や $\mathbf{X}^{(0)}$

などの潜在変数の事後分布はガウス分布を仮定することによって近似を行います. つまり, 誘導変数 $\mathbf{U}^{(1)}$ および $\mathbf{U}^{(0)}$ を導入し, 近似分布全体を

$$q = p(\mathbf{F}^{(1)}|\mathbf{U}^{(1)}, \mathbf{X}^{(1)})q(\mathbf{U}^{(1)})q(\mathbf{X}^{(1)})p(\mathbf{F}^{(0)}|\mathbf{U}^{(0)}, \mathbf{X}^{(0)})q(\mathbf{U}^{(0)})q(\mathbf{X}^{(0)}) \tag{7.138}$$

とします. なお, ここでも $\mathbf{U}^{(0)}$ および $\mathbf{U}^{(1)}$ の入力値である誘導点は表記から省略しています. また簡単のため, 潜在変数の近似分布 $q(\mathbf{X}^{(1)})$ および $q(\mathbf{X}^{(0)})$ はそれぞれガウス分布を設定します.

式 (7.136) のモデルおよび式 (7.138) の近似分布を式 (7.137) の下界に代入すると, ELBO は次のように分解できます.

$$\mathcal{L}[q] = r_{\mathbf{Y}} + r_{\mathbf{X}} - \mathbb{E}\left[\ln q(\mathbf{X}^{(1)})\right] - D_{\mathrm{KL}}\left[q(\mathbf{X}^{(0)})||p(\mathbf{X}^{(0)})\right]. \tag{7.139}$$

ここで

$$r_{\mathbf{Y}} = \mathbb{E}_q\left[\ln p(\mathbf{Y}|\mathbf{F}^{(1)}) + \ln \frac{p(\mathbf{U}^{(1)})}{q(\mathbf{U}^{(1)})}\right], \tag{7.140}$$

$$r_{\mathbf{X}} = \mathbb{E}_q\left[\ln p(\mathbf{X}^{(1)}|\mathbf{F}^{(0)}) + \ln \frac{p(\mathbf{U}^{(0)})}{q(\mathbf{U}^{(0)})}\right] \tag{7.141}$$

です. $r_{\mathbf{Y}}$ には観測データの対数尤度 $\ln p(\mathbf{Y}|\mathbf{F}^{(1)})$ の潜在関数および潜在変数に関する期待値計算がありますが, これはガウス過程潜在変数モデルで行った手順を適用すれば解析的に計算できます. また, $r_{\mathbf{X}}$ の期待値の計算では, $r_{\mathbf{Y}}$ の観測データ $\mathbf{Y}$ に対応するものが非観測の潜在変数 $\mathbf{X}^{(1)}$ に置き換わっています. 式 (7.123) の結果のように, ガウス過程潜在変数モデルの計算に出力 $\mathbf{Y}$ の 2 次の項が出てきたことと同様に, $r_{\mathbf{X}}$ では中間層の出力 $\mathbf{X}^{(1)}$ の 2 次の項の期待値 $\mathbb{E}_{q(\mathbf{X}^{(1)})}\left[\mathbf{X}^{(1)}\mathbf{X}^{(1)\top}\right]$ が現れますが, これは $q(\mathbf{X}^{(1)})$ にガウス分布を仮定しているために解析的に評価できます. 潜在関数および潜在変数を ELBO から解析的に除去した後は, ガウス過程潜在変数モデルとまったく同様に, 潜在変数の変分パラメータや共分散関数のパラメータに関して ELBO を最大化します.

7.5.2.3 さらなる推論の効率化

深層ガウス過程の計算を効率化する手法としては, 逆余弦関数によって構成された共分散関数でモデルを構成し, **ランダムフーリエ特徴 (random**

Fourier feature) を用いて高速化を行う近似手法が提案されています [95]．また，期待値伝播法に基づく確率的勾配降下法を使うことによって，複数の予測タスクにおいて既存のガウス過程やベイズニューラルネットワークよりも高い性能を示すことが報告されています [10]．

　深層ガウス過程の場合は通常のガウス過程と異なり，誘導変数の事後分布はガウス分布に従いません．したがって，ガウス分布を利用した近似を行う代わりに，サンプリング手法を使うことによって精度よく事後分布を近似できる可能性があります．文献 [43] では，誘導点を用いたスパース近似の手法とハミルトニアンモンテカルロ法を組み合わせることにより，誘導点 $\mathbf{Z}$ の出力 $\mathbf{U} = \mathbf{f}(\mathbf{Z})$ を事後分布からサンプリングします．得られたサンプルを使って対数同時分布を評価することにより，共分散関数のパラメータなども同時に最適化することができます．

　また，変分自己符号化器の学習のように，ミニバッチと再パラメータ化勾配を組み合わせることによって，大量データに対して深層ガウス過程を効率よく学習させる方法も提案されています [111]．誘導点を用いた変分推論法による深層ガウス過程の学習時の問題点の 1 つは，層ごとに独立な近似分布を仮定していることですが，この手法では層の中の相関を簡略化する一方で，層をまたいだ相関を保持できるように変分事後分布を修正します．これにより，ELBO は解析的に評価することはできなくなりますが，代わりに変分事後分布からのサンプリングを利用した再パラメータ化勾配により効率的に ELBO の最大化を行えるようになります．また，既存手法が解析的な計算が可能な指数二次共分散関数を利用しているのに対して，この手法では各層において任意の共分散行列を設定することも可能になっています．

ガウス過程とサポートベクトルマシン

　1990 年代の機械学習研究で一大ブームとなったのが，マージン最大化とカーネル法に基づいて非線形分類を行う**サポートベクトルマシン (support vector machine)** です [16]．**ヒンジ損失関数 (hinge loss function)** を仮定したソフトマージン最大化においては，サポートベクトルマシンは次のような目的関数を最大化することにより学習を行います．

$$\min_{\mathbf{F}}\left\{\frac{1}{2}\mathbf{F}^{\top}\mathbf{K}^{-1}\mathbf{F} + C\sum_{n=1}^{N}g_{\text{hinge}}(y_nf_n)\right\}. \qquad (7.142)$$

ここで，$g_{\text{hinge}}(x) = \max(1-x, 0)$ です．一方で，ラプラス近似で用いたガウス過程回帰モデルの MAP 推定の目的関数は，式 (7.26) から

$$\min_{\mathbf{F}}\left\{\frac{1}{2}\mathbf{F}^{\top}\mathbf{K}^{-1}\mathbf{F} - \sum_{n=1}^{N}\ln p(y_n|f_n)\right\} \qquad (7.143)$$

となります．式 (7.142) と式 (7.143) を見比べればわかるように，サポートベクトルマシンによる分類とガウス過程分類モデルの MAP 推定は非常に似通った目的関数を最適化していることがわかります．しかし，ガウス過程とは異なり，サポートベクトルマシンは予測に関して不確実性に基づいた確率を出力できません．サポートベクトルマシンの出力する関数値をスケールすることによって "確率らしい" 値を出力することもできますが，関数の予測分布の分散を考慮できない点などから，使い道は非常に限られています [100]．また，サポートベクトルマシンではガウス過程と違い，共分散関数のパラメータや正則化の強さを決める C などのハイパーパラメータをデータから推定することもできません．さらに，ガウス過程のように事前分布から関数をサンプリングすることによって挙動を確認することもできなくなっています．なお，式 (7.142) と式 (7.143) では，ヒンジ損失関数が負の対数尤度の項に対応付けられているとみなせますが，実際にヒンジ損失関数と等価になるような尤度関数は存在しないことが知られています [118]．

A p p e n d i x A

付録

> ここでは主に本論での計算の補足や，利用頻度の高い公式を紹介します．

A.1 ガウス分布の計算

ここではベイズ推論で最もよく用いられる多次元ガウス分布の基本的な計算公式を導きます．

A.1.1 準備

まず，公式の導出のために必要な行列の公式を用意しておきます [90]．次の式は**ウッドベリーの公式 (Woodbury formula)** と呼ばれるもので，多次元のガウス分布における推論計算などに用いると便利です．

$$(\mathbf{A} + \mathbf{UBV})^{-1} = \mathbf{A}^{-1} - \mathbf{A}^{-1}\mathbf{U}(\mathbf{B}^{-1} + \mathbf{VA}^{-1}\mathbf{U})^{-1}\mathbf{VA}^{-1}. \tag{A.1}$$

行列 $\mathbf{P}$ および $\mathbf{R}$ が正定値行列の場合は，次の等式が成り立ちます．

$$(\mathbf{P}^{-1} + \mathbf{B}^{\top}\mathbf{R}^{-1}\mathbf{B})^{-1}\mathbf{B}^{\top}\mathbf{R}^{-1} = \mathbf{PB}^{\top}(\mathbf{BPB}^{\top} + \mathbf{R})^{-1}. \tag{A.2}$$

また，次の分割された行列の逆行列の公式は，共分散行列と精度行列の変換に便利です [7]．

$$\begin{bmatrix} \mathbf{A} & \mathbf{B} \\ \mathbf{C} & \mathbf{D} \end{bmatrix}^{-1} = \begin{bmatrix} \mathbf{M} & -\mathbf{MBD}^{-1} \\ -\mathbf{D}^{-1}\mathbf{CM} & \mathbf{D}^{-1} + \mathbf{D}^{-1}\mathbf{CMBD}^{-1} \end{bmatrix}. \tag{A.3}$$

ただし，$\mathbf{M} = (\mathbf{A} - \mathbf{B}\mathbf{D}^{-1}\mathbf{C})^{-1}$ とおきました.

A.1.2　条件付き分布と周辺分布

多次元ガウス分布の同時分布を次のようにおきます.

$$p(\mathbf{x}) = \mathcal{N}(\mathbf{x}|\boldsymbol{\mu}, \boldsymbol{\Sigma}). \tag{A.4}$$

ただし，

$$\mathbf{x} = \begin{bmatrix} \mathbf{x}_1 \\ \mathbf{x}_2 \end{bmatrix}, \; \boldsymbol{\mu} = \begin{bmatrix} \boldsymbol{\mu}_1 \\ \boldsymbol{\mu}_2 \end{bmatrix}, \; \boldsymbol{\Sigma} = \begin{bmatrix} \boldsymbol{\Sigma}_{11} & \boldsymbol{\Sigma}_{12} \\ \boldsymbol{\Sigma}_{21} & \boldsymbol{\Sigma}_{22} \end{bmatrix}, \; \boldsymbol{\Lambda} = \begin{bmatrix} \boldsymbol{\Lambda}_{11} & \boldsymbol{\Lambda}_{12} \\ \boldsymbol{\Lambda}_{21} & \boldsymbol{\Lambda}_{22} \end{bmatrix} \tag{A.5}$$

とします. ここで，$\boldsymbol{\Lambda} = \boldsymbol{\Sigma}^{-1}$ とします.

まず，条件付き分布 $p(\mathbf{x}_1|\mathbf{x}_2)$ を求めます. 対数をとり，$\mathbf{x}_1$ に関して整理をすると，

$$
\begin{aligned}
\ln p(\mathbf{x}_1|\mathbf{x}_2) &= \ln \frac{p(\mathbf{x}_1, \mathbf{x}_2)}{p(\mathbf{x}_2)} \\
&= \ln p(\mathbf{x}_1, \mathbf{x}_2) + c \\
&= -\frac{1}{2} \left\{ \begin{bmatrix} \mathbf{x}_1 - \boldsymbol{\mu}_1 \\ \mathbf{x}_2 - \boldsymbol{\mu}_2 \end{bmatrix}^{\top} \begin{bmatrix} \boldsymbol{\Lambda}_{11} & \boldsymbol{\Lambda}_{12} \\ \boldsymbol{\Lambda}_{21} & \boldsymbol{\Lambda}_{22} \end{bmatrix} \begin{bmatrix} \mathbf{x}_1 - \boldsymbol{\mu}_1 \\ \mathbf{x}_2 - \boldsymbol{\mu}_2 \end{bmatrix} \right\} + c \\
&= -\frac{1}{2} \left\{ \mathbf{x}_1^{\top} \boldsymbol{\Lambda}_{11} \mathbf{x}_1 - 2\mathbf{x}_1^{\top} (\boldsymbol{\Lambda}_{11}\boldsymbol{\mu}_1 - \boldsymbol{\Lambda}_{12}(\mathbf{x}_2 - \boldsymbol{\mu}_2)) \right\} + c
\end{aligned}
\tag{A.6}
$$

となることから，

$$p(\mathbf{x}_1|\mathbf{x}_2) = \mathcal{N}(\mathbf{x}_1|\boldsymbol{\mu}_{1|2}, \boldsymbol{\Lambda}_{1|2}^{-1}), \tag{A.7}$$

$$\boldsymbol{\Lambda}_{1|2} = \boldsymbol{\Lambda}_{11}, \tag{A.8}$$

$$\boldsymbol{\mu}_{1|2} = \boldsymbol{\mu}_1 - \boldsymbol{\Lambda}_{11}^{-1}\boldsymbol{\Lambda}_{12}(\mathbf{x}_2 - \boldsymbol{\mu}_2) \tag{A.9}$$

となります. 式 (A.7) の導出は，実際に式 (A.7) の対数をとって展開し，式 (A.6) と比較することによって確認できます.

次に，周辺分布 $p(\mathbf{x}_2)$ を求めます. 条件付き分布の定義

$$p(\mathbf{x}_1|\mathbf{x}_2) = \frac{p(\mathbf{x}_1, \mathbf{x}_2)}{p(\mathbf{x}_2)} \tag{A.10}$$

から，両辺の対数をとって $\ln p(\mathbf{x}_2)$ を $\mathbf{x}_2$ に関して整理をすれば，

$$
\begin{aligned}
\ln p(\mathbf{x}_2) &= \ln p(\mathbf{x}_1, \mathbf{x}_2) - \ln p(\mathbf{x}_1|\mathbf{x}_2) + \mathrm{c} \\
&= -\frac{1}{2}\{(\mathbf{x}_2 - \boldsymbol{\mu}_2)^\top \boldsymbol{\Lambda}_{22}(\mathbf{x}_2 - \boldsymbol{\mu}_2) \\
&\quad + 2(\mathbf{x}_2 - \boldsymbol{\mu}_2)^\top \boldsymbol{\Lambda}_{21}(\mathbf{x}_1 - \boldsymbol{\mu}_1) \\
&\quad - (\mathbf{x}_1 - \boldsymbol{\mu}_{1|2})^\top \boldsymbol{\Lambda}_{1|2}(\mathbf{x}_1 - \boldsymbol{\mu}_{1|2})\} + \mathrm{c} \\
&= -\frac{1}{2}\{\mathbf{x}_2^\top (\boldsymbol{\Lambda}_{22} - \boldsymbol{\Lambda}_{21}\boldsymbol{\Lambda}_{11}^{-1}\boldsymbol{\Lambda}_{12})\mathbf{x}_2 \\
&\quad - 2\mathbf{x}_2^\top (\boldsymbol{\Lambda}_{22} - \boldsymbol{\Lambda}_{21}\boldsymbol{\Lambda}_{11}^{-1}\boldsymbol{\Lambda}_{12})\boldsymbol{\mu}_2\} + \mathrm{c} \qquad (A.11)
\end{aligned}
$$

となるため，

$$
p(\mathbf{x}_2) = \mathcal{N}(\mathbf{x}_2|\boldsymbol{\mu}_2, \boldsymbol{\Sigma}_{22}) \qquad (A.12)
$$

となります．ただし，共分散行列に関しては式 (A.1) および式 (A.3) の逆行列の関係式を使い，

$$
\boldsymbol{\Sigma}_{22} = (\boldsymbol{\Lambda}_{22} - \boldsymbol{\Lambda}_{21}\boldsymbol{\Lambda}_{11}^{-1}\boldsymbol{\Lambda}_{12})^{-1} \qquad (A.13)
$$

としています．

$p(\mathbf{x}_2|\mathbf{x}_1)$ や $p(\mathbf{x}_1)$ に関しても同様に得られます．

A.1.3　ガウス分布の線形変換

平均 $\boldsymbol{\mu}$，共分散 $\boldsymbol{\Sigma}_x$ をもつガウス分布に従う確率変数 $\mathbf{x}$ に対して，アフィン変換 $\mathbf{Wx} + \mathbf{b}$ を平均とした精度 $\boldsymbol{\Sigma}_y$ のガウス分布に従う確率変数 $\mathbf{y}$ を考えます．すなわち，

$$
p(\mathbf{x}) = \mathcal{N}(\mathbf{x}|\boldsymbol{\mu}, \boldsymbol{\Sigma}_x), \qquad (A.14)
$$

$$
p(\mathbf{y}|\mathbf{x}) = \mathcal{N}(\mathbf{y}|\mathbf{Wx} + \mathbf{b}, \boldsymbol{\Sigma}_y) \qquad (A.15)
$$

とします．このとき，条件付き分布 $p(\mathbf{x}|\mathbf{y})$ は，対数をとって $\mathbf{x}$ に関して整理すると

$$
\begin{aligned}
\ln p(\mathbf{x}|\mathbf{y}) &= \ln p(\mathbf{x}, \mathbf{y}) + \mathrm{c} \\
&= -\frac{1}{2}\{\mathbf{x}^\top (\boldsymbol{\Sigma}_x^{-1} + \mathbf{W}^\top \boldsymbol{\Sigma}_y^{-1}\mathbf{W})\mathbf{x}
\end{aligned}
$$

$$- 2\mathbf{x}^\top (\boldsymbol{\Sigma}_x^{-1}\boldsymbol{\mu} + \mathbf{W}^\top \boldsymbol{\Sigma}_y^{-1}(\mathbf{y} - \mathbf{b}))\} + \mathrm{c} \tag{A.16}$$

となるため,

$$p(\mathbf{x}|\mathbf{y}) = \mathcal{N}(\mathbf{x}|\boldsymbol{\mu}_{x|y}, \boldsymbol{\Sigma}_{x|y}), \tag{A.17}$$

$$\boldsymbol{\Sigma}_{x|y} = (\boldsymbol{\Sigma}_x^{-1} + \mathbf{W}^\top \boldsymbol{\Sigma}_y^{-1}\mathbf{W})^{-1}, \tag{A.18}$$

$$\boldsymbol{\mu}_{x|y} = \boldsymbol{\Sigma}_{x|y}\{\boldsymbol{\Sigma}_x^{-1}\boldsymbol{\mu} + \mathbf{W}^\top \boldsymbol{\Sigma}_y^{-1}(\mathbf{y} - \mathbf{b})\} \tag{A.19}$$

となります.

次に,周辺分布 $p(\mathbf{x})$ の導出を行います.条件付き分布の定義から

$$p(\mathbf{x}|\mathbf{y}) = \frac{p(\mathbf{y}|\mathbf{x})p(\mathbf{x})}{p(\mathbf{y})} \tag{A.20}$$

が成り立ちます.この式の対数をとって $\ln p(\mathbf{y})$ を $\mathbf{y}$ に関して整理をすれば,

$$
\begin{aligned}
\ln p(\mathbf{y}) &= \ln p(\mathbf{y}|\mathbf{x}) - \ln p(\mathbf{x}|\mathbf{y}) + \mathrm{c} \\
&= -\frac{1}{2}\{\mathbf{y} - (\mathbf{W}\mathbf{x} + \mathbf{b})\}^\top \boldsymbol{\Sigma}_y^{-1}\{\mathbf{y} - (\mathbf{W}\mathbf{x} + \mathbf{b})\} \\
&\quad + \frac{1}{2}\{-2\boldsymbol{\mu}_{x|y}^\top \boldsymbol{\Sigma}_{x|y}^{-1}\mathbf{x} - \boldsymbol{\mu}_{x|y}^\top \boldsymbol{\Sigma}_{x|y}^{-1}\boldsymbol{\mu}_{x|y}\} + \mathrm{c} \\
&= -\frac{1}{2}\{\mathbf{y}^\top(\boldsymbol{\Sigma}_y^{-1} - \boldsymbol{\Sigma}_y^{-1}\mathbf{W}(\boldsymbol{\Sigma}_x^{-1} + \mathbf{W}^\top\boldsymbol{\Sigma}_y^{-1}\mathbf{W})^{-1}\mathbf{W}^\top\boldsymbol{\Sigma}_y^{-1})\mathbf{y} \\
&\quad - 2\mathbf{y}^\top\boldsymbol{\Sigma}_y^{-1}(\mathbf{b} + \mathbf{W}(\boldsymbol{\Sigma}_x^{-1} + \mathbf{W}^\top\boldsymbol{\Sigma}_y^{-1}\mathbf{W})^{-1} \\
&\quad (\boldsymbol{\Sigma}_x^{-1}\boldsymbol{\mu} - \mathbf{W}^\top\boldsymbol{\Sigma}_y^{-1}\mathbf{b}))\} + \mathrm{c}
\end{aligned}
\tag{A.21}
$$

となります.ここで式 (A.2) を用いれば,分散は

$$
\begin{aligned}
&(\boldsymbol{\Sigma}_y^{-1} - \boldsymbol{\Sigma}_y^{-1}\mathbf{W}(\boldsymbol{\Sigma}_x^{-1} + \mathbf{W}^\top\boldsymbol{\Sigma}_y^{-1}\mathbf{W})^{-1}\mathbf{W}^\top\boldsymbol{\Sigma}_y^{-1})^{-1} \\
&= \boldsymbol{\Sigma}_y + \mathbf{W}\boldsymbol{\Sigma}_x\mathbf{W}^\top
\end{aligned}
\tag{A.22}
$$

となります.さらに式 (A.2) から,平均は

$$
\begin{aligned}
&(\boldsymbol{\Sigma}_y + \mathbf{W}\boldsymbol{\Sigma}_x\mathbf{W}^\top)\boldsymbol{\Sigma}_y^{-1}\{\mathbf{b} + \mathbf{W}(\boldsymbol{\Sigma}_x^{-1} + \mathbf{W}^\top\boldsymbol{\Sigma}_y^{-1}\mathbf{W})^{-1}(\boldsymbol{\Sigma}_x^{-1}\boldsymbol{\mu} - \mathbf{W}^\top\boldsymbol{\Sigma}_y^{-1}\mathbf{b})\} \\
&= \mathbf{W}\boldsymbol{\mu} + \mathbf{b}
\end{aligned}
\tag{A.23}
$$

となります.したがって,求める分布は

$$p(\mathbf{y}) = \mathcal{N}(\mathbf{y}|\mathbf{W}\boldsymbol{\mu} + \mathbf{b}, \boldsymbol{\Sigma}_y + \mathbf{W}\boldsymbol{\Sigma}_x\mathbf{W}^\top) \tag{A.24}$$

となります.

A.2　誘導点を用いた変分推論法の **ELBO** 最大化

　ここでは式 (7.61) の ELBO を最大化するような近似分布を求めます.同様の計算は 7.5.1 節のガウス過程潜在変数モデルの近似推論にも用います.ラベルの集合を $\mathbf{Y}$,入力データの集合 $\mathbf{X}$ に対する関数の出力値の集合を $\mathbf{F_X}$,誘導点の集合 $\mathbf{Z}$ に対する関数の出力値の集合を $\mathbf{F_Z}$ とします.また,$\mathbf{X}$ および $\mathbf{Z}$ などの入力は簡単のため省略して表記します.ELBO は,

$$
\begin{aligned}
\mathcal{L}[q] &= \int p(\mathbf{F_X}|\mathbf{F_Z})q(\mathbf{F_Z})\ln\frac{p(\mathbf{Y}|\mathbf{F_X})p(\mathbf{F_X}|\mathbf{F_Z})p(\mathbf{F_Z})}{p(\mathbf{F_X}|\mathbf{F_Z})q(\mathbf{F_Z})}\mathrm{d}\mathbf{F_X}\mathbf{F_Z} \\
&= \int q(\mathbf{F_Z})\left\{\int p(\mathbf{F_X}|\mathbf{F_Z})\ln p(\mathbf{Y}|\mathbf{F_X})\mathrm{d}\mathbf{F_X} + \ln\frac{p(\mathbf{F_Z})}{q(\mathbf{F_Z})}\right\}\mathrm{d}\mathbf{F_Z} \\
&= \int q(\mathbf{F_Z})\left\{\ln G(\mathbf{F_Z},\mathbf{Y}) + \ln\frac{p(\mathbf{F_Z})}{q(\mathbf{F_Z})}\right\}\mathrm{d}\mathbf{F_Z}
\end{aligned}
\tag{A.25}
$$

と変形できます.ただし,

$$
\ln G(\mathbf{F_Z},\mathbf{Y}) = \int p(\mathbf{F_X}|\mathbf{F_Z})\ln p(\mathbf{Y}|\mathbf{F_X})\mathrm{d}\mathbf{F_X}
\tag{A.26}
$$

とおきました.また,式 (A.7) のガウス分布の条件付き分布と,式 (A.3) の逆行列の公式から,

$$
p(\mathbf{F_X}|\mathbf{F_Z}) = \mathcal{N}(\mathbf{F_X}|\boldsymbol{\mu}_{\mathbf{X}|\mathbf{Z}},\boldsymbol{\Sigma}_{\mathbf{X}|\mathbf{Z}}),
\tag{A.27}
$$

$$
\boldsymbol{\mu}_{\mathbf{X}|\mathbf{Z}} = \mathbf{K_{XZ}}\mathbf{K_{ZZ}}^{-1}\mathbf{F_Z},
\tag{A.28}
$$

$$
\boldsymbol{\Sigma}_{\mathbf{X}|\mathbf{Z}} = \mathbf{K_{XX}} - \mathbf{K_{XZ}}\mathbf{K_{ZZ}}^{-1}\mathbf{K_{ZX}}
\tag{A.29}
$$

となります.式 (A.26) はガウス分布による周辺化計算であり,次のように解析的に積分が実行できます.

$$
\begin{aligned}
\ln G(\mathbf{F_Z},\mathbf{Y}) &= \int \mathcal{N}(\mathbf{F_X}|\boldsymbol{\mu}_{\mathbf{X}|\mathbf{Z}},\boldsymbol{\Sigma}_{\mathbf{X}|\mathbf{Z}})\ln p(\mathbf{Y}|\mathbf{F_X})\mathrm{d}\mathbf{F_X} \\
&= -\frac{1}{2}\{(\mathbf{Y} - \boldsymbol{\mu}_{\mathbf{X}|\mathbf{Z}})^{\top}\sigma^{-2}\mathbf{I}(\mathbf{Y} - \boldsymbol{\mu}_{\mathbf{X}|\mathbf{Z}}) + \ln|\sigma^2\mathbf{I}| \\
&\quad + N\ln 2\pi + \sigma^{-2}\mathrm{Tr}\left[\boldsymbol{\Sigma}_{\mathbf{X}|\mathbf{Z}}\right]\}
\end{aligned}
$$

$$= \ln \mathcal{N}(\mathbf{Y}|\boldsymbol{\mu}_{\mathbf{X}|\mathbf{Z}}, \sigma^2 \mathbf{I}) - \frac{1}{2}\sigma^{-2}\mathrm{Tr}\left[\boldsymbol{\Sigma}_{\mathbf{X}|\mathbf{Z}}\right]. \tag{A.30}$$

この結果を式 (A.25) に代入し整理すると,

$$\begin{aligned}
\mathcal{L}[q] &= \int q(\mathbf{F}_{\mathbf{Z}})\left\{\ln \mathcal{N}(\mathbf{Y}|\boldsymbol{\mu}_{\mathbf{X}|\mathbf{Z}}, \sigma^2 \mathbf{I}) - \frac{1}{2}\sigma^{-2}\mathrm{Tr}\left[\boldsymbol{\Sigma}_{\mathbf{X}|\mathbf{Z}}\right] + \ln \frac{p(\mathbf{F}_{\mathbf{Z}})}{q(\mathbf{F}_{\mathbf{Z}})}\right\}\mathrm{d}\mathbf{F}_{\mathbf{Z}} \\
&= \int q(\mathbf{F}_{\mathbf{Z}})\left\{\ln \frac{\frac{1}{Z}\mathcal{N}(\mathbf{Y}|\boldsymbol{\mu}_{\mathbf{X}|\mathbf{Z}}, \sigma^2 \mathbf{I})p(\mathbf{F}_{\mathbf{Z}})}{q(\mathbf{F}_{\mathbf{Z}})}\right\}\mathrm{d}\mathbf{F}_{\mathbf{Z}} + \ln Z \\
&\quad - \frac{1}{2}\sigma^{-2}\mathrm{Tr}\left[\boldsymbol{\Sigma}_{\mathbf{X}|\mathbf{Z}}\right] \\
&= -D_{\mathrm{KL}}\left[q(\mathbf{F}_{\mathbf{Z}})\,\middle\|\,\frac{1}{Z}\mathcal{N}(\mathbf{Y}|\boldsymbol{\mu}_{\mathbf{X}|\mathbf{Z}}, \sigma^2 \mathbf{I})p(\mathbf{F}_{\mathbf{Z}})\right] + \ln Z - \frac{1}{2}\sigma^{-2}\mathrm{Tr}\left[\boldsymbol{\Sigma}_{\mathbf{X}|\mathbf{Z}}\right]
\end{aligned}$$
$$\tag{A.31}$$

となります. $\mathcal{L}[q]$ を q に関して最大化するためには, 式 (A.31) の KL ダイバージェンスの項を最小化すればよいので,

$$q_{\mathrm{opt.}}(\mathbf{F}_{\mathbf{Z}}) = \frac{1}{Z}\mathcal{N}(\mathbf{Y}|\boldsymbol{\mu}_{\mathbf{X}|\mathbf{Z}}, \sigma^2 \mathbf{I})p(\mathbf{F}_{\mathbf{Z}}) \tag{A.32}$$

となります. ガウス分布同士の積なので, $q_{\mathrm{opt.}}$ は解析的に求められ,

$$q_{\mathrm{opt.}}(\mathbf{F}_{\mathbf{Z}}) = \mathcal{N}(\mathbf{F}_{\mathbf{Z}}|\boldsymbol{\mu}, \boldsymbol{\Sigma}), \tag{A.33}$$

$$\boldsymbol{\mu} = \sigma^{-2}\mathbf{K}_{\mathbf{Z}\mathbf{Z}}(\sigma^{-2}\mathbf{K}_{\mathbf{Z}\mathbf{X}}\mathbf{K}_{\mathbf{X}\mathbf{Z}} + \mathbf{K}_{\mathbf{Z}\mathbf{Z}})^{-1}\mathbf{K}_{\mathbf{Z}\mathbf{X}}\mathbf{Y}, \tag{A.34}$$

$$\boldsymbol{\Sigma} = \mathbf{K}_{\mathbf{Z}\mathbf{Z}}(\sigma^{-2}\mathbf{K}_{\mathbf{Z}\mathbf{X}}\mathbf{K}_{\mathbf{X}\mathbf{Z}} + \mathbf{K}_{\mathbf{Z}\mathbf{Z}})^{-1}\mathbf{K}_{\mathbf{Z}\mathbf{Z}} \tag{A.35}$$

となります. また, 正規化定数 Z は

$$\begin{aligned}
Z &= \int \mathcal{N}(\mathbf{Y}|\boldsymbol{\mu}_{\mathbf{X}|\mathbf{Z}}, \sigma^2 \mathbf{I})p(\mathbf{F}_{\mathbf{Z}})\mathrm{d}\mathbf{F}_{\mathbf{Z}} \\
&= \mathcal{N}(\mathbf{Y}|\mathbf{0}, \sigma^2 \mathbf{I} + \mathbf{K}_{\mathbf{X}\mathbf{Z}}\mathbf{K}_{\mathbf{Z}\mathbf{Z}}^{-1}\mathbf{K}_{\mathbf{Z}\mathbf{X}})
\end{aligned} \tag{A.36}$$

となります.

A.3　正規分布の累積分布関数の積分計算

ここでは次の正規化定数 Z の計算をします.

$$Z = \int_{-\infty}^{\infty} \Phi(yf)\mathcal{N}(f|\mu, \sigma^2)\mathrm{d}f. \tag{A.37}$$

ただし，$\Phi(x)$ は正規分布の累積分布関数で，

$$\Phi(x) = \int_{-\infty}^{x} \mathcal{N}(z|0, 1)\mathrm{d}z \tag{A.38}$$

のように定義されます.

まず，ラベルが $y > 0$ の場合を考え，さらに $u = y^{-1}z$ として置換積分を行うと，

$$
\begin{aligned}
Z_{y>0} &= \int_{-\infty}^{\infty} \int_{-\infty}^{yf} \mathcal{N}(z|0, 1)\mathrm{d}z\mathcal{N}(f|\mu, \sigma^2)\mathrm{d}f \\
&= \frac{y}{2\pi\sigma} \int_{-\infty}^{\infty} \int_{-\infty}^{f} \exp\left(-\frac{(yu)^2}{2} - \frac{(f-\mu)^2}{2\sigma^2}\right) \mathrm{d}u\mathrm{d}f
\end{aligned} \tag{A.39}
$$

となります. さらに $s = u - (f - \mu)$, $t = f - \mu$ と置換積分すると，

$$
\begin{aligned}
Z_{y>0} &= \frac{y}{2\pi\sigma} \int_{-\infty}^{\mu} \int_{-\infty}^{\infty} \exp\left(-\frac{(s+t)^2}{2y^{-2}} - \frac{t^2}{2\sigma^2}\right) \mathrm{d}t\mathrm{d}s \\
&= \int_{-\infty}^{\mu} \int_{-\infty}^{\infty} \mathcal{N}((t, s)^{\top}|\mathbf{0}, \boldsymbol{\Sigma})\mathrm{d}t\mathrm{d}s
\end{aligned} \tag{A.40}
$$

となります. ただし，

$$\boldsymbol{\Sigma} = \begin{bmatrix} \sigma^2 & -\sigma^2 \\ -\sigma^2 & y^{-2} + \sigma^2 \end{bmatrix} \tag{A.41}$$

とおきました. 式 (A.12) のガウス分布に関する周辺化の結果を用いて t を積分除去し，Φ の定義に従って計算すると，

$$Z_{y>0} = \int_{-\infty}^{\mu} \mathcal{N}\left(s|0, y^{-2} + \sigma^2\right) \mathrm{d}s = \Phi\left(\frac{\mu}{\sqrt{y^{-2} + \sigma^2}}\right) \tag{A.42}$$

となります. また，$\Phi(-x) = 1 - \Phi(x)$ であることから，

$$Z_{y<0} = 1 - Z_{y>0} = \Phi\left(-\frac{\mu}{\sqrt{y^{-2} + \sigma^2}}\right) \tag{A.43}$$

となります. 以上をまとめると，以下のようになります.

$$Z = \Phi(a), \quad a = \frac{y\mu}{\sqrt{1 + \sigma^2 y^2}}. \tag{A.44}$$

A.4　共分散関数の計算

　ここでは式 (7.89) で表される非線形関数 ϕ に対する共分散関数の計算方法を解説します.

A.4.1　ガウスの誤差関数に対する共分散関数

　式 (7.91) から，評価したい積分を次のように書き直します.

$$C = \int \mathcal{N}(\mathbf{a}|\mathbf{0}, \boldsymbol{\Sigma}) \mathrm{Erf}(a_1) \mathrm{Erf}(a_2) \mathrm{d}\mathbf{a}$$
$$= \frac{1}{2\pi |\boldsymbol{\Sigma}|^{1/2}} \int \exp\left(-\frac{1}{2}\mathbf{a}^\top \boldsymbol{\Sigma}^{-1} \mathbf{a}\right) \phi(\mathbf{e}_1^\top \mathbf{a}) \phi(\mathbf{e}_2^\top \mathbf{a}) \mathrm{d}\mathbf{a}. \tag{A.45}$$

ただし $\mathbf{e}_1 = (1, 0)^\top$，$\mathbf{e}_2 = (0, 1)^\top$ とおきました. 共分散行列をコレスキー分解 $\boldsymbol{\Sigma} = \mathbf{L}\mathbf{L}^\top$ し，変数変換 $\mathbf{L}\hat{\mathbf{a}} = \mathbf{a}$ を行うと，

$$C = \frac{1}{2\pi} \int \exp\left(-\frac{1}{2}\hat{\mathbf{a}}^\top \hat{\mathbf{a}}\right) \phi(\mathbf{e}_1^\top \mathbf{L}\hat{\mathbf{a}}) \phi(\mathbf{e}_2^\top \mathbf{L}\hat{\mathbf{a}}) \mathrm{d}\hat{\mathbf{a}}$$
$$= \frac{1}{2\pi} \int \exp\left(-\frac{1}{2}\hat{\mathbf{a}}^\top \hat{\mathbf{a}}\right) \phi(\mathbf{b}_1^\top \hat{\mathbf{a}}) \phi(\mathbf{b}_2^\top \hat{\mathbf{a}}) \mathrm{d}\hat{\mathbf{a}} \tag{A.46}$$

となります. ただし $\mathbf{b}_1^\top = \mathbf{e}_1^\top \mathbf{L}$，$\mathbf{b}_2^\top = \mathbf{e}_2^\top \mathbf{L}$ としました. ここで，補助変数を $\lambda \in \mathbb{R}$ とし，

$$C(\lambda) = \frac{1}{2\pi} \int \exp\left(-\frac{1}{2}\hat{\mathbf{a}}^\top \hat{\mathbf{a}}\right) \phi(\lambda \mathbf{b}_1^\top \hat{\mathbf{a}}) \phi(\mathbf{b}_2^\top \hat{\mathbf{a}}) \mathrm{d}\hat{\mathbf{a}} \tag{A.47}$$

とおきます. ここで $C(1) = C$ です. $C(\lambda)$ を λ で微分すると，

$$C'(\lambda) = \frac{1}{\pi^{3/2}} \int \exp\left(-\frac{1}{2}\hat{\mathbf{a}}^\top (\mathbf{I} + 2\lambda^2 \mathbf{b}_1 \mathbf{b}_1^\top) \hat{\mathbf{a}}\right) \mathbf{b}_1^\top \hat{\mathbf{a}} \phi(\mathbf{b}_2^\top \hat{\mathbf{a}}) \mathrm{d}\hat{\mathbf{a}} \tag{A.48}$$

となります. ただし，ガウスの誤差関数 $\phi(t)$ の微分

$$\frac{\mathrm{d}}{\mathrm{d}t}\phi(t) = \frac{2}{\sqrt{\pi}}\exp(-t^2) \tag{A.49}$$

を使いました. 式 (A.48) において, コレスキー分解 $(\mathbf{I} + 2\lambda^2 \mathbf{b}_1 \mathbf{b}_1^\top)^{-1} = \mathbf{L}_b \mathbf{L}_b^\top$ を行い, 変数変換 $\mathbf{L}_b \tilde{\mathbf{a}} = \hat{\mathbf{a}}$ を行うと,

$$
\begin{aligned}
C'(\lambda) &= \frac{|\mathbf{L}_b|}{\pi^{3/2}} \int \exp\left(-\frac{1}{2}\tilde{\mathbf{a}}^\top \tilde{\mathbf{a}}\right) \mathbf{b}_1^\top \mathbf{L}_b \tilde{\mathbf{a}} \phi(\mathbf{b}_2^\top \mathbf{L}_b \tilde{\mathbf{a}}) d\tilde{\mathbf{a}} \\
&= \frac{|\mathbf{L}_b|}{\pi^{3/2}} \int \exp\left(-\frac{1}{2}\tilde{\mathbf{a}}^\top \tilde{\mathbf{a}}\right) \mathbf{c}_1^\top \tilde{\mathbf{a}} \phi(\mathbf{c}_2^\top \tilde{\mathbf{a}}) d\tilde{\mathbf{a}}
\end{aligned}
\tag{A.50}
$$

となります. ただし $\mathbf{c}_1^\top = \mathbf{b}_1^\top \mathbf{L}_b$, $\mathbf{c}_2^\top = \mathbf{b}_2^\top \mathbf{L}_b$ としました. $\mathbf{c}_1^\top \tilde{\mathbf{a}} = c_{1,1}\tilde{a}_1 + c_{1,2}\tilde{a}_2$ と分解し, 各 $c_{1,1}\tilde{a}_1$ および $c_{1,2}\tilde{a}_2$ に関する項それぞれで部分積分を行い整理すると,

$$
C'(\lambda) = \frac{2|\mathbf{L}_b|\mathbf{c}_1^\top \mathbf{c}_2}{\pi^2} \int \exp\left(-\frac{1}{2}\tilde{\mathbf{a}}^\top (\mathbf{I} + 2\mathbf{c}_2 \mathbf{c}_2^\top)\tilde{\mathbf{a}}\right) d\tilde{\mathbf{a}}
\tag{A.51}
$$

が得られます. 式 (A.51) の残りの積分を実行して整理すると,

$$
\begin{aligned}
C'(\lambda) &= \frac{4|\mathbf{L}_b|\mathbf{c}_1^\top \mathbf{c}_2}{\pi|\mathbf{I} + 2\mathbf{c}_2 \mathbf{c}_2^\top|^{1/2}} \\
&= \frac{4\mathbf{b}_1^\top \mathbf{L}_b \mathbf{L}_b^\top \mathbf{b}_2}{\pi|\mathbf{I} + 2\lambda^2 \mathbf{b}_1 \mathbf{b}_1^\top + 2\mathbf{b}_2 \mathbf{b}_2^\top|^{1/2}} \\
&= \frac{4\mathbf{b}_1^\top \mathbf{L}_b \mathbf{L}_b^\top \mathbf{b}_2}{\pi\Delta^{1/2}}
\end{aligned}
\tag{A.52}
$$

となります. ここで $\Delta = |\mathbf{I} + 2\lambda^2 \mathbf{b}_1 \mathbf{b}_1^\top + 2\mathbf{b}_2 \mathbf{b}_2^\top|$ とおきました. さらに, シャーマン・モリソンの公式 (**ShermanMorrison formula**)

$$
(\mathbf{I} + \mathbf{g}\mathbf{g}^\top)^{-1} = \mathbf{I} - \frac{\mathbf{g}\mathbf{g}^\top}{1 + \mathbf{g}^\top \mathbf{g}}
\tag{A.53}
$$

を用いれば,

$$
\begin{aligned}
\mathbf{b}_1^\top \mathbf{L}_b \mathbf{L}_b^\top \mathbf{b}_2 &= \mathbf{b}_1^\top (\mathbf{I} + 2\lambda^2 \mathbf{b}_1 \mathbf{b}_1^\top)^{-1} \mathbf{b}_2 \\
&= \frac{\mathbf{b}_1^\top \mathbf{b}_2}{1 + 2\lambda^2 \mathbf{b}_1^\top \mathbf{b}_1}
\end{aligned}
\tag{A.54}
$$

となります. また,

$$
\begin{aligned}
\Delta &= |\mathbf{I} + 2\lambda^2 \mathbf{b}_1 \mathbf{b}_1^\top + 2\mathbf{b}_2 \mathbf{b}_2^\top| \\
&= 1 + 2\lambda^2 \mathbf{a}_1^\top \mathbf{a}_1 + \mathbf{a}_2^\top \mathbf{a}_2 + 4\lambda^2 \{\mathbf{a}_1^\top \mathbf{a}_1 \mathbf{a}_2^\top \mathbf{a}_2 - (\mathbf{a}_1^\top \mathbf{a}_2)^2\}
\end{aligned}
\tag{A.55}
$$

となります．したがって，

$$C'(\lambda) = \frac{4\mathbf{b}_1^\top \mathbf{b}_1}{\pi(1 + 2\lambda^2 \mathbf{b}_1^\top \mathbf{b}_1)\Delta^{1/2}} \tag{A.56}$$

となります．ここで，

$$z = \frac{2\lambda \mathbf{b}_1^\top \mathbf{b}_2}{\sqrt{(1 + 2\lambda^2 \mathbf{b}_1^\top \mathbf{b}_1)(1 + 2\mathbf{b}_2^\top \mathbf{b}_2)}} \tag{A.57}$$

とおけば，

$$C'(\lambda) = \frac{2}{\pi\sqrt{1 - z^2}} \frac{\mathrm{d}z}{\mathrm{d}\lambda} \tag{A.58}$$

となるため，これを積分して，

$$C(\lambda) = \frac{2}{\pi} \arcsin z \tag{A.59}$$

を得ます．したがって，以下のようになります．

$$\begin{aligned}
C = C(1) &= \frac{2}{\pi} \arcsin\left(\frac{2\mathbf{b}_1^\top \mathbf{b}_2}{\sqrt{(1 + 2\mathbf{b}_1^\top \mathbf{b}_1)(1 + 2\mathbf{b}_2^\top \mathbf{b}_2)}}\right) \\
&= \frac{2}{\pi} \arcsin\left(\frac{2\Sigma_{1,2}}{\sqrt{(1 + 2\Sigma_{1,1})(1 + 2\Sigma_{2,2})}}\right).
\end{aligned} \tag{A.60}$$

A.4.2　正規化線形関数に対する共分散関数

式 (7.94) から，評価したい積分を次のように書き直します．

$$\begin{aligned}
C_m &= \int \mathcal{N}(\mathbf{a}|\mathbf{0}, \boldsymbol{\Sigma})\phi_m(a_1)\phi_m(a_2)\mathrm{d}\mathbf{a} \\
&= \int \mathcal{N}(\mathbf{a}|\mathbf{0}, \boldsymbol{\Sigma})\phi_m(\mathbf{e}_1^\top \mathbf{a})\phi_m(\mathbf{e}_2^\top \mathbf{a})\mathrm{d}\mathbf{a}.
\end{aligned} \tag{A.61}$$

ただし $\mathbf{e}_1 = (1,0)^\top$，$\mathbf{e}_2 = (0,1)^\top$ とおきました．共分散行列をコレスキー分解 $\boldsymbol{\Sigma} = \mathbf{L}\mathbf{L}^\top$ し，変数変換 $\mathbf{L}\hat{\mathbf{a}} = \mathbf{a}$ を行うと，

$$\begin{aligned}
C_m &= \frac{1}{2\pi} \int \exp\left(-\frac{1}{2}\hat{\mathbf{a}}^\top \hat{\mathbf{a}}\right)\phi_m(\mathbf{e}_1^\top \mathbf{L}\hat{\mathbf{a}})\phi_m(\mathbf{e}_2^\top \mathbf{L}\hat{\mathbf{a}})\mathrm{d}\hat{\mathbf{a}} \\
&= \frac{1}{2\pi} \int \exp\left(-\frac{1}{2}\hat{\mathbf{a}}^\top \hat{\mathbf{a}}\right)\phi_m(\mathbf{b}_1^\top \hat{\mathbf{a}})\phi_m(\mathbf{b}_2^\top \hat{\mathbf{a}})\mathrm{d}\hat{\mathbf{a}}
\end{aligned} \tag{A.62}$$

となります．ただし $\mathbf{b}_1^\top = \mathbf{e}_1^\top \mathbf{L}$, $\mathbf{b}_2^\top = \mathbf{e}_2^\top \mathbf{L}$ としました．ここで，軸 $\hat{a}_1$ を $\mathbf{b}_1$ に揃え，$\hat{a}_1$ と $\hat{a}_2$ が作る平面に $\mathbf{b}_2$ が含まれるように座標を変換すると，

$$C_m = \frac{||\mathbf{b}_1||^m ||\mathbf{b}_2||^m}{2\pi} \int \exp\left(-\frac{1}{2}\hat{\mathbf{a}}^\top \hat{\mathbf{a}}\right) \phi_m(\hat{a}_1) \phi_m(\hat{a}_1 \cos\theta + \hat{a}_2 \sin\theta) \mathrm{d}\hat{\mathbf{a}} \tag{A.63}$$

となります．ただし θ は $\mathbf{b}_1$ と $\mathbf{b}_2$ のなす角で

$$\theta = \arccos\left(\frac{\mathbf{b}_1^\top \mathbf{b}_2}{||\mathbf{b}_1||\,||\mathbf{b}_2||}\right) \tag{A.64}$$

とします．また，$||\mathbf{b}_i|| = \sqrt{b_{i,1}^2 + b_{i,2}^2}$ です．

$u = \hat{a}_1$, $v = \hat{a}_1 \cos\theta + \hat{a}_2 \sin\theta$ とし，置換積分を行うと

$$C_m = \frac{||\mathbf{b}_1||^m ||\mathbf{b}_2||^m}{2\pi \sin\theta} \int_0^\infty \mathrm{d}u \int_0^\infty \mathrm{d}v \exp\left(-\frac{u^2 + v^2 - 2uv\cos\theta}{2\sin\theta^2}\right) u^m v^m \tag{A.65}$$

となります．ステップ関数 $\Theta(a) = \frac{1}{2}(1 + \mathrm{sign}(a))$ のため，u, v の第一象限の積分だけが残っていることに注意してください．

さらに，極座標変換 $u = r\cos\eta$, $v = r\sin\eta$ を行うと，

$$\begin{aligned} C_m = &\frac{||\mathbf{b}_1||^m ||\mathbf{b}_2||^m}{2\pi \sin\theta} \left(\frac{\sin 2\eta}{2}\right)^m \int_0^\infty \mathrm{d}r \int_0^{\pi/2} \mathrm{d}\eta \\ &\exp\left(-r^2 \frac{1 - \sin 2\eta \cos\theta}{2\sin\theta^2}\right) r^{2m+1} \end{aligned} \tag{A.66}$$

となります．ここで，関係式

$$r^{2m} \exp(-\alpha r^2) = \left(-\frac{\partial}{\partial \alpha}\right)^m \exp(-\alpha r^2) \tag{A.67}$$

を用いて

$$\begin{aligned} \int_0^\infty r^{2m+1} \exp(-\alpha r^2)\mathrm{d}r &= \left(-\frac{\partial}{\partial \alpha}\right)^m \int_0^\infty r \exp(-\alpha r^2)\mathrm{d}r \\ &= \frac{m!}{2\alpha^{m+1}} \end{aligned} \tag{A.68}$$

が成り立つことを利用すれば，

$$C_m = \frac{||\mathbf{b}_1||^m ||\mathbf{b}_2||^m m!(\sin\theta)^{2m+1}}{2\pi} \int_0^{\pi/2} \frac{(\sin 2\eta)^m}{(1-\sin 2\eta \cos\theta)^{m+1}} \mathrm{d}\eta$$

$$(A.69)$$

となります. さらに, $\psi = 2\eta - \frac{\pi}{2}$ と置換積分を行い, cos が偶関数であることに注意すれば

$$C_m = \frac{||\mathbf{b}_1||^m ||\mathbf{b}_2||^m m!(\sin\theta)^{2m+1}}{2\pi} \int_0^{\pi/2} \frac{(\cos\psi)^m}{(1-\cos\psi \cos\theta)^{m+1}} \mathrm{d}\psi$$

$$(A.70)$$

となります.

$m = 0$ の場合は, 複素数平面上での周回積分[13] によって

$$\int_0^\xi \frac{\mathrm{d}\psi}{1-\cos\psi \cos\theta} = \frac{1}{\sin\theta} \arctan\left(\frac{\sin\theta \sin\xi}{\cos\xi - \cos\theta} \right) \qquad (A.71)$$

が成立します. この結果は両辺を ξ で偏微分すれば確かめることができます. 以上から, $\xi = \pi/2$ とすれば,

$$\int_0^\xi \frac{\mathrm{d}\psi}{1-\cos\psi \cos\theta} = \frac{\pi - \theta}{\sin\theta} \qquad (A.72)$$

が成り立ちます.

$m > 0$ の場合は,

$$\frac{\partial^m}{\partial z^m} \frac{1}{1-\alpha z} = \frac{m!\alpha^m}{(1-\alpha z)^{m+1}} \qquad (A.73)$$

が成り立つことに注意すれば, $z = \cos\theta$ として両辺を積分し,

$$\int_0^{\pi/2} \frac{(\cos\psi)^m}{(1-\cos\psi \cos\theta)^{m+1}} \mathrm{d}\psi = \frac{1}{m!} \frac{\partial^m}{\partial(\cos\theta)^m} \frac{\pi - \theta}{\sin\theta} \qquad (A.74)$$

となります. $||\mathbf{b}_1|| = \Sigma_{1,1}$ および $||\mathbf{b}_2|| = \Sigma_{2,2}$ になることに注意すれば, 式 (7.94) を得ます.

B i b l i o g r a p h y

参考文献

[1] D. H. Ackley, G. E. Hinton, and T. J. Sejnowski. A learning algorithm for Boltzmann machines. *Cognitive Science*, 9(1):147–169, 1985.

[2] R. Adams, H. Wallach, and Z. Ghahramani. Learning the structure of deep sparse graphical models. In *Proceedings of International Conference on Artificial Intelligence and Statistics*, pages 1–8, 2010.

[3] D. Barber and C. M. Bishop. Ensemble learning in Bayesian neural networks. *NATO ASI SERIES F COMPUTER AND SYSTEMS SCIENCES*, 168:215–238, 1998.

[4] A. G. Baydin, B. A. Pearlmutter, A. A. Radul, and J. M. Siskind. Automatic differentiation in machine learning: A survey. *Journal of Marchine Learning Research*, 18:1–43, 2018.

[5] M. J. Beal. *Variational algorithms for approximate Bayesian inference.* PhD thesis, University of London, 2003.

[6] M. A. Beaumont, W. Zhang, and D. J. Balding. Approximate bayesian computation in population genetics. *Genetics*, 162(4):2025–2035, 2002.

[7] C. M. Bishop. *Pattern recognition and machine learning.* Springer, 2006.

[8] C. Blundell, J. Cornebise, K. Kavukcuoglu, and D. Wierstra. Weight uncertainty in neural network. In *International Conference on Machine Learning*, pages 1613–1622, 2015.

[9] S. Brooks, A. Gelman, G. Jones, and X.-L. Meng. *Handbook of Markov chain Monte Carlo.* CRC Press, 2011.

[10] T. Bui, J. Hernández-Lobato, D. Hernández-Lobato, Y. Li, and R. Turner. Deep Gaussian processes for regression using approximate expectation propagation. In *International Conference on Machine Learning*, pages 1472–1481, 2016.

[11] Y. Burda, R. Grosse, and R. Salakhutdinov. Importance weighted autoencoders. *International Conference on Learning Representations*,

2016.

[12] D. R. Burt, C. E. Rasmussen, and M. van der Wilk. Rates of convergence for sparse variational Gaussian process regression, *International Conference on Machine Learning*, 2019.

[13] G. F. Carrier, M. Krook, and C. E. Pearson. *Functions of a complex variable: Theory and technique*, volume 49, SIAM, 2005.

[14] Y. Cho and L. K. Saul. Kernel methods for deep learning. In *Advances in Neural Information Processing Systems*, pages 342–350, 2009.

[15] D.-A. Clevert, T. Unterthiner, and S. Hochreiter. Fast and accurate deep network learning by exponential linear units (elus). *International Conference on Learning Representations*, 2016.

[16] C. Cortes and V. Vapnik. Support-vector networks. *Machine learning*, 20(3):273–297, 1995.

[17] G. Cybenko. Approximation by superpositions of a sigmoidal function. *Mathematics of control, signals and systems*, 2(4):303–314, 1989.

[18] A. Damianou. *Deep Gaussian processes and variational propagation of uncertainty*. PhD thesis, University of Sheffield, 2015.

[19] A. Damianou and N. Lawrence. Deep Gaussian processes. In *Artificial Intelligence and Statistics*, pages 207–215, 2013.

[20] P. Dayan, G. E. Hinton, R. M. Neal, and R. S. Zemel. The helmholtz machine. *Neural Computation*, 7(5):889–904, 1995.

[21] J. Denker, D. Schwartz, B. Wittner, S. Solla, R. Howard, L. Jackel, and J. Hopfield. Large automatic learning, rule extraction, and generalization. *Complex Systems*, 1:877–922, 1987.

[22] J. S. Denker and Y. LeCun. Transforming neural-net output levels to probability distributions. In *Advances in Neural Information Processing Systems*, pages 853–859, 1991.

[23] R. Durrett and R. Durrett. *Essentials of stochastic processes*, volume 1, Springer, 1999.

[24] D. Duvenaud. *Automatic model construction with Gaussian processes*. PhD thesis, University of Cambridge, 2014.

[25] M. Figurnov, S. Mohamed, and A. Mnih. Implicit reparameterization gradients. *Advances in neural information processing systems*, 2018.

[26] Y. Gal. *Uncertainty in deep learning*. PhD thesis, University of Cambridge, 2016.

[27] Y. Gal and Z. Ghahramani. A theoretically grounded application of dropout in recurrent neural networks. In *Advances in Neural Information Processing Systems*, pages 1019–1027, 2016.

[28] Y. Gal, R. Islam, and Z. Ghahramani. Deep Bayesian active learning with image data. In *International Conference on Machine Learning*, pages 1183–1192, JMLR. org, 2017.

[29] Y. Gal, M. Van Der Wilk, and C. E. Rasmussen. Distributed variational inference in sparse gaussian process regression and latent variable models. In *Advances in Neural Information Processing Systems*, pages 3257–3265, 2014.

[30] Z. Gan, C. Li, C. Chen, Y. Pu, Q. Su, and L. Carin. Scalable Bayesian learning of recurrent neural networks for language modeling. *ACL*, 2017.

[31] A. Garriga-Alonso, L. Aitchison, and C. E. Rasmussen. Deep convolutional networks as shallow gaussian processes. *International Conference on Learning Representations*, 2019.

[32] A. Gelman, J. B. Carlin, H. S. Stern, D. B. Dunson, A. Vehtari, and D. B. Rubin. *Bayesian data analysis*, volume 2, CRC press, 2014.

[33] S. Gershman and N. Goodman. Amortized inference in probabilistic reasoning. In *Proceedings of the Annual Meeting of the Cognitive Science Society*, volume 36, 2014.

[34] Z. Ghahramani. Bayesian non-parametrics and the probabilistic approach to modelling. *Phil. Trans. R. Soc. A*, 371(1984):20110553, 2013.

[35] P. Glasserman. *Monte Carlo methods in financial engineering*, volume 53. Springer, 2013.

[36] T. Gneiting and A. E. Raftery. Strictly proper scoring rules, prediction, and estimation. *Journal of the American Statistical Association*, 102(477):359–378, 2007.

[37] R. Gómez-Bombarelli, J. N. Wei, D. Duvenaud, J. M. Hernández-Lobato, B. Sánchez-Lengeling, D. Sheberla, J. Aguilera-Iparraguirre, T. D. Hirzel, R. P. Adams, and A. Aspuru-Guzik. Automatic chemical design using a data-driven continuous representation of molecules. *ACS central science*, 4(2):268–276, 2018.

[38] I. Goodfellow, Y. Bengio, and A. Courville. *Deep learning*. MIT press, 2016.

[39] I. Goodfellow, J. Pouget-Abadie, M. Mirza, B. Xu, D. Warde-Farley, S. Ozair, A. Courville, and Y. Bengio. Generative adversarial nets. In *Advances in Neural Information Processing Systems*, pages 2672–2680, 2015.

[40] A. Graves. Practical variational inference for neural networks. In *Advances in Neural Information Processing Systems*, pages 2348–2356, 2011.

[41] K. Gregor, I. Danihelka, A. Graves, D. J. Rezende, and D. Wierstra. Draw: A recurrent neural network for image generation. *International Conference on Machine Learning*, 2015.

[42] T. L. Griffiths and Z. Ghahramani. Infinite latent feature models and the Indian buffet process. In *Advances in Neural Information Processing Systems*, pages 475–482, 2006.

[43] M. Havasi, J. M. Hernández-Lobato, and J. J. Murillo-Fuentes. Inference in deep gaussian processes using stochastic gradient hamiltonian monte carlo. In *Advances in Neural Information Processing Systems*, pages 7506–7516, 2018.

[44] K. He, X. Zhang, S. Ren, and J. Sun. Deep residual learning for image recognition. In *Proceedings of the IEEE conference on computer vision and pattern recognition*, pages 770–778, 2016.

[45] J. Hensman, N. Fusi, and N. D. Lawrence. Gaussian processes for big data. *Uncertainty in Artificial Intelligence*, 2013.

[46] J. Hensman, A. Matthews, and Z. Ghahramani. Scalable variational Gaussian process classification. *International Conference on Machine Learning*, 2015.

[47] J. M. Hernández-Lobato and R. Adams. Probabilistic backpropagation for scalable learning of Bayesian neural networks. In *International Conference on Machine Learning*, pages 1861–1869, 2015.

[48] G. E. Hinton, S. Osindero, and Y.-W. Teh. A fast learning algorithm for deep belief nets. *Neural Computation*, 18(7):1527–1554, 2006.

[49] G. E. Hinton and R. R. Salakhutdinov. Reducing the dimensionality of data with neural networks. *science*, 313(5786):504–507, 2006.

[50] G. E. Hinton and D. Van Camp. Keeping neural networks simple by minimizing the description length of the weights. In *Proceedings of the Sixth Annual Conference on Computational Learning Theory*, pages 5–13, ACM, 1993.

[51] N. L. Hjort, C. Holmes, P. Müller, and S. G. Walker. *Bayesian nonparametrics*, volume 28, Cambridge University Press, 2010.

[52] M. D. Hoffman, D. M. Blei, C. Wang, and J. Paisley. Stochastic variational inference. *The Journal of Machine Learning Research*, 14(1):1303–1347, 2013.

[53] S. Ioffe and C. Szegedy. Batch normalization: Accelerating deep network training by reducing internal covariate shift. *International Conference on Machine Learning*, 2015.

[54] T. S. Jaakkola and M. I. Jordan. Bayesian parameter estimation via variational methods. *Statistics and Computing*, 10(1):25–37, 2000.

[55] S. Jackman. *Bayesian analysis for the social sciences*, volume 846. John Wiley & Sons, 2009.

[56] E. Jang, S. Gu, and B. Poole. Categorical reparameterization with gumbel-softmax. *International Conference on Learning Representations*, 2017.

[57] M. I. Jordan, Z. Ghahramani, T. S. Jaakkola, and L. K. Saul. An introduction to variational methods for graphical models. *Machine Learning*, 37(2):183–233, 1999.

[58] A. Kendall and Y. Gal. What uncertainties do we need in bayesian deep learning for computer vision? In *Advances in Neural Information Processing Systems*, pages 5574–5584, 2017.

[59] D. P. Kingma, D. J. Rezende, S. Mohamed, and M. Welling. Semi-supervised learning with deep generative models. In *Advances in Neural Information Processing Systems*, pages 3581–3589, 2014.

[60] D. P. Kingma and M. Welling. Auto-encoding variational bayes. *International Conference on Learning Representations*, 2014.

[61] S. Kotz, N. Balakrishnan, and N. L. Johnson. *Continuous multivariate distributions, Volume 1: Models and applications*, John Wiley & Sons, 2004.

[62] A. Krizhevsky, I. Sutskever, and G. E. Hinton. Imagenet classification with deep convolutional neural networks. In *Advances in Neural Information Processing Systems*, pages 1097–1105, 2012.

[63] T. D. Kulkarni, W. F. Whitney, P. Kohli, and J. Tenenbaum. Deep convolutional inverse graphics network. In *Advances in Neural Information Processing Systems*, pages 2539–2547, 2015.

[64] M. Lázaro-Gredilla and A. Figueiras-Vidal. Inter-domain gaussian processes for sparse inference using inducing features. In *Advances in Neural Information Processing Systems*, pages 1087–1095, 2009.

[65] N. D. Lawrence, M. Seeger, and R. Herbrich. Fast sparse Gaussian process methods: The informative vector machine. In *Advances in Neural Information Processing Systems*, pages 625–632, 2003.

[66] Y. LeCun, B. Boser, J. S. Denker, D. Henderson, R. E. Howard, W. Hubbard, and L. D. Jackel. Backpropagation applied to handwritten zip code recognition. *Neural Computation*, 1(4):541–551, 1989.

[67] J. Lee, Y. Bahri, R. Novak, S. S. Schoenholz, J. Pennington, and J. Sohl-Dickstein. Deep neural networks as Gaussian processes. *International Conference on Learning Representations*, 2018.

[68] D. Liang, R. G. Krishnan, M. D. Hoffman, and T. Jebara. Variational autoencoders for collaborative filtering. In *Proceedings of the 2018 World Wide Web Conference on World Wide Web*, pages 689–698, International World Wide Web Conferences Steering Committee, 2018.

[69] Z. C. Lipton, J. Berkowitz, and C. Elkan. A critical review of

recurrent neural networks for sequence learning. *arXiv preprint arXiv:1506.00019*, 2015.

[70] Q. Liu and D. Wang. Stein variational gradient descent: A general purpose Bayesian inference algorithm. In *Advances In Neural Information Processing Systems*, pages 2378–2386, 2016.

[71] C. Louizos and M. Welling. Multiplicative normalizing flows for variational Bayesian neural networks. In *Proceedings of the 34th International Conference on Machine Learning-Volume 70*, pages 2218–2227, JMLR. org, 2017.

[72] D. J. MacKay. *Bayesian methods for adaptive models*. PhD thesis, California Institute of Technology, 1992.

[73] D. J. MacKay. A practical Bayesian framework for backpropagation networks. *Neural computation*, 4(3):448–472, 1992.

[74] C. J. Maddison, A. Mnih, and Y. W. Teh. The concrete distribution: A continuous relaxation of discrete random variables. *International Conference on Learning Representations*, 2017.

[75] S. Mandt, M. D. Hoffman, and D. M. Blei. Stochastic gradient descent as approximate bayesian inference. *the Journal of Machine Learning Research*, 18(1):4873–4907, 2017.

[76] A. G. d. G. Matthews. *Scalable Gaussian process inference using variational methods*. PhD thesis, University of Cambridge, 2017.

[77] A. G. d. G. Matthews, J. Hron, M. Rowland, R. E. Turner, and Z. Ghahramani. Gaussian process behaviour in wide deep neural networks. *International Conference on Learning Representations*, 2018.

[78] J. L. McClelland, D. E. Rumelhart, P. R. Group, et al. Parallel distributed processing. *Explorations in the Microstructure of Cognition*, 2:216–271, 1986.

[79] S. B. Mcgrayne. *The Theory That Would Not Die: How Bayes' Rule Cracked the Enigma Code, Hunted Down Russian Submarines, and Emerged Triumphant from Two Centuries of Controversy*. Matematicas (E-libro). Yale University Press, 2011.

[80] E. Meeds, Z. Ghahramani, R. M. Neal, and S. T. Roweis. Modeling

dyadic data with binary latent factors. In *Advances in Neural Information Processing Systems*, pages 977–984, 2007.

[81] Y. Miao, L. Yu, and P. Blunsom. Neural variational inference for text processing. In *International conference on machine learning*, pages 1727–1736, 2016.

[82] T. P. Minka. Expectation propagation for approximate Bayesian inference. In *Uncertainty in Artificial Intelligence*, pages 362–369, Morgan Kaufmann Publishers, 2001.

[83] T. P. Minka. *A family of algorithms for approximate Bayesian inference*. PhD thesis, Massachusetts Institute of Technology, 2001.

[84] M. Minsky and S. A. Papert. *Perceptrons: An introduction to computational geometry*. MIT Press, 2017.

[85] R. M. Neal. Bayesian learning via stochastic dynamics. In *Advances in Neural Information Processing Systems*, pages 475–482, 1993.

[86] R. M. Neal. *Bayesian learning for neural networks*, volume 118. Springer, 2012.

[87] J. Nocedal and S. Wright. *Numerical optimization*. Springer, 2006.

[88] R. Novak, L. Xiao, Y. Bahri, J. Lee, G. Yang, J. Hron, D. A. Abolafia, J. Pennington, and J. Sohl-Dickstein. Bayesian deep convolutional networks with many channels are gaussian processes. *International Conference on Learning Representations*, 2019.

[89] M. Opper and C. Archambeau. The variational Gaussian approximation revisited. *Neural Computation*, 21(3):786–792, 2009.

[90] K. B. Petersen, M. S. Pedersen, et al. The matrix cookbook. *Technical University of Denmark*, 7, 2008.

[91] C. Peterson and J. R. Anderson. A mean field theory learning algorithm for neural networks. *Complex Systems*, 1:995–1019, 1987.

[92] B. T. Polyak. Some methods of speeding up the convergence of iteration methods. *USSR Computational Mathematics and Mathematical Physics*, 4(5):1–17, 1964.

[93] Y. Pu, Z. Gan, R. Henao, C. Li, S. Han, and L. Carin. VAE learning via

stein variational gradient descent. In *Advances in Neural Information Processing Systems*, pages 4236–4245, 2017.

[94] Y. Pu, Z. Gan, R. Henao, X. Yuan, C. Li, A. Stevens, and L. Carin. Variational autoencoder for deep learning of images, labels and captions. In *Advances in Neural Information Processing Systems*, pages 2352–2360, 2016.

[95] A. Rahimi and B. Recht. Random features for large-scale kernel machines. In *Advances in Neural Information Processing Systems*, pages 1177–1184, 2008.

[96] T. Rainforth, A. Kosiorek, T. A. Le, C. Maddison, M. Igl, F. Wood, and Y. W. Teh. Tighter variational bounds are not necessarily better. In *International Conference on Machine Learning*, pages 4277–4285, 2018.

[97] R. Ranganath, S. Gerrish, and D. Blei. Black box variational inference. In *Artificial Intelligence and Statistics*, pages 814–822, 2014.

[98] R. Ranganath, L. Tang, L. Charlin, and D. Blei. Deep exponential families. In *Artificial Intelligence and Statistics*, pages 762–771, 2015.

[99] R. Ranganath, D. Tran, and D. Blei. Hierarchical variational models. In *International Conference on Machine Learning*, pages 324–333, 2016.

[100] C. E. Rasmussen and C. K. Williams. *Gaussian processes for machine learning*, volume 1, MIT Press, 2006.

[101] B. Recht, R. Roelofs, L. Schmidt, and V. Shankar. Do CIFAR-10 classifiers generalize to CIFAR-10? *arXiv preprint arXiv:1806.00451*, 2018.

[102] D. J. Rezende and S. Mohamed. Variational inference with normalizing flows. *International Conference on Machine Learning*, 2015.

[103] D. J. Rezende, S. Mohamed, and D. Wierstra. Stochastic backpropagation and approximate inference in deep generative models. *International Conference on Machine Learnin*, 2014.

[104] H. Robbins and S. Monro. A stochastic approximation method. *The Annals of Mathematical Statistics*, pages 400–407, 1951.

[105] M. Rosca, B. Lakshminarayanan, D. Warde-Farley, and S. Mohamed.

Variational approaches for auto-encoding generative adversarial networks. *arXiv preprint arXiv:1706.04987*, 2017.

[106] F. Rosenblatt. The perceptron: A probabilistic model for information storage and organization in the brain. *Psychological Review*, 65(6):386, 1958.

[107] F. R. Ruiz, M. Titsias, and D. Blei. The generalized reparameterization gradient. In *Advances in Neural Information Processing Systems*, pages 460–468, 2016.

[108] D. E. Rumelhart, G. E. Hinton, and R. J. Williams. Learning internal representations by error propagation. Technical report, California Univ San Diego La Jolla Inst for Cognitive Science, 1985.

[109] D. Saad. *On-line learning in neural networks*, volume 17. Cambridge University Press, 2009.

[110] R. Salakhutdinov and G. Hinton. Deep Boltzmann machines. In *Artificial Intelligence and Statistics*, pages 448–455, 2009.

[111] H. Salimbeni and M. Deisenroth. Doubly stochastic variational inference for deep Gaussian processes. In *Advances in Neural Information Processing Systems*, pages 4588–4599, 2017.

[112] L. K. Saul, T. Jaakkola, and M. I. Jordan. Mean field theory for sigmoid belief networks. *Journal of Artificial Intelligence Research*, 4:61–76, 1996.

[113] I. V. Serban, A. Sordoni, R. Lowe, L. Charlin, J. Pineau, A. Courville, and Y. Bengio. A hierarchical latent variable encoder-decoder model for generating dialogues. In *Thirty-First AAAI Conference on Artificial Intelligence*, 2017.

[114] S. L. Smith and Q. V. Le. A Bayesian perspective on generalization and stochastic gradient descent. *International Conference on Learning Representations*, 2018.

[115] E. Snelson and Z. Ghahramani. Sparse Gaussian processes using pseudo-inputs. In *Advances in Neural Information Processing Systems*, pages 1257–1264, 2006.

[116] E. Snelson, C. E. Rasmussen, and Z. Ghahramani. Warped gaus-

sian processes. In *Advances in Neural Information Processing Systems*, pages 337–344, 2004.

[117]   J. Snoek, H. Larochelle, and R. P. Adams. Practical Bayesian optimization of machine learning algorithms. In *Advances in Neural Information Processing Systems*, pages 2951–2959, 2012.

[118]   P. Sollich. Bayesian methods for support vector machines: Evidence and predictive class probabilities. *Machine Learning*, 46(1-3):21–52, 2002.

[119]   N. Srivastava, G. Hinton, A. Krizhevsky, I. Sutskever, and R. Salakhutdinov. Dropout: A simple way to prevent neural networks from overfitting. *The Journal of Machine Learning Research*, 15(1):1929–1958, 2014.

[120]   M. Steyvers and T. Griffiths. Probabilistic topic models. *Handbook of latent semantic analysis*, 427(7):424–440, 2007.

[121]   M. Sugiyama, T. Suzuki, and T. Kanamori. Density-ratio matching under the bregman divergence: A unified framework of density-ratio estimation. *Annals of the Institute of Statistical Mathematics*, 64(5):1009–1044, 2012.

[122]   Y. W. Teh, D. Görür, and Z. Ghahramani. Stick-breaking construction for the indian buffet process. In *Artificial Intelligence and Statistics*, pages 556–563, 2007.

[123]   M. Teye, H. Azizpour, and K. Smith. Bayesian uncertainty estimation for batch normalized deep networks. In *International Conference on Machine Learning*, 2018.

[124]   W. R. Thompson. On the likelihood that one unknown probability exceeds another in view of the evidence of two samples. *Biometrika*, 25(3/4):285–294, 1933.

[125]   N. Tishby, E. Levin, and S. A. Solla. Consistent inference of probabilities in layered networks: Predictions and generalization. In *International Joint Conference on Neural Networks*, volume 2, pages 403–409, IEEE, 1989.

[126]   M. Titsias. Variational learning of inducing variables in sparse Gaus-

sian processes. In *Artificial Intelligence and Statistics*, pages 567–574, 2009.

[127] M. Titsias and N. D. Lawrence. Bayesian gaussian process latent variable model. In *Proceedings of International Conference on Artificial Intelligence and Statistics*, pages 844–851, 2010.

[128] D. Tran, R. Ranganath, and D. Blei. Hierarchical implicit models and likelihood-free variational inference. In *Advances in Neural Information Processing Systems*, pages 5523–5533, 2017.

[129] D. Tran, R. Ranganath, and D. M. Blei. The variational Gaussian process. *International Conference on Learning Representations*, 2016.

[130] M. Uehara, I. Sato, M. Suzuki, K. Nakayama, and Y. Matsuo. Generative adversarial nets from a density ratio estimation perspective. *NIPS Workshop on Adversarial Training*, 2016.

[131] M. van der Wilk, C. E. Rasmussen, and J. Hensman. Convolutional Gaussian processes. In *Advances in Neural Information Processing Systems*, pages 2849–2858, 2017.

[132] M. Welling and Y. W. Teh. Bayesian learning via stochastic gradient langevin dynamics. In *International Conference on Machine Learning*, pages 681–688, 2011.

[133] C. K. Williams. Computing with infinite networks. In *Advances in Neural Information Processing Systems*, pages 295–301, 1997.

[134] A. G. Wilson, Z. Hu, R. Salakhutdinov, and E. P. Xing. Deep kernel learning. In *Artificial Intelligence and Statistics*, pages 370–378, 2016.

[135] A. Wu, S. Nowozin, E. Meeds, R. E. Turner, J. M. Hernandez-Lobato, and A. L. Gaunt. Deterministic variational inference for robust Bayesian neural networks. In *International Conference on Learning Representations*, 2019.

[136] 金森敬文, 鈴木大慈, 竹内一郎, 佐藤一誠. 機械学習のための連続最適化. 講談社, 2016.

[137] 佐藤一誠. ノンパラメトリックベイズ. 講談社, 2016.

[138] 須山敦志（著）, 杉山将（監修）. ベイズ推論による機械学習入門. 講談社,

2017.

[139] 杉山将. **機械学習のための確率と統計**. 講談社, 2015.

[140] 瀧雅人. **これならわかる深層学習入門**. 講談社, 2017.

[141] 持橋大地, 大羽成征. **ガウス過程と機械学習**. 講談社, 2019.

■ 索 引

著者紹介

須山敦志（すやまあつし）

2009 年　東京工業大学工学部情報工学科卒業
2011 年　東京大学大学院情報理工学系研究科博士前期課程修了
　　　　国内メーカーの研究職，UK のベンチャー企業の研究職を経て，
　　　　現在はデータ解析に関するコンサルティングに従事．
　　　　ブログ「作って遊ぶ機械学習。」にて実践的な機械学習技術に関
　　　　する情報を発信中．
　　　　twitter ID：@sammy_suyama
著　書　『ベイズ推論による機械学習入門』講談社

NDC007　271p　21cm

機械学習プロフェッショナルシリーズ（きかいがくしゅうプロフェッショナルシリーズ）
ベイズ深層学習（べいずしんそうがくしゅう）

2019 年 8 月 6 日　第 1 刷発行
2025 年 6 月 12 日　第 9 刷発行

著　者　須山敦志（すやまあつし）
発行者　篠木和久
発行所　株式会社　講談社
　　　　〒 112-8001　東京都文京区音羽 2-12-21
　　　　　販売　(03)5395-5817
　　　　　業務　(03)5395-3615

KODANSHA

編　集　株式会社　講談社サイエンティフィク
　　　　代表　堀越俊一
　　　　〒 162-0825　東京都新宿区神楽坂 2-14　ノービィビル
　　　　　編集　(03)3235-3701
本文データ制作　藤原印刷株式会社
印刷・製本　株式会社ＫＰＳプロダクツ

落丁本・乱丁本は，購入書店名を明記のうえ，講談社業務宛にお送りくだ
さい．送料小社負担にてお取替えします．なお，この本の内容についての
お問い合わせは，講談社サイエンティフィク宛にお願いいたします．定価
はカバーに表示してあります．
Ⓒ Atsushi Suyama, 2019
本書のコピー，スキャン，デジタル化等の無断複製は著作権法上での例外を
除き禁じられています．本書を代行業者等の第三者に依頼してスキャンや
デジタル化することはたとえ個人や家庭内の利用でも著作権法違反です．
Printed in Japan

ISBN 978-4-06-516870-7